KB088780

예민한 아이 육아법은 따로 있다

예민한 아이 육아법은 따로 있다

다른 아이보다 민감한
우리 아이를 위한 섬세한 육아법

나타샤 대니얼스 지음 · 양원정 옮김

prologue

아이가 예민한 이유는 불안감 때문이다

당신의 아이는 혹시 일상을 방해받으면 화를 내는가? 당신을 이 방 저 방으로 졸졸 따라다니며 혼자서는 놀지 못하는가? 매일매일 아이를 밥 먹이고 씻기고 재우는 일이 힘겨운가? 아이를 키우는 부모라면 대부분 마찬가지라고 여길 수도 있다. 그렇지만, 과연 그럴까?

보통 아이가 자라면서 겪는 힘겨운 일들이 예민한 아이에게는 더 증폭되어 나타난다. 주변에서는 아이가 이제 '미운 네 살'이 되었다거나 '지금이 딱 그럴 때'라고 말한다. 하지만 예민한 아이를 키우는 부모는 그것이 전부가 아니라는 사실을 알고 있다. 밤새 자주 깬다든지, 일상이 틀어지면 두 시간 넘게 막무가내로 떼를 쓴다든지, 음식을 골고루 먹일라치면 모두 다 게워내고 좋아하는 몇 가지 음식만 먹는다든지, 줄지어 세워놓은 장난감을 누가 흐트러뜨리기라도 하면 울며 자지러진다든지, 매일같이 이런 행동을 반복하는 아이와 함께 사는 부모는 도무지 자신의 아이가 평범한 것 같지가 않다!

이 책은 예민한 아이를 양육하는 데 도움과 가르침이 필요한 부모를 위해 쓰였다. 아이가 하는 어떤 행동은 당황스러울 수도 있고 오해를 불러일으킬 수도 있다. 전형적인 수많은 육아법은 전혀 효과가 없고 문제를 더욱 나쁘게 만들고 크게 키우는 것처럼 보이기도 한다. 모든 것을 다 시도해봤지만 어떤 방법도 전혀 듣지 않는 것 같다. 그러나 일단 아이의 행동이 쉽게 이해되고 해명되면, 새롭고 효과적인 육아법을 찾아낼 수 있다. 이러한 육아법이 직관적으로 맞는지 의심스러울 때도 있지만, 아이에게 필요한 생활 기술과 대응 기제를 효과적으로 길러주기도 한다. 부모가 더 일찍 아이의 예민함과 불안감을 알아채고 대응 방법을 찾을수록 좋은 결실을 맺을 수 있다.

지금 이 책을 읽고 있다면 절반은 쟁취한 것이다. 이제 당신은 아이의 행동에 성공적으로 '불안'이라는 이름표를 붙였다. 종종 어둠이나 벌레, 낯선 사람을 보면 불안해하는 다 큰 자녀를 데리고 오는 부모도 있다. 아이가 자라온 과정을 물으면 부모는 이전에는 전혀 불안 문제가 없었다고 대답한다. 질문을 바꿔서 아이가 유아 시절에는 어땠는지를 물어보면, 자주 이런 대답을 들을 수 있었다. "아, 애가 참 고집스러웠어요. 자신이 정해놓은 일상에 집착했고, 양말도 제대로 못 신었죠. 식성도 어찌나 까다로운지, 너무 예민했어요. 하지만 그때는 그 어떤 것에도 불안해하지 않은걸요." 부모는 그런 행동이 불안의 초기 단계라는 사실을 늘 알지 못한다. 또 많은 대응 기제와 적응 기술이 이 중대하고도 민감한 어린 시기에 자리 잡는다는 사실도 모르고 있다.

아이가 겪는 불안감을 자기 탓이라고 자책하는 부모를 종종 만난다. 그들은 자신의 어떤 행동이 아이의 두려움과 이상 행동을 야기했는지 궁금해한다. 나는 많은 부모들과 상담을 하는데, 부모들의 양육 방식과 육아법은 아주 다양한 반면, 아이들은 모두 비슷한 행동과 문제점을 보였다. 아이가 지닌 불안감을 부모가 자기 탓으로 돌리는 것은 맞지도 않고 생산적이지도 않다. 아이의 예민함은 유전과 불안증에 대한 가족력, 아이의 정서적 민감성, 감정 문제가 주된 원인이다. 그럼에도 양육 방식은 아이가 유아기를 거치면서 경험하게 될 불안을 악화시킬 수도 호전시킬 수도 있다.

이 책은 불안함으로 예민해진 아이와 그 부모가 가장 흔히 겪는 힘든 상황을 각 장으로 나누어 자세히 다룬다. 어떤 부분은 다른 부모보다도 당신에게 꼭 들어맞는 내용일 수도 있다. 하지만 불안해하는 아이가 모두 똑같은 어려움을 겪거나 같은 방식으로 행동하지는 않는다. 그러므로 마치 당신 이야기인 것처럼 느끼는 내용도 있겠지만, '감사하게도' 완전히 생소한 이야기를 만날 수도 있다. 각 장은 짤막한 사례로 시작되며, 부모의 눈으로 바라본 상황과 아이의 눈으로 바라본 상황을 차례로 보여준다. 갖가지 사례는 내가 상담실에서 경험한 공통된 문제에 근거해 지어낸 가상 이야기이다. 나와 가족상담을 하며 많은 부모들은 아이의 불안 행동을 이해하게 되었다. 이해를 돕기 위해서, 각각의 육아 사례에서 부모가 공통적으로 잘못 이해하고 있는 점을 강조하고자 한다. 당신은 아이를 이해하는 다양한 견해를 얻게 될 것이다. 아이가 어떻게 같은 상황을 완전히 다른 측면에서 바라보는지, 왜 자신의 관점에서 그런 방식으로 행동하는지 이해하게 될 것이다. 각 장의 마지막에는 대응 기제와 독립성, 적응 행동을 가르치는 데 도움이 되는 다양한 육아법을 소개한다.

유아기는 일반적으로 만 1세와 만 3세 사이에 해당하는 아이의 발달 시기로 정의된다. 이 발달 단계 동안 아이의 정서적 공감능력과 지적 이해력은 계속 성장한다. 유아의 언어능력과 인지능력은 만 3세보다 만 1세 때 또래 간에 상당한 차이를 보인다. 어떤 아이는 다른 아이들보다 더 빨리 성장하며 언어 습득도 더 빠를 수 있다. 만 1세에서 만 3세 사이 아이가 성취하는 발달 지표 간의 커다란 차이 때문에 모든 육아법이 당신 아이에게 들어맞는 것은 아니다. 만약 더 높은 언어 습득 능력이나 감정적인 성숙을 필요로 하는 육아법을 보게 된다면, 아이가 조금 더 컸을 때 그 문제를 해결해야 될 상황에 대비하여 미리 적어두자. 유아기 아동이 다달이 빠르게 성장하는 모습을 보면 정말 놀랍다. 어느 때에는 너무 이르게 느껴지던 육아법이 두세 달 후에는 완벽한 육아법이 되기도 한다.

부모는 저마다 육아에 관해 자신만의 견해가 있으며, 어떤 견해는 매우 확고할 수도 있다. 부모는 친구나 소아과 의사, 육아 책에서 서로 상충하는 육아 정보를 얻기도 한다. 각기 다른 육아 스타일에 따라 각양각색의 이름을 붙인 육아법이 우후죽순 생겨났는데, '그렇게 하지 마라', '옳다고 알려진 방식대로 하지 마라' 등 비난조의 내용도 담겨 있다. 이러한 현실 때문에 부모는 자신이 선택한 육아법이 아이에게 통하지 않으면 패배자가 된 기분이 든다. 하지만 모든 아이는 제각기 다르므로, 저마다 효과적인 육아법이 다를 수 있다. 예민한 아이도 마찬가지이다. 때로는 잘 알려진 육아법이 전혀 듣지를 않는다! 다른 자녀에게는 효과적이던 방법이 예민한 아이에겐 무반응일 때가 있다. 당신은 가족과 아이에게 최선인 육아법을 찾아야 한다. 다른 사람이 '올바른 육아법'이라고 여기는 것과 상충할 수도 있으나, 부모로서 그 판단은 당신 스스로 내려야 한다. 아이에게 효과가 있고 부모로서 성취감을 느낀다면, 당신은 아이를 위한 올바른 육아법을 찾은 것이다.

이 책에서 나는 보물 상자 찾기 놀이와 같이 도전 정신을 키우고 불안에 대처하는 방식에 대해 자주 언급할 것이다. 아이의 불안감을 없애는 가장 효과적인 방법은 아이에게 대응 기제를 가르쳐준 다음, 서서히 아이를 힘든 상황에 맞서게 하는 것이다. 그 과정에서 아이는 힘든 상황을 잘 견뎌낸 대가로 보상을 받게 된다. 구체적인 공포와 불안감을 논의할 때, 아이에게 힘든 도전을 제시하는 방법에 대해서도 살펴볼 것이다. 아이는 보물 상자 속에 있는 장난감이나 선물 같은 긍정적인 보상이 있을 때, 불안에 맞서 그것을 극복하는 대응 기제를 발휘하는 일에 더 의욕을 보인다. 아이의 불안이 나아질수록 보물 상자를 사용할 일은 줄어들 테니, 결국에는 완전히 필요 없어지는 날이 올 것이다.

차례

CHAPTER 03 힘겨운 식사 시간

CHAPTER 04 엉망진창 취침 시간

악전고투 배변 훈련

CHAPTER 06 전쟁 같은 목욕 시간

CHAPTER 07 두려움과 공포증

놀이 시간과 사회 불안

부모의 양육 방식

CHAPTER 01

정해진 일상만 고집하는 아이

부모의 고민

일상이 조금만 달라져도 막무가내로 떼를 써요

칼라와 톰은 날마다 아들 샘과 씨름하느라 애를 먹었다. 엄마 칼라는 샘이 막무가내로 떼쓰며 자지러지는 상황을 모면하느라 온종일 살얼음판 위를 걷는 듯했다. 가끔 칼라는 아들의 행동과 기분에 맞춰 살아야 하는 자신을 꼼짝달싹 못 하는 신세라고 느꼈다. 외출이라도 해야 하는 날이면, 일상에서 벗어난 상황을 아이가 어떻게 받아들일지 겁이 나서 도저히 아무 데도 가지 못할 것 같았다. 칼라는 샘이 다른 사람을 대하는 행동을 보며 난감했다. 샘을 다른 아이들과 비교하지 않을 수가 없었고, 자신처럼 어려움을 겪는 엄마는 어디에도 없을 것이라 생각했다. 칼라의 친구나 가족들은 아이가 괜찮아 보인다며 안심하라고 말했지만, 이런 위로는 그녀를 더 외롭게 할 뿐이었다. 남편 톰은 칼라가 샘의 변덕을 다 받아주기 때문에 오히려 아이를 망치고 있다고 여겼다. 샘이 아빠인 자신에게는 그렇게까지 행동하지 않는 것으로 보아, 칼라가 더 잘 훈육한다면 샘은 '평범한' 아이가 될 수 있다고 생각했다. 칼라는 샘의 투정을 상대하는 일이 얼마나 사람을 기진맥진하게 하는지 남편이 전혀 알지 못한다고 생각했다.

이따금 칼라는 샘이 잠자리에서 완전히 일어나기도 전에 그날이 하루 온종일 힘든 날이 되리란 걸 짐작할 수 있었다. 샘은 깰 때 자주 짜증을 냈는데, 그런 날엔 아침 내내 칭얼거렸다. 어느 날 아침 남편 톰이 우연히 다른 상점의 와플을 사 왔을 때, 칼라는 샘을 달래보려고 두 시간이나 애를 썼지만 결국은 남편을 다시 가게로 보내야 했다. 샘은 와플을 반듯하게 네 조각으로 잘라 빨간색 접시에 담아주는 것을 좋아했다. 샘이 다른 접시에 담긴 와플은 절대 먹지 않았기 때문에 빨간 접시가 더러워지기라도 한다면 칼라는 얼른 손으로라도 접시를 닦아야 했다.

아침마다 칼라와 톰은 아들 샘의 비위를 맞추느라 엄격하게 정해 놓은 일상을 그대로 따랐다. 놀이 모임이 있거나 병원 예약이라도 있는 날이면, 칼라는 그날 샘이 막무가내로 떼 부릴 것을 각오해야 했다. 샘은 평소 다니는 길을 잘 알고 있기 때문에, 칼라가 다른 방향으로 자동차 핸들을 꺾기라도 하면 곧장 패닉 상태가 되어 까무러치기 일쑤였다. 또 "우리 오늘 점심 먹고 공원에 가자" 하고 무심코 던진 칼라의 말을 기억하고 있다가 자기가 예상한 대로 점심을 먹고 공원에 가지 않으면 이성을 잃고 격분했다. 칼라는 샘 앞에서 말조심해야 한다는 사실을 깨우쳤다.

톰은 퇴근 후 집에 돌아와 샘과 함께 노는 것을 좋아했다. 하지만 그 놀이는 언제나 샘이 울음을 터뜨리는 것으로 끝이 났다. 한번은 샘이 기차 놀이 테이블 위에 기차를 세우는 것을 톰이 도와준 적이 있었다. 샘이 아주 특이한 방식으로 기차를 세운다는 사실을 전혀 몰랐던 톰은 무심코 기차 몇 개를 집어 들어 철교 위에 올려놓았는데, 그때 갑자기 샘이 완전히 이성을 잃고 울어대기 시작했다. 톰은 화가 머리끝까지 나서 다른 방으로 횅 가버렸고, 칼라는 샘이 기차들을 '제자리'에 놓는 것을 도와주어야 했다.

아이의 속마음

모든 것이 너무 벅차게 느껴져요

샘은 잠을 충분히 못 자서 아침에 잠자리에서 일어날 때면 자주 짜증이 났다. 샘은 종종 잠을 이루지 못하고 침대에서 엎치락뒤치락했고, 악몽을 꿨으며, 자신의 그림자를 무서워하며 밤중에 깨 있기도 했다. 그러고 나면 아침에는 정말이지 엄마 아빠와 얘기를 나누거나 착하게 굴고 싶은 마음이 통 생기지 않았다. 많은 것들이 샘을 겁먹게 했기 때문에 쉽게 나쁜 감정에 휩싸이곤 했다. 샘이 믿을 수 있는 것이라곤 자신이 예측하고 대응할 수 있는 일상뿐이었다. 정해진 일상에서는 매 상황에서 무엇을 기대해야 하고, 어떻게 행동해야 하는지, 무슨 일이 일어날지 잘 알고 있었기 때문이다. 그래서 샘은 자신이 가장 편안함을 느끼는 집에 머무는 것이 가장 좋았다.

샘에게는 모든 것이 벅찼는데, 먹는 음식까지 그랬다. 한번은 아빠가 샘이 좋아하는 노란 상자에 담긴 와플 대신, 이상해 보이는 상자에 담긴 와플을 사 들고 왔다. 그 이상한 와플이 어떤 맛이 날지, 입에 넣었을 때 어떤 느낌이 들지, 와플 때문에 토할 것 같은 기분이 들지는 않을지, 샘은 도무지 아무것도 알 수가 없었다. 샘은 왜 엄마 아빠가 이 이상하고 겁나게 생긴 와플을 자꾸 자신에게 먹이려 하는지 궁금했다. 감정을 표현할 수 없었던 샘은 자신이 좋아하고 믿음직스러운 노란 상자가 다시 식탁 위에 올라올 때까지 그냥 소리 지르며 울 수밖에 없었다.

샘은 늘 빨간 접시가 좋았다. 빨간 접시에 담긴 음식은 한 번도 이상한 적이 없었기 때문에 샘은 그 빨간 접시를 무한 신뢰했다. 엄마가 항상 빨간 접시에 음식을 담아주는 것으로 보아, 엄마도 역시 빨간 접시를 신뢰하는 게 틀림없었다. 엄마가 와플을 반듯한 정사각형 모양으로 잘라주면, 와플이 한입에 쏙 들어가기 알맞은 크기가 된다는 것을 샘은 알았다. 네 조각으로 반듯하게 잘린 와플을 먹으면 예전에 겪었던 무서운 경험을 다시는 겪지 않아도 됐던 것이다. 전에 와플이 입안에 한가득 찼을 때 샘은 숨이 막힐 수도 있다고 생각했다. 어쩔 수 없이 입안에 있던 음식을 모두 뱉어내자 아빠는 무섭게 화를 냈다. 요즘도 가끔 입안이 가득 차면 샘은 음식을 뱉어냈다.

샘은 엄마 손에 이끌려 아주 무서운 곳을 가기도 했다. 그곳에서는 왁자지껄 소리를 질러대는 아이들이 샘에게 달려와 부딪히기도 하고 아주 떠들썩하게 소란을 피워대기도 했다. 한번은 엄마를 따라간 곳에서 팔에 바늘을 찔려 몇 시간 동안이나 울었던 적도 있었다. 샘은 사람들이 붐비는 장소에 가면 온몸에 열이 오르고 모든 것이 혼란스러웠다. 또 다른 곳에서는 혹시 엄마의 바지 자락을 놓쳤다가 엄마를 잃어버릴지도 모른다는 불안감에 휩싸이기도 했다. 그래서 엄마가 운전을 하다가 오른쪽으로 돌아야 할 곳에서 왼쪽으로 핸들을 꺾으면 샘은 공포에 사로잡히기 시작했다. '어디에 가는 거지? 어떤 곳일까? 안전할까? 팔을 다치거나, 귀가 또 아프지는 않을까?' 엄마가 샘에게 "새로운 경험을 할 거야"라고 말할 때면, 샘은 물어볼 게 너무나 많았다. 하지만 샘은 아직 질문할 만큼 말을 잘하지 못했다. 친구 집에 간다는 말이 무슨 뜻이지? 이상한 음식을 먹으라고 주는 것은 아닐까? 혹시 이빨이 날카로운 시끄럽고 털 있는 동물을 키우는 건 아닐까? 내 얼굴이나 손에 침을 묻히면 어쩌지? 침 때문에 내 몸에서 이상한 냄새가 나면 어떻게 하지? 언제 집에 돌아올 수 있을까? 혹시 내가 거기서 자야 하는 건 아닐까?

가끔 엄마는 샘에게 무슨 말을 해놓고 지키지 않을 때도 있었다. 점심을 먹고 공원에 가자고 했을 때처럼. 샘이 점심을 다 먹은 후 공원에 갈 때 늘 그랬던 것처럼 삽과 양동이를 챙기고 있는데, 엄마가 난데없이 "시간이 다 되어버렸네"라고 말한 것이다. 시간이 다 됐다고? 아무것도 하지 않았는데 시간이 다 됐다니? 공원은 바로 길 건너에 있었다. 공원에 가지 않을 생각이었다면, 왜 엄마는 공원에 가자고 말한 거지? 정말 공평하지 않아! 자신이 거짓말할 때는 혼이 나는데, 왜 엄마는 괜찮은 걸까? 샘은 왜 자신이 하고 싶은 일을 하지 못하고, 갖고 싶은 것을 갖지 못하는지 이해할 수 없을 때면 평소에 하던 대로 울고, 떼쓰고, 소리를 질렀다. 엄마는 이런 일이 샘을 얼마나 화나게 하는지 알 필요가 있다. 여느 때처럼 이렇게 잠시 떼쓰고 나면, 엄마는 얼굴이 벌겋게 되어 결국 샘이 원하는 것을 들어줄 테니 말이다.

아빠는 가끔 샘을 겁먹게 했다. 아빠 목소리가 크고 굵었기 때문에 이따금 샘은 깜짝깜짝 놀랐다. 아빠는 샘에게 툭하면 화를 냈는데, 샘은 그 이유를 알 수 없었다. 아빠는 샘과 놀다가도 자주 놀이를 중단했다. 샘은 아빠의 큰 목소리를 듣는 게 무서웠기 때문에 아빠가 있을 때는 많이 울지 않았다. 그리고 아빠가 화를 낼까 봐 무서워서 부탁도 자주 하지 않았다. 어느 날은 집에 돌아온 아빠가 샘의 기차를 가지고 놀고 싶어 했다. 샘은 기차를 '제자리'에 놓느라 거의 하루 종일을 보냈었다. 샘은 기차를 일렬로 죽 세워서 기차 각각의 모퉁이가 다음에 오는 기차 모퉁이에 딱 닿게 했다. 그리고 좋아하는 색깔순으로 파란색 기차, 빨간색 기차, 그다음에 초록색 기차, 노란색 기차를 차례로 세웠다. 그런데 아빠가 샘이 가장 좋아하는 기차 몇 개를 집더니 순서도 무시하고 색깔도 엉망으로, 그리고 모서리도 딱딱 맞추지 않은 채 놓는 것이 아닌가! 샘이 할 수 있는 일이라고는 소리 지르는 것이 전부였다. 아주 카랑카랑한 목소리로 미친 듯이 말이다! 아빠는 샘을 야단치기 시작하더니 다른 방으로 홱 가버렸다. 엄마가 샘을 꼭 끌어안고는 머리를 쓰다듬으며 달래주었다. 엄마는 항상 샘이 화가 나면 이렇게 해주었는데, 그리고 나면 마음이 진정되었다. 엄마는 샘에게 기차를 어디에 놓아야 하는지 보여달라고 말했고, 샘은 엄마를 도와 기차 모퉁이와 모퉁이를 다시 연결하고 색깔순대로 일렬로 세웠다.

부모의 서로 다른 양육 태도가 불러온 불안감

칼라와 톰은 내가 수년 동안 상담해왔던 많은 부모의 전형적인 모습을 보이고 있다. 부부의 양육 태도가 서로 다른 경우는 아주 흔하다. 부모가 매우 상반된 양육 태도로 예민하고 불안해하는 아이에게 접근하면, 이는 혼합된 메시지를 야기해 이미 스트레스인 상황에 더 많은 혼란을 가져올 수 있다.

부모는 어떤 육아법이 아이 행동에 가장 효과적인지 의견이 다를 수 있다. 어떤 부모는 불안해하는 아이에게 공감한 나머지, 자신도 불안을 느끼고 감정적으로 예민해질 수 있다. 이런 부모는 아이와 같은 감정을 느끼므로, 아이가 불안을 덜 느끼게 할 수 있다면 무엇이든지 하려고 할 것이다. 아이가 불안해서 그렇게 행동하는 것을 알기 때문에, 엄격하게 대하고 행동을 바로잡는 교육이 불편할 수 있다. 또 어떤 부모는 아이 행동이 어떠한 방식으로 불안과 연관되어 있는지를 잘 이해하지 못해 어려움을 겪는다. 부모의 눈에는 아이가 상황을 좌지우지하려들고 무례하게 무언가를 요구하며 버릇없게 구는 것처럼 보이므로, 행동을 고치기 위해서는 엄한 훈육법이 필요하다고 느낀다.

예민하고 불안해하는 아이는 '절충형 육아법'에 더 좋은 반응을 보이는 경향이 있다. 아이의 요구에 선뜻 부응하는 부모는 부지불식간에 아이에게 권능을 부여할 수도 있는데, 이는 역설적으로 아이의 불안을 악화시킨다. 이런 부모의 양육 태도는 아이가 불안을 가라앉히려면 부모에게 의존해야 한다는 것을 배우게 한다. 이 아이는 조금 더 크면 분리 불안을 겪을 가능성이 더 커진다. 부모가 자기 옆에 없으면 자신이 괜찮지 않다는 잘못된 믿음을 지니게 되는 것이다.

부모로서 아이가 발버둥 치는 모습을 가만히 앉아 지켜보는 일은 쉽지 않다. 특히 당신이 그 문제 해결 방법을 정확히 알고 있을 때는 더더욱 그렇다. 그러나 모든 문제를 부모가 해결하려고 하면 아이에게 절대 문제 해결 방법이나 자기 규제 방법을 가르쳐줄 수 없다. 당신이 항상 상황에 개입하여 아이가 겪는 고통이나 문제를 떠맡으려 한다면, 아이는 결코 문제를 스스로 해결하는 기술을 터득하지 못할 것이다.

이러한 부모는 종종 정서적으로 깊숙이 아이의 고통을 느낀다. 아이와 함께 울며 아이의 고통에 더 깊이 휘말리기도 한다. 아이는 부모의 예민함을 의식하고는 자기 자신의 행복뿐 아니라 부모의 행복에까지 과민하게 반응한다. 이것은 건강치 못한 상호의존적 관계, 서로 얽히고설킨 종속적 관계를 가져올 수 있다. 이러한 관계 속에서 부모와 아이 사이의 경계가 흐릿해지고 서로 의존하려는 경향이 커진다.

아이가 잘못된 행동을 했을 때 혼내는 육아법을 고수하는 부모 또한 아이가 스스로 불안감을 다루는 적응 기술을 배울 수 있는 기회를 놓치고 있다. 아이의 불안 행동을 훈육으로 다루는 것은 아이를 제대로 교육할 좋은 시기를 완전히 놓쳐버리는 일이다. 엄격한 육아법은 단기적으로 볼 때 효과가 있는 것처럼 보이지만, 생각해보면 여러 가지 이유로 그렇지 못하다. 아이는 권위적인 부모를 두려워하고 겁내게 된다.

불안해하는 아이는 일반적으로 다른 사람을 기쁘게 하는 것을 좋아하므로 엄격한 부모 앞에서 착한 아이가 되려고 노력한다. 짜증과 떼쓰는 횟수가 줄어들고 부모를 자기 마음대로 하려는 행동은 줄어들겠지만, 과연 아이가 무엇을 배우겠는가? 아이는 자신의 감정을 억누르는 방법만 배우고, 감정을 솔직하게 드러내어 문제를 해결하는 방법은 결코 배우지 못한다.

스펙트럼의 양 끝에 놓인 이 두 가지 상반된 양육 태도는 결국 '문제 해결 능력이나 자기 규제 능력을 결여한 아이'라는 똑같은 결과를 낳는다. 아이는 위에서 언급한 방법 이외에도 수많은 다양한 육아법으로 자라날 수 있다. 불행하게도 그것이 예민한 아이에게 꼭 들어맞는다고는 할 수 없다. 보통 아이와 마찬가지로, 예민한 아이 역시 자신을 둘러싼 세상에 대해 기초적인 이해를 쌓아나가고 있다. 아이는 자신이 처한 환경을 헤치고 앞으로 나아갈 방법을 일러주는 로드맵을 만들고 있는 것이다. 예민한 아이는 잘못된 생각과 과민한 기질, 불안정한 감정을 안고 이 세상에 왔다. 당신은 부모로서 아이에게 환경에 대해 새로운 관점을 가르칠 것인지, 아니면 세상에 대한 아이의 두려움을 재확인할 것인지 스스로 선택할 수 있다.

예민하고 불안해하는 아이는 닻처럼 자신을 단단히 붙잡아주는 부모와 가장 잘 맞는다. 이런 아이를 닻을 내리지 않은 배라고 가정하고, 아이가 느끼는 불안을 거친 파도라고 생각해보자. 닻을 내리지 않은 배는 변덕을 부리는 파도 속에 놓일 것이다. 아이는 함께 배를 타고 항해할 동료가 필요한 것이 아니라, 배를 안정시키는 닻이 되어줄 부모가 필요하다. 당신은 스스로에게 이렇게 물어보아야 한다. "아이를 붙잡아주려고 나까지 배 위에 올라탄 것은 아닐까? 내가 화를 내서 아이가 뚫고 나와야 할 그 파도를 오히려 더 거칠게 만든 것은 아닐까? 아니면, 내가 냉정하게 폭풍 속에서 닻을 잘 내린 걸까?"

아이에게 닻이 되어주는 일은 어느 부모에게나 어려울 수 있다! 나는 이를 '로봇식 육아'라고 부르는데, 부모 대부분이 생각보다 훨씬 짧은 시간 안에 완전히 익힐 수 있는 기술이다. 우리는 인간이므로 때때로 감정이 이성보다 앞서기도 한다. 하지만 육아에서 극한 감정을 없애는 것이야말로 앞으로 가져야 할 목표이다.

감정 이입 없이 아이를 가르치고, 기분을 다스리며, 새로운 방향으로 전환하여 훈육한다면, 예민한 아이에게 매우 효과적이고 생산적일 수 있다. 부모가 감정적으로 반응하지 않으면, 아이는 산만해지지 않고 자신의 행동에 더 집중할 수 있다. 아이가 화를 낼 때 부모가 옆에서 따라운다면, 아이는 자신의 감정을 추스르려고 노력하겠지만 부모가 보인 감정을 가슴 한쪽에 쌓아놓게 된다. 부모가 격한 감정 반응을 보이면 아이는 모든 것이 잘못되었다고 느끼며 그 생각을 굳힐 수 있다. 그와는 반대로, 부모가 아이에게 고함을 지르거나 큰 소리로 혼을 내면 아이는 혼란과 죄책감, 상처를 안은 채 정말 어찌할 바를 모르게 된다. 부모가 훈육할 때 평정심을 유지할 수 있다면, 부모 자식 관계는 더 이상 풀기 어려운 방정식이 아니다. 아이는 눈앞에 벌어지고 있는 상황을 모면할 수 없으며, 자기감정에 정면으로 맞서야 한다. 감정 이입 없이 아이를 훈육한다면, 아이는 "나한테 왜 화를 내는 거야?"라거나, "나한테 왜 소리를 질러?"라고 대들 수 없으므로, 당신은 아이가 떼쓰는 진짜 이유를 잘 처리할 수 있게 된다.

 늘 똑같은 일상을 좋아하는 아이

대부분 유아기 아동이 그렇듯, 예민하고 불안해하는 아이도 정해진 일상을 대단히 좋아한다. 누군들 싫어하겠는가? 다만, 불안해하는 아이가 보통 아이와 다른 점은 정해진 일상이 깨졌을 때 보이는 반응이다. 유아기 아동은 예측 가능한 일을 아주 좋아하며, 무엇을 기대하고 다음에 무슨 일이 일어날지를 아는 데서 느끼는 편안함을 사랑한다. 아이들은 정해진 일상을 좋아하긴 하지만, 예상치 못하게 스케줄이 바뀌어도 대개 그 상황에 잘 적응한다. 놀이 수업을 한 날이면 늦게까지 낮잠을 못 잘 수도 있고, 엄마가 갑자기 친구를 만난 날이면 낯선 사람과 점심 식사를 함께할 때도 있다. 평상시보다 더 피곤하고 짜증이 날지도 모르지만, 보통 아이는 극적인 상황 없이 모두 잘 견뎌낸다. 하지만 예민한 아이는 그렇지 못하다. 정해진 일상은 대부분의 불안해하는 아이에게 편안함의 문제가 아닌, 필요함의 문제이다.

그렇다면 부모는 어떻게 해야 할까? 아이가 항상 행복한 기분을 유지할 수 있도록 섬세하게 균형을 맞추며 정해진 일상에 따라 살아야 하는 걸까? 아니면, 매일매일 그리고 순간순간을 살면서 아이가 정해진 일상을 완전히 버리고 유연해지도록 가르쳐야 하는 걸까? 이 책에서 살펴보는 대부분의 육아법처럼, 이 질문에 대한 대답도 아마 중간쯤에 놓여 있을 것이다.

시곗바늘처럼 살면서 아이에게도 깔끔하게 짜인 하루 일과표를 제시하며 무엇이든 예측할 수 있도록 해주는 부모는 아이에게 유연성과 적응 기술을 배울 기회를 제공하지 못한다. 아이가 변화와 예측 불가능한 일을 경험하지 못하는 것이다. 정해진 일상이 편안하고 더 좋긴 하지만, 이따금 삶은 다르게 흘러가기도 하므로 이런 것들을 배워둘 필요가 있다!

반대로, 직감적으로 내키는 대로 행동하며 일상을 전혀 아무 계획 없이 즉흥적으로 사는 부모는 아마 아이의 불안을 악화시키고 있을 것이다. 이런 부모와 산다면 불안해하는 아이는 그날 무슨 일이 일어날지 전혀 모르기 때문에 지나치게 경계하는 태도를 보일 것이다. 아이가 항상 지나치게 민감한 경계 상태에 있다면, 자주 떼를 쓰고 투정 부릴 가능성은 더욱 커진다.

방법은 바로 일상생활에서 예측 가능성과 즉흥성 간에 균형을 찾는 것이다. 일반적으로, 매일 반복되는 일상을 짜임새 있게 구성하는 것이 도움이 된다. 하루 일과를 활동 방식 중심으로 짜거나, 활동 시간과 순서를 중심으로 짤 수 있다. 일례로, 당신은 아이에게 목욕과 취침 두 가지 일을 할 것이라고 예측하게 할 수는 있지만, 그날 어떤 일이 있느냐에 따라 순서와 시간은 달라질 수 있다. 그렇다. 당신은 대개 잠자리에 들기 전에 목욕을 시킬 테지만, 때로는 그러지 못할 수도 있으므로 아이는 스케줄이 변경되었을 때 대처할 수 있어야 한다.

스케줄이 바뀌거나 예상치 못한 계획이 생겼을 때 부모가 일관되게 변화를 회피하지 않으려는 태도는 도움이 된다. 살다 보면 가끔 아무 예고 없이 갑작스레 무슨 일이 생기기도 하고 계획이 바뀌기도 한다. 이러한 변화를 고통스러운 선물로 받아들이자! 육아를 하는 내내 이런 배움의 순간은 자연스럽게 생길 것이다. 당신은 변화를 통해 아이에게 일상이 항상 똑같이 흘러가지는 않으며 때때로 계획이 변할 수 있다는 사실을 가르칠 기회를 얻게 된다. 아이에게 새로운 스케줄을 알려주자. 무슨 일이 일어날지 알려주어 새로운 계획에 대해 윤곽을 그릴 수 있게 해주자. 유연성을 다져나가는 비결은 바로 변화에 노출하는 것이다. 시간이 좀 걸릴 것이다. 절대 하룻밤에 되는 일은 아니다.

계획이 바뀌었을 때 아이의 기분이 어떨지 마음으로 공감하자. 앞으로 이 책에서 논의할 많은 문제처럼, 아이의 감정을 인정하는 일에서 시작하는 것이 항상 최선이다. 아이는 당신이 자신의 이야기를 들어주고 이해하고 있다고 느낄 것이다. "공원에 가고 싶어서 화가 났구나. 나도 안타까워. 나도 공원에 가서 너와 놀고 싶었거든. 하지만 우리 마음대로 할 수 없는 일도 일어나기 마련이야." 아이에게 계획이 변경된 사실과 함께, 그날 나머지 시간에 어떤 일이 일어날지도 미리 알려주자.

다음 순간이나 다음 날 어떤 일이 일어날지 미리 알려주는 것은 불안해하는 아이를 교육하는 유용한 방법이다. 앞으로의 일을 미리 알려줌으로써 아이는 다음에 일어날 상황에 미리 대처할 수 있다. 계획이 변경되면, 다음에 일어날 변화와 예상되는 일을 미리 알려주자. "오늘 할머니 집에 가야 해. 엄마가 할머니 집에 뭘 놔두고 왔거든. 할머니 집에 잠깐만 머무를 거야. 과자를 먹고 있으면 곧 엄마 볼일이 끝나니까 작별 인사하면 돼. 그런 다음 곧장 집에 돌아올 거야." 어린아이는 시간 개념을 이해하지 못하므로, 활동을 빗대어 시간 개념을 설명하는 것이 더 낫다.

아이의 성격에 따라 다음 날 어떤 일이 일어날지 대략적으로 알려주는 것도 도움이 될 수 있다. 하루 동안 어떤 일이 있을지 알려줄 때는 가능한 한 구체적으로 설명해주자. 우리가 샘의 이야기에서 봤듯이, 아이는 어떤 일이 일어날지 잘 모를 때 걱정에 휩싸일 수 있다. 아이에게 세세한 것까지 말해주자. 예를 들어 "우리는 오늘 매기 집에 갈 거야. 장난감 가지고 놀기도 하고 과자도 먹다가 저녁 식사 전에 집에 돌아올 거야. 매기는 작고 예쁜 강아지를 키우고 있어. 그런데 강아지가 너를 막 핥으려고 할지 몰라. 그 강아지는 사람 위에 올라오는 것을 좋아해. 하지만 아주 순하니까 절대 물지는 않을 거야"라고 말이다.

꼭 필요한 일이 아니라면 아이에게 장애가 될 만한 일을 사전에 없애려고 하지는 말자. 단기적으로 볼 때는 매기에게 전화를 걸어 강아지를 치워달라고 부탁하는 일이 아이의 떼쓰는 상황을 모면하는 데 도움이 되겠지만, 장기적으로 볼 때는 아이가 힘든 상황에 맞서도록 하는 것이 더 도움이 될 것이다.

불안해하는 아이는 변화를 두려워하지만, 오히려 가끔은 미래에 있을 이벤트에 흥분해서 부모를 미치게 만들 수도 있다. 아이는 다음 휴일이나 생일이 언제쯤인지 반복해서 당신에게 물어볼지도 모른다. 아마 그날이 언제 오는지 정확히 몰라서 걱정이 점점 커질 것이다. 아이는 그날이 언제쯤 오는지 알려달라고 당신에게 계속 반복해서 요구할지도 모른다.

달력을 이용하면 다음에 일어나는 일에 대한 감각을 아이에게 심어줄 수 있다. 비록 날짜 개념은 아직 없지만 유아기 아동은 간단한 숫자를 셀 수 있으며, '잠'의 의미를 이해한다. 당신은 벽에 달력을 걸어놓고 아이에게 "세 번 자고 나면 여행을 갈 거야"라고 말할 수 있으며, 잠자리에 들기 전 매일 밤 아이가 달력에 표시하도록 할 수도 있다. 날짜를 세는 이 방법은 아이가 좋아하는 이벤트에 한해서만 사용하기를 권한다.

노래를 만들어 부르는 방법도 변화에 도움을 주며, 하루 종일 자주 사용할 수 있다. 어디론가 가야 할 때 부르는 노래나, 목욕을 해야 할 때 부르는 노래, 청소를 해야 할 때 부르는 노래 등을 만들 수 있다. 나는 부모들에게 아이가 잘 따라 부를 수 있는 아주 간단한 노래를 만들라고 주문했다. 예를 들면, "목욕 시간은 즐거워! 목욕 시간은 즐거워! 누가 목욕을 하고 싶을까?"와 같이 말이다. 이러한 노래는 아이가 변화에 대처할 수 있게 도와주어 변화를 더 순조롭고 재미있게 만든다.

아이가 보내는 고통의 신호

무엇보다 가장 큰 어려움은 바로 고집 피우는 행동인데, 예민한 아이들은 대부분 고집을 부린다. 불안해하는 아이는 정해진 일상에 의존하는데, 그 정도가 그냥 일상 자체를 신뢰하는 수준을 넘어 의식적인 것으로 여긴다고도 말할 수 있다. 식사를 할 때 특정한 컵과 접시만 사용하려고 하고, 특정한 자리에만 앉고 싶어 하며, 부모가 특정한 어법으로만 말하기를 바란다. 이러한 행동을 하는 아이를 돕기란 마치 줄타기를 하면서 균형을 잡는 일과 비슷하다. 당신은 아이가 변화에 적응하도록 돕고 싶으면서도, 한편으로는 아이 내면에 극심한 공포 상태를 조장하고 싶지도 않다. 이 문제를 해결하려면 당신은 아이의 감정 신호를 이해하고 그에 맞춰 반응할 수 있어야 한다.

아이는 고통의 신호를 내보낸다. 이러한 신호는 처음에는 감지하기 힘든 수준에서 시작하지만, 전혀 그렇지 않은 수준까지 옮겨갈 수도 있다. 아이가 고통스러워할 때 표현하는 비언어적 신호에 모든 신경을 집중하는 것이 중요하다. 이 책에서 설명한 많은 방법은 아이의 고통 신호를 읽어낼 때 도움이 될 것이다. 이 책에 나오는 육아법들을 시도할 때 당신은 언제 밀어붙이고 언제 물러설지 판단해야 한다. 그러기 위해서는 아이가 얼마나 감정적으로 고통스러워하는지 판단할 수 있어야 한다. 감정 상태가 괜찮은 것 같으면 아이가 두려움과 고집스러움에 맞서도록 계속 도울 수 있다.

고통을 표현하는 신호는 아이마다 다양하게 나타날 수 있다. 어떤 신호는 보편성을 띠지만, 또 어떤 신호는 특정 아이에게만 나타나기도 한다. 점점 고통스러워하는 모습을 관찰하다 보면, 아이의 고통 신호를 알아차릴 수 있을 것이다. 일반적으로 나타나는 고통 신호 예시를 아래에 나열해보았는데, 이것에만 국한되지는 않는다.

- 아랫입술을 깨물거나 빤다.
- 손톱을 물어뜯는다.
- 머리카락을 빙글빙글 돌린다.
- 눈을 내리깐다.
- 중얼거리거나 입술을 움직이지 않고 말한다.
- 으르렁대거나 징징거린다.
- 부모의 다리를 움켜잡는다.
- 이행 대상(담요나 봉제 동물 인형)을 찾거나 항상 들고 다닌다.
- 퇴행성 대화를 한다(아기처럼 말한다).
- 퇴행성 행동을 보인다(아기처럼 기어 다닌다).
- 대화를 거부하고 눈 맞춤을 하지 않는다.
- 구석에 앉아 있거나 가구 밑에 숨는다.
- 과잉 활동이 증가한다.
- 자기 옷을 잡아당긴다.
- 장난감을 밀치거나 던진다.

- 말을 더듬는다.
- 반복적으로 똑같은 질문을 계속한다.
- 배변 훈련을 마쳤음에도 바지에 오줌이나 똥을 싼다.

당신과 아이 둘 다 기분이 좋고 아이에게서 어떠한 고통 신호도 찾아볼 수 없을 때가 아이의 의식적 행동을 고칠 기회일 수 있다. 아이에게 다른 컵을 주거나 다른 의자에 앉아보게 할 수도 있고, 와플을 네모반듯한 모양으로 잘라주는 대신 세모꼴로 잘라줘 볼 수도 있다. 이런 일이 바로 내가 '도전'이라고 말하는 것이다. 도전은 아이가 몸소 배우고 기술을 익힐 수 있도록 당신이 설계한 목적 의식적인 상황을 말한다. 당신은 아이에게 "음식은 가끔 네모일 때도 있고 세모일 때도 있어. 하지만 맛은 똑같을 거야"라든지, "빨간 접시가 더러워서 씻어야 해. 파란 접시도 괜찮아. 음식 맛은 똑같을 거야"라고 말하면서, 아이가 도전하도록 도울 수 있다. 이러한 도전은 아이의 떼쓰는 행동으로 이어질 수도 있고, 해볼 만한 가치 이상으로 더 큰 문제를 야기하는 것처럼 보일 수도 있다. 하지만 장담하건대, 장기적으로 볼 때 도전은 충분히 가치 있는 일이다! 이러한 도전과 배움의 순간에 더 많이 노출시킬수록, 아이는 더 빨리 적응하고 더 유연해질 것이다.

따라서 도전하기 전과 도전하는 동안에 아이의 감정 상태를 가늠하는 것이 중요하다. 아이가 이미 힘든 하루를 보내고 있다면, 그날은 분명 도전할 수 있는 때가 아닐 것이다. 평온한 하루를 보낸 데다가 도전하고 싶은 마음이 든다면, 그날은 해볼 만하다. 일단 도전을 시작하면, 중도에 아이의 요구에 부응하지 않는 것이 중요하다. 이 때문에 도전을 시작하기 전 아이와 당신의 기분을 가늠해보는 일이 중요한 것이다.

아이에게 파란 접시도 빨간 접시와 똑같이 좋다고 말해놓고선 도중에 당신이 먼저 포기하여 아이에게 빨간 접시를 준다면, 아이에게 어떤 메시지를 주고 있는 것일까? 아마도 '역시 빨간 접시가 더 좋은 거였어' 아니면, '소리 지르며 울고불고 난리를 치면 결국 엄마가 원하는 것을 갖다 주나 봐' 같은 메시지일 것이다. 아이는 이러한 메시지를 받으면, 엄마가 결국에는 불편한 상황을 바로잡아 줄 것이라고 생각하고 새로운 상황에 적응할 필요를 느끼지 못한다.

만약 아이가 정서적으로 도전을 마치지 못할 상황에 처한다면, "파란 접시에 있는 음식을 먹을 필요는 없어, 하지만 빨간 접시는 더러워서 쓸 수가 없어"라고 말할 수 있다. 그럴 때 "내가 어떻게 해줬으면 좋겠니?"라고 물으며 아이가 스스로 문제를 해결할 수 있도록 도와주자. 아이의 언어능력에 따라 다르겠지만 이런 질문은 대화를 수월하게 이어갈 수 있게 도와준다. 도전을 할 때 나누는 대화는 다음과 같이 이어질 수 있다.

아이 빨간 접시!

부모 빨간 접시는 더러워. 내가 어떻게 해줬으면 좋겠니?

아이 몰라!

부모 더럽고 지저분한 접시에 담아줄까?

아이 아니!

부모 그럼 어떻게 할까? 접시 없이 그냥 먹을래?

아이 싫어!

부모 그럼 파란 접시에 먹을래?

아이 응!

위의 예시처럼 대화가 항상 자연스럽게 흘러가지는 않는다. 하지만 시간이 흐르면서 아이는 이러한 도전을 통해 문제를 스스로 생각하는 방법과 무작정 부모가 문제를 해결해주길 바라서는 안 된다는 사실을 배운다. 부모 역시 아이와의 갈등을 피하려고 도전에 개입하거나 아이의 요구를 선뜻 들어주어서는 안 된다는 사실을 배울 수 있다. 혼자 힘으로 장애물을 극복할 때 아이의 적응 능력은 강해진다.

아이는 살면서 자연스럽게 여러 가지 다른 도전에 직면할 것이다. 사례에서 봤듯이, 샘의 아빠는 샘이 만들어놓은 기차 배열을 일부러 흩뜨리지 않았다. 이러한 상황은 당신이 어떻게 행동하느냐에 따라 환상적인 가르침의 순간이 될 수도 있고, 끔찍한 가르침의 순간이 될 수도 있다. 만약 칼라와 톰이 인내심과 에너지가 충만한 상태에서 도전에 임했더라면, 샘은 스스로 불안감을 타개할 수 있는 기회를 가졌을 것이다. 도전은 다음과 같이 진행될 수도 있었다.

샘 내 기차! 안 돼!!

아빠 뭐가 잘못됐어?

샘 아빠가 내 기차 엉망으로 했잖아!

아빠 아빠는 네가 특별한 방식으로 기차를 세워놓은 줄 몰랐어. 아까 어떻게 했는지 보여줄래?

샘 (울면서) 내 기차 망쳤어!

아빠 아빠가 일부러 망친 걸까?

샘 아니야.

아빠 그러면 아빠가 어떻게 해줄까?

샘 고쳐내!

아빠 그럼 네가 좋아하는 대로 한번 놓아볼래?

이 대화를 통해 샘은 뜻밖의 일이 우리 주위에서 일어나며, 모든 행동이 항상 의도하여 일어나는 것은 아니라는 사실을 배운다. 아이는 또한 떼쓰며 자지러지는 대신 자신의 감정을 표현하는 방법을 배우게 된다. 부모는 직접 문제를 해결하지 않지만, 아이가 스스로 문제를 해결하는 과정을 함께 경험하게 한다.

나는 자주 부모에게 아이가 "아, 그렇구나"라고 로봇처럼 말하라고 코치한다. 이 말이 지나치게 단순하게 들릴 수도 있지만, 어린아이는 언어를 배우는 과정에서 많이 헤맬 수 있다. 아이가 화가 났을 때는 당신이 하는 말을 잘 알아듣지 못한다. 그러므로 아이에게는 짧고 간단명

료하게 말하는 것이 더 효과적일 수 있다. 만약 위의 사례처럼 샘이 안정을 찾지 못해서 더 이상 대화를 이어가기 힘들다면, 부모는 샘에게 "그건 사고였어, 우리 '아, 그렇구나'라고 말하고 다시 만들어보자"라고 반복해서 말할 수 있다. 시간이 지나면서 아이는 어떤 문제에서 손을 뗄 때 스스로 "아, 그렇구나"라고 말하며, 그러한 말을 한 자신을 부모가 칭찬해주기 바랄 것이다.

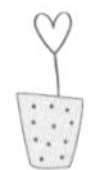 아이가 고집을 부릴 때, 이렇게 해보세요

예민한 아이는 종종 부모에게 무엇을 할지 또는 그 일을 어떻게 할지 물어볼 것이다. 아이는 때때로 부모를 자기의 분신이라고 여긴다. 부모는 아이의 지시적인 요구에 굴복하는 편이 나중에 뒤따를 전쟁을 맞닥뜨리는 것보다 더 쉽다고 느끼기도 한다.

"거기 서 있어!", "또 안아줘!", "나도 데리고 가!"와 같은 요구는 진짜 몇 안 되는 예에 불과하다. 아이의 요구는 부모와 아이 간의 상호작용을 넘어서 또래집단과 아이 간의 상호작용으로 확장될 수 있다. 아이가 친구에게 특정한 방식으로 놀라고 요구할 수도 있고, '역할 상상 놀이'를 할 때 상대방 아이에게 대사를 정해주면서 자신이 요구한 그대로 말하라고 시킬 수도 있다. 유아기 아동은 주변 환경을 통제하고 자신에게 가장 편안한 상황을 만들고 싶어 한다. 불행하게도 미래의 선생님과 친구들을 비롯한 인간관계에서는 이런 행동을 받아들이지 않을 것이다. 자기 자신은 통제할 수 있어도 다른 사람을 통제할 수는 없다는 사실을 아이에게 일찍 가르쳐주는 것이 중요하다. 아래와 같은 대화는 아이에게 이러한 메시지를 유용하게 전달할 수 있다.

아이 안아줘!

부모 다섯 번이나 안아줬어! 이만 자야지!

아이 안아줘!

부모 엄마는 이미 충분히 안아줬어. 사랑해, 하지만 이제 잘 시간이야.

아이 안아, 안아!

부모 너는 엄마에게 이래라저래라 할 수 없어. 너는 너 자신에게만 무엇을 할지 요구할 수 있어.

부모는 가끔 더 많은 애정을 요구하는 아이 때문에 쩔쩔맨다. 아이가 더 많은 사랑을 요구할 때 순순히 따르지 않는 것을 잔인하다고 생각하기 때문이다. 부모는 아이의 이러한 애정 요구가 사랑을 더 받기 위해서가 아니라 만족할 수 없는 불안 충동 때문이라는 사실을 잘 모른다. 아이는 당신의 말과 신체 접촉을 통해 안심받고 싶어하지만, 절대 충분하지 않을 것이다. 역설적이게도 당신이 아이의 요구에 굴복하여 더 많이 안아줄수록, 아이의 충동은 더 커진다. 명확한 경계선을 그을 때, 당신은 아이가 그 경계선에서 안전하다고 느끼도록 가르칠 수 있으며 아이의 충동 행동을 멈출 수 있다.

아이가 일상 속에서 고집을 부리는 행동은 부모를 지치게 만드는 시간 소모적인 일이다. 부모가 아이를 안전지대 바깥 경계선까지 밀어내는 훈련은 균형 잡기가 필요한 어려운 절차이지만, 아주 중요한 일이다. 정해진 일상에 변화를 주고, 의식 절차 같은 행동을 고의적으로 깨며, 아이가 부모의 행동을 통제하지 못하게 하는 일들은 모두 아이가 장기적 대응 기제와 적응 기술을 발달시키는 데 도움이 될 것이다. 하지만 이러한 일은 시간과 인내심, 일관성이 필요하다는 사실도 명심해야 한다.

막무가내로 떼쓰는 아이

부모의 고민

아이의 짜증을 어디까지 받아줘야 할까요?

처음에 아만다와 존은 딸 애슐리의 떼쓰는 정도가 보통 아이와 다를 바 없다고 생각했으며, 대다수 부모가 모두 겪는 일이라고 여겼다. 애슐리는 첫아이였고, 아만다와 존은 '미운 두 살'이 괴성과 고집스러움과 발 구르기 패키지와 함께 찾아온다는 것을 책에서 읽어 잘 알고 있었다. 하지만 아만다는 딸의 행동이 처음 생각했던 것처럼 또래 아이가 보이는 전형적인 행동이 아닐 수도 있다는 생각이 들기 시작했다. 아만다는 놀이 수업이나 공원 나들이를 끝내고 집으로 돌아갈 때마다 항상 발버둥을 치며 큰 소리로 우는 딸을 들쳐 안고 자리를 떠야 했는데, 함께 있던 부모 중 자신만 이러한 씨름을 하고 있다는 사실을 알고는 몹시 당황스러웠다.

아만다는 자기 인생이 애슐리의 짜증을 한 고비 한 고비 견뎌내는 삶처럼 되어버렸다고 느꼈다. 항상 마음을 졸이며, 언제 갑자기 애슐리가 다시 짜증을 부려 일상을 완전히 망쳐버릴지 걱정했다. 아만다와 존은 딸 애슐리에게 "안 돼"라고 말할 경우 10분 내지 15분 정도는 애슐리가 성질을 부릴 것을 각오해야 된다는 사실을 이미 알고 있었다. 하지만 무엇 때문에 애슐리가 울음을 터뜨리는지 모를 때도 있었다. 친구와 가족들은 선의로 아만다에게 애슐리가 조금 '버릇이 없다'며 좀 더 엄하게 훈육할 필요가 있다고 말했다. 이러한 조언은 좋은 부모가 되려고 열성을 다하는 아만다에게 모욕적으로 느껴졌다.

비록 애슐리가 낮잠을 자는 동안 한숨을 돌렸다고 해도, 아이가 잠에서 깨어나 떼를 쓰기 시작하면 당황스럽고 속이 상했다. 애슐리는 낮잠에서 깬 후면 땀이 온몸을 흠뻑 적셔 진이 빠질 때까지 울어재꼈다. 아만다와 존이 아무리 달래보아도 애슐리는 15분에서 30분이나 계속 울어댔고, 그 이유를 알 길이 없었다.

가끔 애슐리는 비이성적이거나 부당한 것을 요구하기도 했다. 애슐리는 이미 초코 우유를 요구할 단계가 지났는데도, 아만다가 흰 우유를 따라줄 때면 "싫어! 초코 우유 줘!"라며 소리 지르곤 했다. 초코 우유 대신에 흰 우유를 먹어야 한다고 아무리 설명을 해줘도, 애슐리는 엄마가 흰 우유를 컵에 붓는 것을 볼 때마다 바닥을 우유 범벅으로 만들고는 소리를 꽥꽥 질러댔다. 아만다는 식료품 저장실로 몰래 들어가 유아용 초콜릿을 넣기 전에 '금지된' 흰 우유를 컵에 따르고 있는 자신을 발견했다.

음식 온도에도 비이성적인 요구가 잇따랐다. 애슐리에게 줄 음식이 너무 뜨거울 때면 아만다는 음식을 식히려고 그릇째 냉장고에 넣곤 했다. 애슐리는 음식이 냉장고로 사라지면 극도로 화를 냈다. 아만다는 할 수 없이 다시 음식을 애슐리에게 가져다주었다. 하지만 애슐리는 다시 그릇을 받고도 음식이 뜨거워 먹지 못하면 또다시 화를 내며 그릇을 집어 던졌다. 아만다와 존은 어떻게 해야 할지 몰랐다. 아무리 노력해도 애슐리는 계속 화를 낼 이유를 찾는 것 같았다.

존은 애슐리와 함께 공원에 가는 것이 부담스러워졌다. 가끔 아만다가 주말에 일할 때면, 존은 애슐리와 둘만의 시간을 보내야 했다. 사실을 인정하자면, 그는 불안해서 애슐리를 공공장소에 데리고 갈 수가 없었다. 막무가내로 울고불고 떼쓰면 어쩌지? 애슐리를 통제할 수 없으면 어떻게 하지? 존은 집 근처에 있는 공원에 애슐리를 데리고 가면서 생각했다. 얼마나 나쁜 상황이 벌어질까? 불행하게도 결과는 정말 최악이었다!

애슐리를 공원으로 데려갔을 때 초반에는 일이 꽤 잘 풀리고 있다고 생각했다. 한 시간이 지난 후, 존은 전반적으로 야외 활동이 꽤 괜찮았다고 생각하고선 애슐리에게 집에 돌아갈 시간이라고 말했다. 애슐리의 행복한 얼굴이 휴화산이 폭발하기 시작한 것처럼 분노로 가득 찬 채 빨갛게 달아오르기 시작했고, 애슐리는 "안 돼! 더 놀 거야!"라며 소리 질렀다. 애슐리를 타이르려고 노력했지만, 애슐리는 점점 더 화를 냈다. 상황은 통제할 수 없을 정도로 나빠졌고, 존은 발길질하고 소리 질러대는 애슐리를 억지로 들쳐 안고 집으로 돌아와야 했다.

애슐리가 힘들어하는 또 다른 시간은 취침 시간이었다. 마치 시계처럼 애슐리는 잠옷 입을 시간만 되면 떼를 쓰고 울며 보챘다. 아이는 "안 피곤해! 안 잘 거야!"라고 소리 지르며 날뛰기 시작했다. 아만다와 존은 애슐리에게 이제 이리 와서 잠옷을 입으라고 잔소리하는 것도 지쳤다. 마침내 술래잡기가 한판 벌어지는데, 어쩔 수 없이 부모에게 잡히는 순간이 오면 애슐리는 있는 힘을 다해 사지를 흔들어 대며 발버둥 치기 시작했다. 애슐리의 작은 팔과 다리를 잠옷에 끼워 넣느라 한바탕 전쟁을 치르고 나면 존과 아만다는 정말이지 너무 피곤했다. 애슐리가 이를 닦고 엄마 아빠가 읽어주는 동화책 이야기를 들을 준비를 마쳤을 때는 아만다와 존도 거의 비몽사몽의 상태가 되었다!

아이의 속마음

모든 일이 내 뜻대로 되지 않는 것 같아요

애슐리는 종종 모든 일들이 자기 뜻대로 되지 않는 것처럼 느꼈다. 엄마와 아빠는 애슐리에게 자주 "안 돼"라고 말했고, 그럴 때마다 정말 속이 상했다. 애슐리는 소리 지르고, 발버둥 치고, 바닥에 나뒹굴면서 자기가 얼마나 화가 났는지 엄마 아빠에게 보여주었다. 가끔씩 엄마 아빠는 자기가 얼마나 불만스러워하는지 이해하고서 "좋아, 줄게. 그러니까 그만 뚝!"이라고 말해주었다. 애슐리는 만족스러운 듯 울음을 뚝 그쳤다.

애슐리는 낮잠에서 깰 때면 이상한 느낌이 들면서 뭔가 자기 마음대로 되지 않는 것 같았다. 애슐리는 이런 느낌이 싫었고, 무섭기까지 했다. 왜 이리도 모든 것이 어질어질하고 몽롱하지? 애슐리는 당황하여 비명을 지르곤 했다. 자신이 겁에 질려 자지러지면 엄마와 아빠는 짜증을 내는 것 같았는데, 그럴 때면 애슐리는 더 어찌할 바를 몰랐다. 왜 엄마 아빠는 자기를 덜 어지럽게 하고 안정감을 찾을 수 있도록 도와주지 않는 걸까? 애슐리는 더 화가 났고 그래서 더 힘껏 소리를 질렀다!

엄마 아빠는 애슐리가 하는 말을 전혀 이해하지 못하는 것 같아 자주 짜증이 났다. 애슐리는 흰 우유보다 초코 우유를 더 좋아했다. 하지만 자기가 분명히 초코 우유를 달라고 했는데도 엄마는 그 말을 무시하고 컵에 흰 우유를 붓기 시작하는 게 아닌가! 왜 엄마는 내 말을 안 듣는 것일까! 애슐리는 "아니야, 초코 우유 줘!"라고 계속 소리쳤지만 엄마는 계속 실랑이만 할 뿐이다.

한번은 애슐리가 몹시 배가 고픈 적이 있었다. 애슐리는 마카로니 치즈를 빨리 먹고 싶어서 참을 수가 없었다. 애슐리는 엄마가 마침내 자기 앞에 그릇을 놓아줄 때까지 영원과 같은 시간을 기다렸다. 맛있겠다. 애슐리는 치즈를 크게 한 숟가락 듬뿍 떠서는 벌린 입에 야무지게 넣으려고 했다. 그 순간 앗, 뜨거! 입이 뜨거운 치즈에 홀라당 덴 것이 아닌가. 애슐리가 울음을 터뜨리자 엄마는 재빨리 치즈 그릇을 빼앗아서 냉장고에 넣어버렸다. 엄마는 왜 음식을 가져가버리지? 배가 이리도 고픈데! "배고파! 다시 내놔!"라며 애슐리가 괴성을 지르기 시작했다. 엄마는 화가 난 듯 보였다. 지금 짜증 낼 사람은 엄마가 아닐 텐데? 배가 고파 죽을 지경인 사람은 바로 나라고! 마침내 엄마는 애슐리의 뜻대로 치즈 그릇을 냉장고에서 꺼내 애슐리 앞에 놓아주었다. 애슐리는 신이 나서 치즈를 한 숟가락 듬뿍 떠서 자신의 입에 갖다 댔는데, 익숙한 뜨거움이 다시 한 번 입술 전체를 휘감았다. 또야! 애슐리는 소리 지르며 그릇을 테이블 밑으로 던져버렸다. '다시는 안 먹을 거야!'라고 애슐리는 생각했다.

애슐리는 공원 나들이를 좋아했다. 아빠와 단둘이 집에 있을 때면 애슐리는 몹시도 지루했다. 그러던 어느 날 아빠가 애슐리에게 공원에 갈 거라고 말했다. 애슐리는 매우 신이 났다. 드디어 무언가 재미있는 놀이를 하겠구나. 공원에 도착한 애슐리는 흥분과 호기심으로 가득 차서 이곳저곳을 돌아다니며 놀이터 놀이기구를 살펴보았다. 지난번 공원에 왔을 때 애슐리는 너무 겁이 나서 미끄럼틀을 내려오지 못했었다. 애슐리는 조금만 더 용기를 내면 할 수 있을 것이라고 생각했다. 애슐리는 처음에는 벌벌 떨면서 미끄럼틀을 내려왔지만, 결국 아무렇지 않게 미끄럼틀을 내려올 수 있었다. 아빠가 애슐리를 불렀을 때 마침내 미끄럼틀 타는 일을 완전히 익히는 중이었다. '안 돼!' 애슐리는 생각했다. '지금 갈 수 없어. 이제 막 익숙하게 미끄럼틀을 타게 되었는데.' 애슐리는 미끄럼틀을 타는 도전에 완전히 빠져 있었기 때문에 떠날 준비가 안 되어 있었던 것이다. 애슐리는 소리 지르며 아빠에게서 도망치려 했다. 애슐리는 아빠가 곧 포기할 것이라 생각했지만, 공원 나들이는 애슐리의 예상대로 끝나지 않았다.

밤은 애슐리에게 무서운 시간이었다. 애슐리는 깜깜해지기 시작하는 그 시간이 너무 싫었는데, 밤은 애슐리에게 컴컴한 방과 무시무시한 그림자, 그리고 홀로 남겨짐을 의미했기 때문이다. 어떤 날은 어둑해진 후에도 한참 동안 잠자리에 들지 않는 때도 있었다. 하지만 어떤 날은 어둑해지자마자 바로 잠자리에 들어야 할 때도 있었다. 한 가지 확실한 것은 잠옷을 입으면 곧 잠자리에 들어야 한다는 사실이다. 애슐리는 엄마 아빠의 잠옷 입히기 행동을 저지할 수만 있다면, 결코 취침 시간이라는 고문을 맞이하지 않아도 될 것이라고 생각했다. 애슐리는 방을 이리저리 뛰어다니며 필사적으로 도망쳤다. 붙잡히기라도 하면 마치 죽을 것처럼 괴성을 질러댔다. 솔직히 애슐리는 실제로 그렇게 느끼고 있었다.

'안 돼'라는 말을 받아들일 수 있게

대부분의 유아기 아동은 무엇인가를 자기 마음대로 하지 못할 때 떼를 쓰고 울며 보챈다. 사실 아이의 이런 행동은 대다수 유아기 아동이 보이는 울화 행동에 뿌리를 두고 있다고도 볼 수 있다. 아이는 막 자신의 독립성을 발견하여 책임을 감당할 준비를 하고 있다. 부모가 아이의 길을 가로막고 서 있지만 않으면 말이다! 아이가 무엇을 해야 할지는 스스로 가장 잘 알고 있는데, 부모가 이러한 진실을 받아들이지 않을 때 몹시 화를 낸다.

여느 아이처럼 예민한 아이도 "안 돼"라는 말을 들으면 생떼를 부린다. 이 아이가 다른 아이와 다른 점 한 가지는, 감정을 비롯한 많은 것을 조절하기 힘들어한다는 것이다. 그러므로 예민한 아이가 무언가를 마음대로 하지 못하여 탈선하기 시작하면, 그 짜증은 보통 아이보다 더 오래 지속되고 감정도 더 격앙된다.

나는 유아기를 아이가 향후 발달과 성공을 위해 토대를 마련하는 시기라고 진단한다. 집을 짓고 있다고 상상해보자. 땅이 푹신푹신하고 불안정하다면, 기초를 잘 다져서 견고한 구조물을 올리는 게 중요하다. 기초를 다지는 일은 아주 화려하거나 신 나는 과정이 아니다. 하지만 기초를 제대로 다져놓지 않으면 구조물이 견고하지 못함은 물론, 그 위에 지어진 모든 것이 무너져 내릴 수도 있다.

당신이 아이에게 가르치는 것은 대부분 기초 공사에 해당하는 것이다. 종종 당신이 쏟는 노력이 별 소용 없다고 느끼겠지만, 사실 당신은 모든 것이 세워질 초석을 닦고 있는 것이다. "아이가 하는 행동을 염려하지 않아요. 이제 겨우 두 살인걸요"라든가, "아이가 어릴 때 두 손 두 발 다 들었죠. 어쨌거나 아직 어린애인걸요"라고 부모가 말할 때면, 나는 그들이 성장 초기 단계에 콘크리트를 쏟아붓는 일이 얼마나 중요한지 깨닫지 못했다는 생각이 든다.

실제로 당신은 지금 아이에게 한계와 경계를 보는 방법에 대해 청사진을 제시하고 있는 중이다. 아이에게 당신의 말이 의미가 있는지 쓸데없는지를 가르치고 있다. 당신의 행동으로 "너의 짜증은 효과가 있어"라고 아이에게 알려주고 있는 것이다. 부정적인 행동을 강화한다면 부정적 행동은 지속될 것이다. 마찬가지로 긍정적인 행동을 강화한다면 긍정적 행동이 지속될 것이다. 아이는 부모가 이끄는 대로 따르며, 우리가 살아가는 세상에 대해 부모가 알려주는 것에 기초하여 현실을 그려나간다. 만약 당신이 아이에게 '안 돼'가 '돼'로 바뀔 수도 있으며, 소리 지르고 발길질을 해대면 원하는 것을 가질 수 있다고 가르친다면, 아이는 선생님과 친구를 비롯한 주위 모든 사람에게 같은 반응을 기대하게 될 것이다.

당신이 어떻게 아이를 양육하고 있는지 이해하기 위해서는 당신의 결혼, 또는 더 과거로 돌아가 당신의 어린 시절을 자세히 들여다봐야 할지도 모른다. 나는 엄격한 배우자를 대신해 모자라는 부분을 채우고 있다고 말하는 많은 부모를 만나보았다. 실의에 빠진 어떤 엄마는 "가끔 남편이 너무 엄격해서 아이에게 미안한 마음이 들어요. 내가 대신 보상해주고 싶어요"라고 말한다. 많은 부모가 상대 배우자가 '안 돼'라고 말할 때 자기는 '돼'라고 말할 것이다. 아이에게 마음으로 공감하여 부모로서 죄책감에서 벗어나고 싶기 때문이다. 나와 상담한 대부분의 부모는 이러한 행동이 자신의 양육 방식에 있어서 큰 결함임을 깨닫고 난 후에도, 행동을 개선하는 데는 어려움을 겪는다. 대개 상대 배우자의 양육 방식에 더 익숙해질 때까지 이 패턴은 변하지 않을 것이다.

이따금 어린 시절 경험이 양육 태도를 형성하기도 한다. 내가 상담한 많은 부모는 다음과 같이 말했다. "부모님은 정말 폭력적이었어요. 저는 아이에게 그렇게 하지 않을 겁니다." 불행하게도 이런 사고방식은 부모를 무능하게 만들며, 아이가 건전한 경계나 한계를 설정하는 것을 힘들게 한다. 반대로 이렇게 말하는 부모도 있다. "아버지가 보지 않을 때 엄마는 항상 제가 원하는 걸 주었어요. 엄마는 제게 절대 아버지에게 얘기하지 말라고 했죠." 그러한 어린 시절을 보냈던 부모는 아이에게 같은 양육 방식을 그대로 모방하여 적용하는 경향이 있다. 어떤 부모는 이러한 행동이 부모의 사랑을 표현하는 좋은 예가 된다고 생각한다. 아이와 한마음을 이룰 때 결속이 더 단단해진다는 잘못된 신념이 있을 수도 있다. 이때 자신과 아이의 결속은 불행히도 배우자와 아이의 관계를 희생한 결과로 얻어진 것이다. 이들은 "아이를 망치는 일이라 생각해요. 하지만 아이에게 안 된다는 말을 할 수가 없어요"라고 말할 것이다. 이들 부모가 깨닫지 못하는 것은 바로 자신이 배우자와 아이에게 위해를 가하고 있다는 사실이다. 아이는 경계나 규칙을 심각하게 받아들이는 방법을 익히지 못하고, 한쪽 부모가 하는 말은 다 허울이라고 배우게 된다. 이는 한쪽 부모의 권위를 약화시키고 부모가 같은 편이 아니라는 사실을 아이에게 가르칠 뿐이다. 또한 가정에서 분열이 일어나고 있다는 사실을 알지 못하는 한쪽 부모에게도 불공평한 일이다.

성공적인 양육을 저해하는 또 다른 잠재적 장벽은 바로 부모 스스로가 느끼는 불안이다. 불안감으로 예민해진 아이를 둔 대부분의 부모 역시 불안 유형에 속한다. 일반적으로 불안을 유발하는 유전적 요소를 고려해보면, 이것은 예상할 수 있다. 불안해하는 부모의 장점은 아이의 행동을 더 깊이 공감하고 이해할 수 있다는 점이다. 반면에 단점은 일부 극심한 불안을 보이는 부모의 경우 아이의 불안에 같이 휩싸여 불안해하는 아이를 키우는 데서 오는 스트레스를 다스리기 힘들어한다는 것이다. 나에게 상담을 받은 어떤 부모는 학교에 가기 싫다고 고집을 부리는 아이와 함께 울기도 했다. 어떤 부모는 아이가 부모와 함께 잠자리에 들기를 원하는 만큼이나 자신도 아이 옆에서 잠들어야 편안함을 느낀다고 말했다. 이러한 부모들은 아이의 안전을 항상 염려하여 아이가 자는 모습을 바로 옆에서 보아야 편안함을 느낀다. 또한 아이가 부정적인 감정을 강하게 표현할 때 정말 힘들어한다. 부모는 아이가 자제력을 잃고 있다는 사실 때문에 불행과 불안감을 느낀다. 아이의 불안감을 없애려는 마음에 부모는 단숨에 아이가 처한 상황을 '바로잡으려' 할 것이다. 그렇게 해서 아이는 물론 자신의 불안까지 줄이려는 것이다. 나는 부모가 이렇게 말하는 것을 자주 들어왔다. "정말 미안한 마음이 들었죠. 아이가 너무 슬퍼 보여서 원하는 것은 무엇이든 해줬어요."

유아기 아동에게 아주 힘든 도전은 바로 '안 돼'라는 말을 받아들이는 것이다. 안타깝지만 원한다고 해서 모두 다 가질 수 없다는 사실을 가르치는 것은 부모의 역할이다. 아이가 소리치고 비명을 질러대는 것을 참고 듣기란 힘들고 괴로운 일이지만, 이것은 부모로서 당신이 아이에게 가르쳐야 할 중요한 교훈이다. 어린아이는 때때로 소리를 지르고 화를 낼 것이다. 아이는 소리 지르고 발길질해봤자 상황이 변하지 않을 것을 확실히 인지해야만 자기를 규제하는 방법을 개발할 수 있다. 시간이 흐르면서 아이는 짜증을 내봤자 소용없다는 사실을 깨닫고 이내 포기할 것이다.

아이가 짜증을 내기 시작할 때는 부모가 자신이 뭘 원하는지 모른다고 느낄 수도 있다. 떼쓰는 행동은 불만에서 생긴다. 아이는 '만약 엄마가 내가 뭘 원하는지 알면 내게 그걸 줄 텐데!'라고 생각할 것이다. 그러므로 떼쓰는 아이를 돕는 첫 번째 단계는 당신이 아이가 화내는 이유를 이해하고 있다고 알리는 것이다. 대화는 다음과 같이 이어질 수 있다.

아이 저 장난감 줘!

부모 저건 친구 거야. 네 것이 아니야.

아이 (울음을 터뜨리며) 저거 줘!

부모 친구 장난감을 갖고 싶어서 화가 났구나.

아이 응!

부모 하지만 저건 네 것이 아니니까 가질 수 없어.

아이 싫어! 줘!

부모 알아. 장난감 때문에 화가 났구나.

이처럼 대화한다고 해서 아이가 짜증 부리는 것을 그치진 않을 것이다. 하지만 아이는 대화를 통해 부모가 자신이 무엇을 원하는지 알고 있지만 들어주지 않을 거라는 사실을 이해하게 된다. 아이의 감정에 이름을 붙이기 시작하는 것 또한 도움이 된다. 감정에 이름을 붙이게 되면, 아이는 부모에게 이해받고 있다고 느낄 뿐만 아니라, 앞으로 사용하기 시작할 감정 단어도 배울 수 있다. 아이가 좀 더 자라면, 부모가 아이 감정에 이름 붙인 단어를 고치며, 더 정확한 단어로 자신의 감정을 나타낼 것이다. 예를 들어, "슬픈 게 아니야. 화가 난 거라고!"라는 식으로 말이다. 이러한 행동은 아이가 감정 단어를 발달시키기 시작했음을 보여준다.

유아기 아동은 짜증 부리고 떼쓰는 것을 좋아한다. 아무리 마음씨 좋은 부모를 두었더라도 아이는 부모의 '안 돼'라는 말을 받아들이기 힘든 순간을 맞이할 것이다. 아이가 극도로 성질부리며 떼쓰고 울며 보챌 때 최선의 방법은 아무런 반응도 하지 않는 것이다. 아무리 똑똑한 아이라도 극도로 떼를 쓰며 울어 보채기 시작하면 사고력과 이해력을 몽땅 잃어버린다. 커뮤니케이션 능력 또한 상실한다.

일단 아이가 극도로 성질을 부리기 시작하면, 부모가 할 수 있는 일은 아이가 안전하도록 조심하는 것뿐이다. 어떻게 하면 아이의 행동을 멈출 수 있느냐고 자주 물어오지만, 아이의 짜증이 일단 시작되면 멈추기에는 이미 늦다. 잠시 멈출 수 있는 방법도 있긴 하다. 그러나 이는 아이가 스스로 절제하는 법을 깨우치는 데 전혀 도움이 되지 않을 뿐 아니라, 오히려 감정 표현을 억제하도록 가르치는 꼴이 될 수도 있다.

아이에게 동일한 반응을 반복적으로 보이는 '로봇식 육아법'을 적용한다면, 아이는 더 빨리 떼쓰는 상황에서 다른 상황으로 옮겨갈 수 있다. "'안 돼'라는 말은 진짜 안 된다는 뜻이야" 등의 말은 떼쓰며 울고 보채는 행동이 아무 소용이 없다는 사실을 주지시키는 데 도움이 된다. 아이가 계속해서 소리를 지르고 다른 사람을 방해한다면, "너 때문에 귀가 아파. 계속 그럴 거면 다른 방으로 가줘"라고 말할 수 있다. 아이가 "아니, 싫어!"라고 소리를 지르면, "여기 있으려면 뚝 그쳐야 해!"라고 말할 수 있다. 이런 대화법은 아이가 스스로 선택하고 빨리 자제력을 키우도록 도와준다. 만약 아이가 방에서 나가지도 않으면서 계속 울어댄다면, 아이를 안아 조용한 방에 데려다 놓자. 일단 이렇게까지 했다면, 미안하지만 그 어떠한 육아법도 아이의 짜증을 고치는 데 완벽하게 효과가 있지 않을 것이다. 하지만 이는 반드시 거쳐야 할 발달 단계 중 하나이다. 부모로서 당신이 할 수 있는 일은 아이가 결국 자제력을 기를 수 있도록 돕는 것뿐이다.

낮잠 후에 떼를 쓴다면

앞에서 유아기 아동이 짜증을 부리는 일반적인 이유를 다루었다면, 이제는 예민한 아이에게서 더 자주 나타나는 짜증을 살펴보려 한다. 유아기 아동은 낮잠에서 깨어날 때 짜증을 낼 수 있지만, 예민한 아이는 잠에서 깬 후 오랜 시간 동안 떼를 쓰며 성질을 부린다. 이러한 이유 없는 떼쓰기는 부모를 당황하게 한다. 설명했듯이, 예민한 아이는 삶의 모든 영역에서 자기를 규제하는 일에 어려움을 겪는다. 기분과 수면 주기의 영역에서도 마찬가지이다. 예민한 아이는 변화를 과민하게 느끼기도 한다. 예를 들면, 체온과 같은 내부 변화나 소음과 같은 외부 변화에 모두 민감하다. 이러한 과민함 때문에 아이는 잠든 상태에서 깨어 있는 상태로 전환하는 것을 힘들어한다. 잠을 푹 못 자고 깼을 때나 숙면 상태에서 각성 상태로 옮겨올 때 생리적인 반응이 일어나는데, 이때 아이는 불안하고 몽롱한 느낌을 받게 된다. 어린아이는 떼쓰는 것 외에는 이러한 느낌을 다루는 방법을 잘 모른다.

불행하게도 아이가 낮잠에서 깬 후 떼를 쓴다면, 당신이 할 수 있는 일은 그다지 많지 않다. 부모는 절망적으로 아이를 붙들고 "도대체 뭐가 문제야!"라고 물어보겠지만, 아이는 더 크게 울어대기만 할 것이다. "마실 것 좀 줄까?", "TV 좀 볼래?"라면서 아이를 진정시키려는 노력해봤자 아이는 화만 더 낼 뿐이다.

이런 상황에서 최선의 대응책은 아이와 언어적 소통을 제한하는 것이다. TV를 켜서 아이의 주의를 딴 데로 돌리자. 아이는 자신의 감정에서 주의를 다른 곳으로 돌리는 계기가 필요하다. 이렇게 함으로써 아이의 떼쓰는 시간을 줄일 수 있다. 물이나 음식을 아이 옆에 놓아두자. 때때로 음식과 음료수는 아이의 기분을 좋게 하는 데 도움을 준다. 짜증이 날 때 누군가가 자기를 토닥여주는 것을 좋아하는 아이도 있지만, 자신의 몸에 손대는 것을 전혀 좋아하지 않는 아이도 있으므로, 만질 때에는 위험을 감수해야 한다. 이런 짜증은 아이가 푹 자지 못했을 때 더 자주 일어난다. 아이가 잠에서 깨어나는 것을 본다면, 잠에서 완전히 깬 후에 다가가서 잘 잤느냐고 물어보자. 어떤 아이는 완전히 잠에서 깬 상태가 되어야 다른 사람과 소통할 수 있고, 또 어떤 아이는 약간 뒤척이다가 다시 잠이 들 수도 있다. 아이가 잠에서 깰 때 잠깐 여유를 주는 것은 아이가 나쁜 기분에 휩싸이지 않고 정신이 드는 데 도움이 된다.

상황을 무시하고 막무가내로 떼를 쓴다면

불안해하는 아이는 분명한 사실을 받아들이는 데도 어려움을 겪는다. 아이는 부모가 통제할 수 없는 일에 화를 내기도 한다. 이러한 떼부림은 비이성적이고 터무니없게 느껴지기 때문에 더 힘든 경향이 있다. 아이가 목청이 터져라 사과 소스를 내놓으라고 소리를 지를 때 사과 소스가 다 떨어졌다면 어떻게 해야 할까? 당연히 당신은 사과 소스가 어디에도 없다고 알려줄 것이다. 하지만 아이는 계속해서 고함을 질러댄다. 이쯤 되면 당신도 냉정을 잃고 화가 솟구치기 시작할 것이다. 아이가 비이성적으로 행동하고 있다면 자기 자신에게 문제가 있다는 사실을 깨닫도록 해주는 것이 좋다. 화를 계속 내겠지만, 당신은 아이에게 문제를 해결하고 비판적으로 사고하는 법을 가르칠 수 있다. 대화는 이렇게 흘러갈 수 있다.

아이 사과 소스!

부모 사과 소스 다 먹고 없어.

아이 사과 소스 줘!

부모 (냉장고 문을 열고 아이를 들춰 안으며) 사과 소스가 보여?

아이 아니!

부모 사과 소스 그럼 어디에서 갖고 와?

아이 몰라.

한참 동안 대화가 이렇게 뱅뱅 돌며 제자리걸음을 하겠지만, 당신은 아이가 스스로 생각해 당신과 같은 결론에 도달하게 해주고 있다. 이 책에 나오는 다른 육아법과 마찬가지로, 아이는 성질부리는 행동을 당장에 멈추지는 않는다. 하지만 당신은 아이에게 독립적인 사고 능력과 문제 해결 능력을 길러주기 시작한 것이다.

말도 안 되는 일로 아이가 자잘하게 떼를 부릴 때 쓸 수 있는 또 다른 육아법이 있다. 아이의 주의를 딴 데로 돌리는 것이다. 이 방법은 감정 변화가 심한 아이와 전쟁을 치를 때 강력한 힘을 발휘한다. 아이의 주의는 종종 매우 재빨리 이리저리로 옮겨 다닌다. 만약 아이가 짜증을 내기 시작한다면 아이의 관심을 다른 곳으로 돌려보자.

아이 엄마 다리에 앉을 거야.

부모 안 돼. 엄마 일하고 있잖아.

아이 다리에 앉을 거야.

부모 예쁜 아기 인형은 뭐하고 있어? 배고픈 거 아닐까?

아이 (인형을 찾으러 일어난다.)

아이의 주의를 딴 데로 돌리는 방법은 영원히 효과적이지는 않지만, 전쟁을 일시적으로 유예해주는 좋은 방법이 된다. 문제가 사소했다면 주의를 잠시 딴 데 돌리는 것만으로도 아이는 영원히 그 문제를 떠올리지 않을 수 있다. 항상 효과가 있지는 않겠지만, 당신이 할 수 있는 육아 스킬 중 하나임에는 틀림없다.

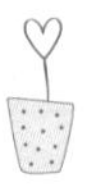

변화를 싫어하며 고집을 피운다면

아이들은 대개 변화를 싫어하지만, 예민한 아이의 경우 변화에 대한 반감이 특히 더 심하다. 하나의 활동에서 다른 활동으로 옮겨가는 일은 두려움과 공포를 유발할 수도 있다. 아이는 막 자신의 일을 스스로 할 수 있게 되었는데, 당신이 다른 것을 하자고 하면 아이는 무지 화를 내며 안 하겠다고 고집을 피울 것이다. 때때로 변화를 꺼리는 이러한 행동은 전쟁 같은 상황으로 변할 수도 있다.

점심 식사 시간에서 낮잠 시간으로, 목욕 시간에서 취침 시간으로 이동하는 것만큼이나 변화는 자연스러운 것이라는 사실을 깨닫는 게 중요하다. 활동에서 변화를 꾀하려면, 아이가 변화에 적응하고 알맞게 활동 기어 모드를 전환해 새 활동에 집중해야 한다. 보통은 많은 고민과 걱정 없이 빠르게 활동을 변화시키며 하루를 살아간다. 그런데 어째서 유아기 아동은 우리처럼 되지 않을까? 이를 닦고 잠자리에 드는 일이 아이에게는 왜 그렇게 어려운 것일까?

유아기 아동의 마음은 어디로 튈지 모른다. 시간 개념도 없고, 다음에 일어날 일에 대한 이해도 없다. 유아기 아동은 지금 이 순간을 살 뿐이다. 점심을 먹고 난 후 낮잠을 자야 한다는 사실 정도는 알고 있을지 몰라도 항상 큰 그림을 볼 수 있는 능력을 갖추지는 못했다. 아이는 대부분 지금 순간의 활동에만 열중하는 경향이 있으므로, 새로운 활동으로 바꿔야 한다고 하면 충격을 받는다.

1장에서 이야기했듯이 아이에게 다음에 일어날 일을 미리 알려준다면, 아이가 현재 행위에서 다음 행위로 넘어갈 때 겪는 정신적인 고통을 줄여줄 수 있다. 이것은 불안해하는 아이를 돕는 중요한 수단이 된다. 그날 있을 일을 아이에게 미리 알려줌으로써, 아이가 다음에 일어날 일을 예측할 수 있게 하는 것이다. 그날 오후에 일어날 일을 알려줄 수도 있고, 하루 동안 일어날 일이나 한 주 동안 일어날 일을 미리 알려줄 수도 있다. '미리 알려주기'는 앞으로 일어날 일을 아이가 알게 하는 좋은 방법이다. 이것은 아이의 불안을 줄이는 데 유용할 뿐만 아니라, 변화에 대비시킬 수도 있다.

내일 있을 일이나 한 주 동안 있을 일을 미리 알려주는 것은 아이에 따라 도움이 될 수도 있고, 역으로 불안을 일으킬 수도 있다. 어떤 아이는 모든 활동을 집요하게 반복하며, 미래에 일어날 계획에 당황해한다. 당신이 일어날 일을 미리 알려주었을 때 아이가 불안해한다면, 이런 상태라고 보아야 할 것이다. 불편하고 불안한 마음이 들면 아이는 앞으로 어떤 일이 일어나는지를 반복해서 물어볼 것이다. 아이가 계획을 듣고도 불안해한다면, 너무 먼 미래에 대한 이야기는 삼가고 몇 시간 후에 일어날 일만 알려주는 것이 가장 좋다. 대개 미리 알려주기 방식은 효과가 있다. 하지만 아이가 스트레스 받을 일이 곧 있을 예정이라면, 그 일이 일어나기 몇 시간 전까지는 알리지 않는 것이 좋다. 병원에 진료를 받으러 가야 하는 경우에는 정말 그렇다. 반대로, 특별히 재미있는 이벤트도 아이에게 너무 많은 자극과 흥분을 줄 수 있다. 아이가 "오늘

갈 거지?" 또는 "아직 파티에 가려면 멀었어?"라며 지겹도록 질문하는 것을 원치 않는다면, 이벤트가 임박했을 때 알려주는 것이 최선이다. 그렇지 않으면 아이가 당신을 미치게 만들지도 모른다.

특별한 날에 이름을 붙이는 것도 미리 알려주기 방식에 효과적일 수 있다. 만약 요일별로 다른 보모가 방문하거나 다른 수업에 참여한다면, 날마다 알맞게 이름을 붙여주자. '엄마와 노는 날', '수영 수업 가는 날', '가족과 함께 보내는 일요일'처럼 말이다. 요일에 이름을 붙이면, 아이는 즉각 그날 일어날 일을 이해하게 된다. 예를 들어, 당신이 '수영 수업 가는 날'이라고 일러주면, 아이는 그날 엄마와 집에 있다가 수영장에 갈 거라는 사실을 안다. 당신이 '가족의 날'이라고 하면, 아이는 그날 온 가족이 집에 머물기 때문에 엄마가 형과 누나를 학교에 내려줄 필요가 없다는 사실을 미리 알게 된다. 취침 시간을 미리 알려주는 것도 많은 도움이 된다. 아이에게 다음과 같이 일러줄 수 있다.

> 내일은 '엄마와 노는 날'이네. 내일 아침에 일어나면 함께 차를 타고 형을 학교에 데려다줄 거야. 그리고 낮에 집에서 같이 재미있게 놀자. 그러다가 오후가 되면 다시 차를 타고 학교에 가서 형을 데리고 돌아올 거야. 아빠가 집에 오면 다 함께 저녁을 먹자. 그리고 목욕하고 잘 거야.

어떤 아이에게는 이렇게 상세하게 설명할 필요 없이 그냥 "내일은 엄마와 노는 날이야"라고만 해도 충분하다.

유아기 아동의 기억은 선택적이다. 아이는 1년 전에 다녀온 여행에 대해서는 아주 사소한 것까지 기억하면서도, 당신이 반복해서 알려준 내일 할 일에 대해서는 까맣게 잊어버릴 수 있다. 따라서 '미리 알려주기'는 한 번 행하고 마는 일이 아니라, 지속적으로 반복해야 한다. 아이가 잠자리에 누웠을 때 내일 할 일을 미리 알려주었더라도, 다음 날 일어났을 때 다시 알려주어야 한다. 물론 당신이 미리 알려주기를 할 때 아이가 무관심한 것처럼 보일 수 있다. 하지만 이 방법은 분명 현재 행동에서 다음 행동으로 옮겨갈 때 아이가 울며 떼쓰는 상황을 줄여주는 유익한 도구가 된다.

'경고' 또한 하나의 유용한 도구가 될 수 있다. 경고하는 것만으로는 아이의 변화 거부 행동을 뿌리 뽑지 못하겠지만, 아이의 떼쓰기 강도는 줄여줄 수 있다. 행동이 끝나기 전에는 아무리 경고를 해도 잘 먹히지 않는다! "10분 있다가 떠날 거야"처럼 시간에 근거한 경고는 피하는 것이 최선이다. 10분이라니, 그게 무슨 말이지? 가급적이면, "미끄럼틀 두 번만 더 타는 거야. 그러면 가야 해"라거나, "케이크 먹고 나면 파티 끝내고 가는 거야"라고 경고함으로써, 활동에 근거하여 시간을 제한하도록 노력하자. 아이가 활동이 언제 끝나는지 훨씬 더 구체적으로 알 수 있다.

하지만 현실적으로 우리는 시간에 근거해 경고하기도 한다. 이벤트가 끝났다는 사실을 활동에 근거해 알려주기 어려울 때, 아이에게 시간의 의미를 배우게 할 수도 있다. 아이에게 '10분'이나 '5분' 또는 '3분'

이 남았다고 알려주며 초읽기 방법을 사용해보자. 시간 개념이 없는 아이가 당신이 하는 말을 전부 이해할 수는 없겠지만, '10분'일 때는 아직 좀 더 놀 시간이 남았고, '3분'일 때는 거의 놀이를 끝내야 할 때가 되었다는 사실을 느낌으로 알게 될 것이다. 이때 사용하는 시간 단위를 바꾸지 않도록 하자. 10분, 5분, 3분 방침을 고수하면 아이는 마음속으로 그 시간 개념을 굳힐 것이다.

놀이를 끝내고 가야 할 시간이 되었다면, 놀이를 멈추고 손을 씻거나 신발을 신게 하는 등 다른 활동에 집중할 수 있게 하자. 이런 방법은 아이가 놀이 모임을 떠나기 전에 현재 하는 놀이에서 분리되도록 도와준다. 아이가 한창 놀이에 몰입해 있는데 갑자기 집에 가자는 말을 들었다면, 변화를 거부하며 울고불고 떼쓸 것이다. 한 예로, 아이가 한창 놀고 있다면, "이제 손 씻어야 할 시간이야"라고 말해주자. 스스로 몰입했던 활동에서 완전히 분리되고 나면, "이제 가자"라는 말을 들어도 어렵지 않게 받아들일 것이다.

아이가 하던 놀이를 그만두는 것을 힘들어한다면, 아이의 주의를 다음에 일어날 일로 돌려보자. 재미있는 일이 곧 일어날 가능성이 전혀 없다고 해도, 창의력을 발휘해서 다음과 같이 말할 수 있다. "우리 집에 가서 저녁 먹자. 요리하는 것 도와줄래? 엄마는 네가 도와주면 정말 좋겠어!"라고 말이다. 아이가 다음에 일어날 활동에 흥미를 느끼면, 이전 활동을 그만둘 때 당신이 맞닥뜨리게 될 저항을 줄이는 데 도움이 된다.

예민한 아이는 가끔 일을 불완전한 채로 끝마치는 것을 어려워한다.

아이가 그림을 그리거나 미끄럼틀을 신 나게 타고 있을 때 이런 경우가 생긴다. 아이의 일을 중단시키고 집에 가자고 말하기 전, 오랫동안 아이 활동을 관찰하는 것이 중요하다. 만약 아이가 당신이 정해둔 시간 안에 끝낼 수 없는 일을 한창 하고 있다면, 그것을 끝낼 수 있도록 도와주자. 아이는 제대로 일을 끝내지 못하면 울고불고 떼를 쓰며 완전히 자지러지기 시작할 수 있다. 아이가 일을 제대로 마치기 전에 억지로 중지시킨다면, 아이에게 아주 못된 싸움을 걸고 있는 것이나 다름없다. 솔직히 말해서 그럴 가치가 없다. 만약 아이가 떠나야 할 시간이 다 되어서 새로운 일을 시작하려 한다면, 그 일을 시작하지 않게 하는 것이 최선이다. 아이가 이미 그 활동에 푹 빠진 게 아니면 다른 행동으로 전환하기가 훨씬 더 쉽다.

지나치게 흥분하거나 피곤해서 생기는 감정 폭발

유아기 아동은 피곤할 때 짜증을 낸다. 그리고 짜증이 나면 더 성질을 부린다. 이미 살펴보았듯이, 예민한 아이는 보통 아이보다 자신의 몸에서 일어나는 내부 변화에 민감하다. 예민한 아이는 피곤한 느낌을 처리하는 데 어려움을 겪으므로, 보통 아이보다 훨씬 더 많이 짜증을 내는 것이다.

아이가 피곤해하며 짜증을 부리기 시작하면 피할 도리가 없다. 아이가 자주 울고불고 떼를 쓰는 원인을 찾으려 할 때 맨 처음 던져보아야 하는 질문은 바로 '아이가 피곤한가?'이다.

만약 대답이 '그렇다'라면, 아이를 울며 보채게 만든 사소한 문제를 다루려고 애써봐야 소용이 없다. 차라리 아이가 스스로 자신이 피곤해서 화를 내고 있다는 사실을 깨닫게 해주는 것이 좋다. 아이에게 "네가 지금 피곤해서 심술이 난 거야"라고 말해주자. 아이는 "아니야, 아니라고!" 하며 소리를 질러댈 가능성이 크다. 아이가 부인하더라도, 아이가 현재 느끼는 감정에 이름을 붙여주는 것은 도움이 된다. 앞서 말했듯이, 다양한 감정에 이름을 붙여두면 아이가 자신의 감정에 어울리는 어휘력을 발달시킬 수 있다. 감정 어휘를 알아갈수록, 아이는 울고불고 떼쓰는 비언어적 행동을 점차 멈추고 말로 감정을 표현할 수 있게 될 것이다. 많은 유아기 아이들은 낮잠을 자야 한다는 사실을 받아들이려고 하지 않는다. 어떤 아이는 벌겋게 충혈된 눈을 비벼대면서도 도통 낮잠을 자려고 하지 않는다. 만약 아이가 낮잠을 자지 않고 짜증을 부린다면, 앉아서 할 수 있는 다른 활동을 하게 하자. 소파에 누워 TV를 보게 하면서 아이의 머리를 쓰다듬거나 등을 토닥여주어 아이의 마음을 푸근하게 만들어보자. 이러한 방법은 아이의 짜증을 줄일 수 있다.

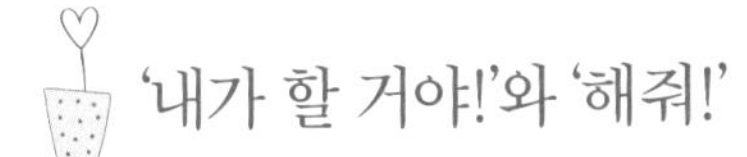

'내가 할 거야!'와 '해줘!'

모든 유아기 아동이 비슷하다고 생각할 수도 있겠지만, 사실 아이들은 모두 각양각색이다. 하지만 한 가지 확실하게 말할 수 있는 것은, 유아기 아동이 양극단의 끝을 달리는 경향이 있다는 것이다. 이때 아이들은 대단히 독립적이거나 대단히 의존적이다. 어느 쪽이든 이러한 성향으로 인해 아이들은 매일 짜증을 부린다.

우선, 대단히 독립적인 이 '작은 인간'은 무엇이든 스스로 하겠다고 고집을 부리지만, 슬프게도 그럴 능력이 없다. 아이는 혼자 옷을 입고, 혼자 양말을 신고, 혼자 신발을 신고 싶어 한다. 낙담한 부모는 화나고 경악한 표정으로 뒤에 앉아서, 작은 꼬맹이가 셔츠를 자기 혼자 벗어보겠다고 얼굴을 오만상으로 찌푸리며 꼼지락거리는 행동을 속수무책으로 바라봐야 한다. 감히 셔츠 벗는 것을 도와주려 했다가는 "내가 할 거야!"라고 분노하며 온 방이 떠나갈 듯 소리를 지르는 아이의 모습을 마주하게 될 것이다.

감히 말하건대, 아이의 이러한 성격은 사실 장점으로 볼 수 있다. 그렇다. 이것은 긍정적인 자질이다! 자신에게 닥친 도전에 계속 헤쳐 나가려는 의지를 보여주는 아이들은 사는 내내 닥치는 도전에 대해 이러한 태도를 보여줄 가능성이 크다. 그러니 인내심을 발휘해서 계속 지켜봐 주자. 독립심을 발휘하는 이 못난 과정을 방해하지 않도록 하자. 마냥 지켜보기가 쉽지 않을 수 있다. 특히 아이가 다섯 번이나 팔을 소매에 제대로 끼우지 못하고 그런 자기에게 점점 실망해가는 모습을 지켜보고 있노라면 더욱 그럴 것이다. 이때 아이에게 해서는 안 될 최악의 행동은 바로, 허락 없이 이 '작은 사람'을 만지는 것이다. 허락 없이 아이 몸에 손을 대면, 어쩌면 피할 수 있었을지도 모를 벼락 같은 떼쓰기 상황을 맞닥뜨리게 될 것이다. 허락 없이 아이에게 다가가지 않고, "엄마가 도와줄까?"라며 간단한 질문을 던져보자. 아이는 성격에 따라 "응"이라고 할 수도, "싫어"라며 단호하게 거절할 수도 있다. 아이가 도움을 거절했다면, "이쪽으로 팔을 넣어야지. 거기는 머리를 넣는 곳이 아니야"라며 말로써 도움을 주는 것이 필요할지도 모른다.

반대로, 영원히 어린 아기로 머물며 성장을 바라지 않는 아이도 있다. 이런 아이는 부모가 대신해서 모든 것을 해주기를 바란다. 부모 역시 아이가 자라기를 원치 않을 때, 특히 상황은 더 곤란해진다. 부모가 아이를 위해서 무언가를 대신해주는 것이 일을 빨리 진행시키고 심지어 더 보람되게 느껴지기도 하겠지만, 이는 아이의 건강한 독립성을 키워주는 올바른 방법이 아니다. 만약 아이 대신 당신이 어떤 일을 해주고 있다면, 당신은 무심결에 아이에게 '너는 스스로 그 일을 할 수 없어'라는 메시지를 보내고 있는 것이다. 실패는 성공의 한 부분이다. 아이 삶을 구성하는 방정식의 한 부분을 부모가 대신 처리해준다면, 부모가 아이에게서 중요한 삶의 기술을 빼앗는 결과를 낳게 된다.

스스로 무언가 하기를 주저하는 의존적인 아이를 위해, 당신은 작고 간단한 일부터 시작할 수 있다. 만약 아이가 스스로 속옷을 입으려고 하지 않으면, 아이가 구멍에 다리를 넣는 동안 아이의 속옷을 잡아 줄 수 있다. 아이가 이러한 간단한 작업을 잘해낸다면, 아이를 위해 하던 다른 일들도 점차 줄여갈 수 있다. 당신이 그동안 해주던 일을 모조리 하지 않겠다고 하면, 아이는 분명히 막무가내로 울고 보채며 떼를 쓸 것이다. 하지만 이런 떼 부림은 충분히 견딜 만한 가치가 있다. 도전에 맞설 수 있는 능력과 자신의 역량을 발견하는 일은 아이가 절대 놓쳐서는 안 될 교훈이기 때문이다.

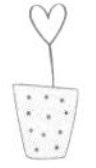

불안감에 기인한 떼 부림

예민한 아이에게서만 독특하게 찾아볼 수 있는 떼 부림은 불안감에서 나온다. 만약 아이의 불안감을 잘 알아채지 못하면 아이가 떼쓰는 이유를 오해한 부모는 혼란스러울 수 있다. 불행하게도 불안해하는 아이의 떼 부림과 지극히 평범한 아이의 떼 부림은 겉으로 보기에 별반 다를 게 없다. 단지 떼 부림이 일어나는 맥락과 상황이 다를 뿐이다.

유아기 아동은 자신을 힘들게 하는 것을 제대로 이야기할 수 있을 만큼 충분한 어휘를 알지 못한다. 따라서 당황하거나 무섬증을 느낄 때 할 수 있는 거라곤, 그것에 대해 함구하거나 성질을 부리는 것이다. 만약 아이가 매일 똑같은 시간에 짜증을 부린다면, 아이의 행동 패턴을 찾아보자. 패턴을 발견하기 위해서는 아이가 짜증을 부리기 직전 혹은 직후에 어떤 일이 일어났는지 살펴보자. 놀이 모임에 갈 시간인가? 엄마가 보모에게 아이를 맡기고 외출하려고 하나? 그것도 아니면 식사 시간이 거의 다 되었나?

불안감에서 나오는 떼 부림이 가장 많은 때가 바로 취침 시간이다. 많은 부모가 "우리 아이는 다 괜찮은데, 자려고 하질 않아요"라고 이야기한다. 그렇다면 더 심오한 질문을 던져보자. 아이가 왜 자려 하지 않을까? 단지 '더 놀고 싶어서'와 같은 단순한 이유에서? 그것도 아니면, 아이가 취침 시간을 두려워할 가능성은 없나? 언제나 당신과 함께 눕기를 원하거나 당신이 옆에 없을 때 잠을 이루지 못한다면, 잠과 관련된 어떤 불안을 겪고 있을 수 있다. 아이가 이렇다면, 이를 닦지 않으려는 사소한 증상을 바로잡으려 하기보다 진짜 문제에 더 집중해보자. 아이가 취침 시간을 더 안전하게 느낄 수 있게 할 방법을 찾아야 한다. 잠과 관련된 문제와 그 해결 접근법들은 4장에서 더 상세하게 다룰 예정이다.

아이가 떼쓰는 이유가 두려움에서 비롯되었다고 생각되면, 아이의 감정에 이름표를 붙여보자. "잠을 자는 게 싫은 거야, 아니면 무서운 거야?"라고 물어보자. 부모가 자신을 이해한다고 아이가 느낄 수 있게 할 뿐만 아니라, 문제의 본질을 파악하는 데도 상당한 도움을 준다. 당신이 잘못 추측한다면, 아이가 당신의 오해를 바로잡아 주거나 당신에게 동의하지 않을 것이다. 이 또한 상당한 도움이 된다.

아이의 불안감에서 나오는 떼 부림은 다양한 상황에서 보여진다. 어떤 아이는 유치원이나 어린이집에 가기 전에 심하게 기분이 변화하며 짜증을 부릴 것이다. 수영 교실이나 음악 수업처럼 초조함을 느끼게 하는 수업 이전에 자주 떼를 부릴 수도 있다. 또한 생일 파티 전이나 집에 많은 사람이 오는 날 아침에도 그럴 수 있다. 아이가 막무가내로 고집을 부리며 떼를 쓸 때는 눈앞에서 일어나고 있는 작은 전투에 휘말리는 것을 피하고, 더 큰 그림을 살펴보는 것이 중요하다.

힘겨운 식사 시간

부모의 고민

저녁 식사 시간이 두려워요

수전과 리처드는 저녁 식사 시간이 두려웠다. 옛날에는 저녁 시간이 부부가 하루 중 가장 좋아하는 시간이었다. 부부는 두 아이와 식탁에 앉아서 온종일 있었던 일을 서로 얘기하곤 했다. 저녁 식사 시간은 가족의 유대감을 쌓아가던 시간이었다. 하지만 셋째 케이트가 태어난 후로 저녁 식사 시간이 예전 같지 않았다. 케이트는 종종 모유 먹기를 힘들어했으므로, 수전은 조용한 환경에서 수유하기 위해 저녁 식사 시간에 자리를 떠야 했다. 케이트는 모유를 먹고 난 후면 자주 아파하며 울음을 터뜨렸다. 수전과 리처드는 케이트가 일단 고형식을 먹기 시작하면 삶이 평범한 예전으로 돌아갈 수 있다고 생각했지만, 그렇지 않았다. 케이트는 식사를 고형식으로 바꾸는 데도 어려움을 겪었으며, 음식에 뭔가 다른 내용물이 섞여 있는 듯하면 그게 무엇이건 간에 게워내곤 했다. 케이트는 과일 요거트와 코티지치즈 같은 음식을 먹으면 그것들을 토해냈다.

수전과 리처드는 당황스러웠다. 케이트는 왜 음식을 토하는 걸까? 크래커나 파스타, 시리얼을 먹을 때는 좀 괜찮은 것 같았다. 얼마 지나지 않아 수전과 리처드는 자신들이 케이트에게 아주 소량의 음식만 먹이고 있다는 사실을 깨달았다. 부부는 케이트의 건강이 걱정되었고, 충분한 영양을 섭취하고 있는지 염려되었다. 소아과 의사는 케이트가 '배고파서 죽지는 않을 것'이라며 부부를 안심시켰지만, 케이트의 몸무게는 여전히 늘지 않았다.

음식과 관련한 케이트의 이상 행동은 점점 더 심해져 갔다. 케이트는 식탁에 앉기를 싫어하며 자주 짜증을 부렸다. 그리고 가족들이 다 둘러앉은 저녁 식사 자리에서는 음식을 통 먹으려 하지 않았다. 식판에 담긴 음식을 내동댕이치거나 아기 의자에서 내려오려고 몸을 이리저리 뒤척였다. 케이트가 수전과 리처드의 진을 다 빼버렸기 때문에, 부부는 다른 두 아이에게 관심을 기울일 수 없었다. 케이트에게 너무 많은 시간을 할애해야 했으므로, 부부는 두 아이에게 죄책감이 들었다.

케이트는 손이 더러워지는 것을 싫어했다. 손이 지저분해질 수밖에 없는 음식을 먹을 때면 거의 제정신이 아니었다. 식사하는 중간에도 케이트는 "손 이상해! 닦아줘! 닦아줘!"라고 소리를 질러댔고, 식사는 케이트 손을 씻어주느라 자주 중단되곤 했다. 일단 손을 깨끗이 하고 나면, 케이트는 손을 지저분하게 만든 그 음식을 절대로 먹으려고 하지 않았다.

케이트는 가끔 음식을 먹다가 입을 크게 벌려 입안에 든 음식을 몽땅 뱉어내곤 했다. 음식을 뱉지 말라고 엄마가 큰 소리로 야단쳐도 듣는 둥 마는 둥 했다. 케이트는 음식을 두 번 정도 씹어보고 나서, 다시 입안에 든 음식을 뱉어냈다. 아이가 이런 모습을 보일 때마다 엄마 수전이 '타임아웃'을 주었지만, 케이트는 잘못을 절대 깨닫지 못하는 듯했다. 수전은 왜 다른 아이들에게는 이런 문제가 없었는지 궁금했다.

리처드는 케이트가 단지 고집이 너무 세서 그런 거라며, 부부가 너무 많이 응석을 받아주었다고 생각했다. 케이트가 가족 모두에게서 아기 취급을 받으며 응석받이가 되어서 그렇다고 여긴 것이다. 리처드는 케이트 때문에 다른 두 아이가 음식을 잘 먹지 않아도 된다고 여길까 봐 걱정했다. 리처드는 두 아이의 좋은 식습관을 케이트가 망쳐놓는 것을 원치 않았다. 그래서 리처드는 케이트가 채소를 조금이라도 먹기 전에는 아기 의자에서 내려주지 않았다. 가족들 모두가 음식을 깨끗이 비운 후에도 케이트는 아기 의자에 앉아서 한 시간이나 넘게 소리를 질러댔다. 리처드는 케이트 옆에 앉아서 채소를 먹기 전에는 의자에서 내려주지 않을 거라고 말했다. 결국 케이트는 완두콩을 한 입 먹었지만, 곧 다 토해버렸다. 이쯤 되자, 리처드는 케이트와 실랑이해봐야 전혀 소용이 없다는 사실을 깨달았다. 그날부터 케이트는 채소가 눈에 보이기만 해도 성질을 부렸다. 심지어 케이트의 접시에 올려놓지도 않았는데 말이다.

케이트는 간단한 음식은 대부분 잘 먹었다. 아침 식사 시간에는 대개 TV를 보면서 별문제 없이 시리얼을 먹었으며, 간식으로 준 과자도 작은 테이블에 앉아서 얌전히 먹곤 했다. 저녁 식사 시간이 단연코 하루 중 가장 힘든 시간이었다. 결국 리처드와 수전은 케이트와 함께 저녁 식사를 하면서 야단법석 떠는 것이 별 가치가 없다고 결정 내렸다. 그래서 부부는 케이트에게 한 시간 빨리 밥을 먹였고, 나머지 식구들이 저녁 식사를 하는 동안 케이트를 다른 방에서 놀게 했다.

아이의 속마음

음식을 먹으면 배가 아파서 어쩔 줄을 모르겠어요.

갓난아기였을 때 케이트는 따뜻함과 편안함에 폭 싸인 채 엄마의 모유를 먹었다. 갑자기 뜨거운 느낌이 목구멍에서 입으로 확 올라와서 깜짝 놀라기도 했지만 말이다(그것은 위산이 역류한 거였다). 갓난아기였을 때는 통증이 그다지 심하지 않았지만, 그 통증을 다시 느꼈을 때는 몹시 과민하게 반응하기 시작했다. 케이트는 우유를 먹을 때마다 그런 반응이 일어난다는 것을 알았다. 모유를 먹을 때 불안감이 들었기 때문에, 먹고 있는 동안 주위가 산만하거나 시끄러우면 어찌할 바를 몰랐다. 결국 엄마가 모유를 마저 먹이기 위해 케이트를 조용한 방으로 데려가야만 마음을 진정할 수 있었다.

케이트는 생후 1년 동안 음식을 먹은 후면 늘 위산이 타는 듯한 통증에 시달려야 했다. 항상 배가 아픈 것 같았다. 먹는 것에 대한 불안감이 점점 커져갔다. 엄마와 아빠는 나중에서야 케이트가 음식을 먹은 후면 늘 통증에 시달린다는 사실을 알아차렸다. 케이트는 아프다는 말을 할 줄 몰랐기 때문에 엄마와 아빠는 케이트의 과민한 행동을 이해하기가 어려웠다. 일단 케이트가 역류성 질환을 앓고 있다는 사실을 깨닫자, 약물치료를 받게 했다. 마침내 케이트가 조금 더 자랐을 때 통증이 멈추긴 했지만, 먹을 때마다 불안감을 느끼게 되는 아이의 반사 반응은 사라지지 않았다.

케이트는 구역질 반사 신경이 매우 예민했다. 혀에 오돌토돌하거나 뭉글뭉글한 것, 미끌미끌한 것이 닿으면 구역질하거나 토하곤 했다. 케이트는 엄마와 아빠가 주는 음식을 불신하기 시작했다. 뭐가 들었지? 저걸 먹으면 구역질이 나거나 토하고 싶지는 않을까?

엄마와 아빠가 주는 음식에는 입속에서 잘 사라지지 않는 것도 있었다. 케이트는 크래커나 시리얼을 먹을 때도 씹어 먹고 빨아먹었다. 그러고 나면 결국에는 입안에 있는 음식이 사라졌다. 엄마와 아빠가 고기처럼 질긴 음식을 줄 때면 아무리 오래 씹거나 빨아먹어도 음식이 항상 입안에 남아 있었다. 케이트는 입속에 남아 있는 음식을 어떻게 해야 할지 몰랐고, 삼키는 것이 너무나 무서웠다. 결국 '사라지지 않는 음식'이 어떤 것인지 기억하기 시작했고, 그런 음식은 애초에 거부해버렸다.

가끔 입속에 너무 많은 음식을 집어넣을 때도 있었는데, 그럴 때면 어쩔 줄을 몰랐다. 시리얼을 크게 한 주먹 입에 넣고는, 그제야 자신이 '사라지게' 만들어야 할 양이 어마어마하다는 사실을 깨닫고 당황했다. 입안에 있는 그 많은 음식을 처리하지 못할 것 같아 무서웠고, 급기야 입 밖으로 음식을 조금씩 뱉어내곤 했다. 어떤 이유에서인지 엄마는 케이트가 이런 행동을 하는 것을 싫어했기 때문에, 케이트에게 벌을 주며 한참 동안 앉혀놓곤 했다. 케이트는 엄마가 이럴 때마다 혼란스러웠다. 왜냐하면 자신은 어떻게든 먹어보려고 했기 때문이다.

케이트는 입만 예민한 것이 아니라 손도 예민했다. 케이트는 손에 끈적끈적하고 질척한 것이 묻는 것이 끔찍하게도 싫었다. 가끔 손에서 이런 촉감이 느껴질 때면 구역질이 나곤 했다. 주위가 지저분해지는 음식을 먹어야 할 때면 어떻게든 손을 더럽히지 않고 먹으려고 애썼으나, 어린아이에게는 어림도 없었다. 케이트는 아직 숟가락질과 포크질에 능숙하지 않았으므로, 음식의 절반가량을 쟁반과 손, 얼굴에 자주 흘렸다. 음식이 주변에 튀면, 케이트는 불안해서 어쩔 줄 몰랐다. 케이트는 먹는 데 더는 집중하지 못하고 곧장 손을 닦아야 했다.

엄마와 아빠가 케이트를 억지로 높은 아기 의자에 앉히려고 했을 때, 결국 케이트는 패닉 상태에 이르렀다. 아기 의자는 모든 힘든 일들이 일어났던 바로 그곳이다. 케이트의 심장은 식사 시간이 되자마자 요동치기 시작했다. 특히 케이트는 저녁 식사 시간이 싫었다. 가족이 모두 테이블에 둘러앉아 식사를 했기 때문에 케이트는 다른 때보다 더 자주 혼이 났다. 또한 저녁 식사에 나오는 음식은 더 이상했다. 접시 위로 종종 도저히 뭔지 알 수 없는 무시무시한 음식 더미가 놓였다. 케이트는 고기와 채소와 소스가 한데 뒤섞여 작은 덩어리로 된 음식을 보곤 했다. 저녁 식사 때는 냄새와 향이 더 이상했고 이전에는 보지 못한 음식들이 자주 나왔다. 케이트는 아무것도 먹지 않는 것이 최선이라고 생각했다. 케이트는 몸을 들썩이고 큰 소리를 내지르며 아기 의자에서 내려오려고 발버둥을 쳤다. "배 안 고파!"라며 소리쳤지만, 별 소용이 없었다.

한번은 엄마와 아빠가 케이트에게 초록색 음식을 먹기 전까지 절대 아기 의자에서 내려올 수 없다고 엄포를 놓았다. 케이트는 이것을 전에도 한번 먹어본 적이 있는데, 정말 맛이 이상했다는 것을 확실히 기억하고 있었다. 냄새도 이상했으므로 절대로 입에 넣을 생각이 없었다. 케이트는 소리 지르며 울었지만, 아빠는 눈 하나 깜짝하지 않았다. 아기 의자에 앉아 있는 시간이 영원처럼 느껴졌다. 언니와 오빠는 그만 먹어도 된다는 허락을 받았고, 엄마는 도대체 어디에 갔는지 보이질 않았다. 케이트는 아기 의자에서 영영 내려오지 못할지도 모른다는 생각이 들었다. 마침내 케이트는 항복했고 마지못해 하는 수 없이 그 초록색 콩을 입에 넣었다. 바로 역겨워지기 시작했다. 케이트가 초록색 콩을 씹으려고 할 때, 초록색 콩이 입속에서 쪼개지면서 또 다른 오돌토돌한 식감이 혀에서 느껴졌다. 케이트는 곧장 구역질을 해대기 시작했고 어느 틈에 먹은 음식을 죄다 토해버렸다. 케이트는 다시는 콩을 먹지 않으리라 다짐했다. 그때부터 초록색 음식을 볼 때마다 당황하며 발작을 일으켰다. 심지어 새로운 음식을 시도하는 일에 더욱 조심하게 되었다.

낮에는 음식을 먹는 것이 훨씬 더 편했다. 케이트는 자신이 예상할 수 있는 음식과 자기에게 편안함을 주는 음식만 먹었다. 시리얼과 크래커, 치즈는 평생 먹어도 행복할 것이라고 생각했다. 케이트는 또한 놀이를 하면서 먹는 것을 좋아했다. 때로는 음식에 대한 걱정을 잊을 수 있었기 때문이다.

음식을 거부하는 다양한 불안증

유아기 아동은 식성이 까다롭기 때문에 식사 시간마다 전쟁을 치르는 것은 흔한 일이다. 불안해하는 아이는 식성이 까다로운 데다가, 일련의 다른 문제까지 동반하고 있다. 음식 문제는 단순히 짜증스러운 일일 수도 있지만 의학적인 우려에까지 이를 수 있다. 일부 어린아이는 자신의 성장과 발달을 지연시킬 수 있는 심각한 식습관 문제가 있다. 만약 전문적인 도움을 받지 못한다면 정말 '굶어 죽을 수 있는' 아이도 있다. 극심한 식이 문제를 지원해주는 영양 치료사와 특별 영양 클리닉도 있지만, 여기에서는 이 문제를 다루지 않을 것이다. 영양 문제에 있어서 의학적으로 우려되는 문제는 이 책의 영역 밖의 것으로, 지속적이고 전문적인 지원을 필요로 한다. 당신 아이가 심각한 영양 문제를 겪고 있는지 확신이 없다면, 어린이 치료 전문가나 영양 치료사, 혹은 언어 병리학자를 찾아가서 초기 평가와 지도를 받아보기 바란다.

예민한 아이들 중에는 식습관 문제가 있긴 하지만, 영양적으로 결핍 상태에 이를 정도는 아닌 경우도 있다. 하지만 그들의 식습관 문제는 여전히 위협적이고 부모를 걱정시키므로 제대로 다뤄질 필요가 있다. 나는 이 장에서 예민한 아이들이 직면한 가장 보편적인 식습관 문제를 살펴보고자 한다.

식감에 과민한 반응을 보인다면

만약 당신이 예민한 아이를 키우고 있다면, 그 아이는 감각 통합에 문제가 있을 가능성이 크다. 감각 통합 문제가 무엇이고 어떻게 그 문제를 다룰 것인지에 관해서는 11장에서 더 자세히 다룰 것이다. 감각 문제란 일반적으로 여러 가지 감각에 과민하게 반응하거나, 반대로 저반응성을 보이는 것과 관련된다. 11장에서 구강 과민성과 구강 둔감성에 대해 더 자세히 다룰 것이다.

케이트 사례를 보면, 케이트는 구강으로 들어가는 음식에 과민성을 보였다. 식감은 케이트의 입속에서 더욱 두드러졌고, 그 때문에 구역질 반사를 더 쉽게 유발했던 것이다. 식감에 대한 과민성 때문에 케이트는 식감이 혼합된 음식을 먹기 어려워했다. 또한 입속에서 완전히 사라지지 않는 음식에도 두려움을 드러냈고 입속에 너무 많은 음식이 있을 때도 불안을 느꼈다. 새로운 냄새와 새로운 맛에 당황해했고, 새로운 음식을 시도하는 일도 꺼렸다.

이 문제를 더 복잡하게 한 것은 바로 촉각 과민성이다. 케이트는 자신의 얼굴이나 손에 끈적거리거나 질척거리는 물질이 닿는 느낌을 견디지 못했다. 케이트는 입에서 완전히 녹지 않아 꼭꼭 씹어 먹어야 하는 음식을 먹지 않았고, 감각이 과부하되었다고 느낄 때면 음식을 뱉어버리는 방식으로 민감성에 대처하고자 했다. 케이트는 끈적거리는 느낌을 더 참을 수 없을 때면 엄마에게 손을 깨끗이 닦아달라고 요구하곤 했다.

일부 어린아이는 온도와 관련된 감각 문제를 보이기도 한다. 우리에게 미지근하게 느껴지는 온도가 구강 과민성이 있는 아이에게는 타는 듯이 뜨겁게 느껴질 수도 있다. 이런 아이에게 줄 음식을 적절한 온도에 맞추기 위해, 우리는 냉장고와 전자레인지를 오가며 음식을 나르고 있을지도 모른다.

일부 어린아이는 구강 둔감성을 지니고 있다. 내가 경험한 바로는 구강 과민성을 갖고 있는 아이들이 더 많긴 하지만 말이다. 구강 둔감성을 겪는 아이는 자신의 입에 들어간 음식에 둔감하다. 이러한 아이는 볼이 불룩해질 때까지 지나치게 많은 음식을 입에 채워 넣는다. 작은 다람쥐처럼 입속에 음식을 계속 쑤셔 넣고, 볼이 가득 찰 정도가 되어도 당황해하지 않는다. 이런 아이는 입안에 든 음식을 느끼는 데 어려움을 겪으므로 질식할 위험이 훨씬 크다. 구강이 둔감한 아이는 강한 풍미를 좋아하며 새로운 음식을 시도할 가능성도 더 크다. 일반적으로 구강 근긴장도가 낮기 때문에 자주 침을 흘리며 입속에 과도하게 많은 양의 침을 모아놓기도 한다.

만약 아이가 구역질하거나 토하면서 완강하게 음식에 방어적인 태도를 취한다면, 식습관 문제와 감각 문제를 전문으로 하는 언어치료 임상병리학자에게 평가를 받아보는 것이 도움이 될 수 있다. 언어치료사는 아이가 밥을 먹는 방식에 관한 기능성을 평가하여, 어떤 부분을 강화하거나 둔화시켜야 하는지를 알려줄 것이다. 어떤 아이는 음식을 씹지 않고 통째로 그냥 삼켜버린다. 또 어떤 아이는 입의 특정 부분에 음식이 닿는 것을 거부하기도 한다. 언어치료 임상 병리학자는 아이의 문제가 어디에 있는지, 그리고 어떻게 그 문제를 다룰 수 있는지를 가늠할 수 있다. 또한 당신에게 아이와 함께할 수 있는 구강 운동 방법을 알려줄 수도 있는데, 이것은 아이가 구강 과민성을 극복하는 데 큰 도움이 된다.

아이가 딱딱한 음식을 먹는 데 적응할 수 있도록 도움을 주고자 한다면, 아이에게 안전한 음식을 찾아보자. 어떤 식감의 음식이 아이에게 안전할까? 딱딱하고 바삭바삭한 음식을 좋아하나, 아니면 부드럽고 물컹거리는 음식을 좋아하나? 음식을 먹으면 무조건 구역질하는 걸까, 아니면 단지 혼합된 식감이 나는 음식만 구역질을 하는 걸까? 손이 더러워지면 당황해하지는 않는가?

아이의 몸을 더럽히는 놀이는 아이의 식습관에 도움이 될 수 있다. 어린아이들에게 음식을 먹는 일이란 몸을 지저분하게 만드는 괴로운 체험이기도 하다. 만약 아이가 더러워지는 것을 못 견뎌 한다면, 다양한 음식을 훌륭하게 먹어내지 못할 것이다. 이럴 때는 먹어도 되는 음식으로 몸을 더럽히는 놀이를 해도 좋다. 푸딩이나 생크림을 아이의 손가락에 묻혀보자. 여러 가지의 식용 색소나 가루로 만든 과즙 젤리나 쿨에이드 음료를 생크림에 넣어 다양한 색깔의 식용 '손가락 물감'을 만들어줄 수 있다. 처음에는 종이 위에 손가락으로 그림을 그리게 해보자. 하지만 결국 아기 의자에도 묻히게 하고 자기 접시에도 손가락으로 그림을 그리게 하자. 그리고 아이가 자기 손가락을 핥아먹을 수 있게 용기를 북돋워주자. 당신도 아이와 함께 손가락으로 그림을 그리고 핥아먹으며, 손가락 물감을 먹어도 괜찮다는 것을 보여주자. 아이가 모든 물감을 핥아먹어도 되는 것이라고 생각하지 않게, "이것은 우리가 먹어도 되는 정말 맛있는 특별한 물감이야!"라고 꼭 말해주자. 아기 의자처럼 아이가 식사하는 장소에서 손가락 그림 그리기 놀이를 한다면, 같은 맥락에서 아이는 더 쉽게 물감을 핥아먹는 일을 받아들일 수 있다.

만약 아이가 아직 몸을 더럽히는 놀이를 할 준비가 되지 않았다면, 손가락에 잘 달라붙지 않는 콩이나 쌀, 교구용 모래를 상자에 담아서 놀게 할 수 있다. 이러한 놀이는 아이가 손에 무언가 끈적끈적한 것이 달라붙을까 염려하지 않고 여러 다른 감각들을 느낄 수 있으므로 도움이 된다. 일단 아이가 이런 놀이에 적응하면, 서서히 좀 더 몸을 더럽힐 수 있는 놀이로 옮겨갈 수 있다. 우선 욕실에서 이런 놀이를 하면 아이가 덜 불안할 수 있는데, 당황하면 곧장 손을 씻을 수 있기 때문이다.

다음 단계는 아이가 리드하게 하자. 아이가 불안하고 당황하면 이런 놀이를 시도했을 때 구역질하거나 토할 것이다. 이는 아마 영양 치료사의 도움이 필요하다는 신호일 수 있다.

아이가 밥을 잘 먹게 도와주는 또 하나의 방법은 아이가 입안에서 느끼는 더 많은 감각에 적응할 수 있게 하는 것이다. 아이에게 부드러운 음식을 먹일 때는 질감이 느껴지는 숟가락을 사용한다. 질감이 나는 숟가락을 사용하면, 오돌도톨한 음식을 입안에 넣지 않고도 혼합된 질감에 적응할 수 있다. 아이의 구강을 둔감하게 만드는 또 다른 방법은 전동 칫솔과 전동 장난감을 사용하는 것이다. 다양한 구강 치료 제품을 파는 온라인 쇼핑몰 사이트에서 질감이 특이한 숟가락이나 모터가 달린 구강 전동 제품을 찾을 수 있다. 어떤 아이는 강하게 진동하는 장난감에 저항력을 키워야 한다. 아이가 좋아하는 음식을 전동 칫솔이나 전동 장난감에 묻혀 주면서, 아이가 그것을 입속에 넣도록 용기를 북돋워 주자. 아이가 스스로 전동 칫솔을 자기 입에 넣는다면 더할 나위 없이 좋다. 만약 아이가 전동 칫솔을 입에 넣지 않으며 앞으로도 절대 전동 칫솔을 사용하는 일이 없을 것 같다면, 칫솔을 아이의 입술에 살짝 대 주며 서서히 용기를 북돋우자.

아이가 자신이 좋아하는 식감으로 된 음식만 고집해 균형 잡힌 식사를 하지 못할까 봐 걱정된다면, 아이가 좋아하는 식감에 맞게 음식을 만들어주자. 만약 아이가 부드러운 음식을 좋아한다면 채소와 과일로 퓌레를 만들자. 아이가 바삭바삭한 음식을 좋아한다면 과일과 채소를 얇게 저민 후 구워 칩으로 만들 수도 있다. 냉동 건조 식품을 사면, 덜 물컹물컹하면서도 더 아삭아삭한 질감의 과일과 채소를 아이에게 줄 수 있다. 돈이 좀 들 수도 있지만, 식품 건조기나 동결 건조기를 구입하여 직접 음식을 말리고 얼릴 수도 있다. 최종 목표는 아이를 여러 음식 질감에 적응하게 하는 것이다. 하지만 그 사이에도 아이가 균형 잡힌 식사를 하고 있다는 사실을 알게 된다면, 한결 기분이 좋을 것이다.

아이가 음식을 소재로 한 재미있는 놀이에 참여한다면, 먹는 일에 관한 아이의 불안을 줄이는 데 도움이 된다. 음식을 만화 캐릭터로 만든 재미있는 이야기와 우스운 노래를 이용할 수 있다. 먹는 내용을 포함하고 있는 재미있는 이야기는 아이가 음식을 섭취하도록 도와줄 것이다. 컵케이크를 만들 때 주로 사용하는 먹을 수 있는 눈동자 같은 것을 온라인에서 구매하여, 캐릭터 모양의 음식을 아이가 먹을 수 있도록 하자. 〈요 가바가바Yo Gabba Gabba〉(어린이 TV쇼 · 옮긴이)에는 '배 속에 파티가 열렸어Party in My Tummy'라는 멋진 노래가 나온다. 이 노래에는 배 속에서 열린 파티에 가고 싶어 하는 여러 가지 음식들이 등장한다. 이 노래는 아이들에게 캐릭터 모양을 한 음식을 먹게 도와주므로, 음식 놀이를 하면서 부를 수 있는 재미있는 노래가 될 것이다.

만약 아이가 음식을 만지는 것을 꺼린다면, 여러 가지 색깔의 이쑤시개나 젓가락을 쥐여주어 음식을 찍어보게 하자. 게임을 할 수도 있다. "빨간 이쑤시개로 빨간 딸기를 찍어볼까?"라든가 "파란 이쑤시개로 블루베리를 찍어볼까?"라고 하면서, 색깔 맞추기 게임을 해보자. 음식 놀이는 아이가 음식을 먹지 않고 끝날 수도 있다. 목표는 아이에게 다양한 음식을 접하게 하여 서로 교감을 하게 하는 것이다.

보물 상자를 옆에 준비한 후 음식 게임을 하자. 천 원짜리 물건을 파는 가게에서 작은 상품들을 사서 보물 상자를 가득 채우자. 아이가 먹기를 거부하는 음식에 '뽀뽀'를 하게 하는 '식감 도전 게임'을 해보자. 만약 더 재미있게 하고 싶다면, 먹을 수 있는 눈동자 모양 캐릭터도 한번 사용해보자. 아이가 입술로 다양한 식감을 느껴보는 일이 입속 감각을 둔화시키는 첫걸음이 된다. 게임을 진행하는 동안, 음식을 입안에 넣는 도전도 해보자. 처음에는 뱉어버리겠지만, 결국에는 삼키게 될 것이다. 게임을 시작하기 전에 전동 칫솔을 사용하면, 덜 민감한 상태에서 새로운 질감을 받아들일 수 있을 것이다.

 까다로운 편식쟁이에게 필요한 것

아이가 이렇게 적게 먹고도 어떻게 살아 있는지 궁금할지도 모른다. 아이의 위를 생각해본다면, 주먹만 한 크기이므로 위를 꽉 채우는 데 그리 많은 양의 음식이 필요치 않다. 그러므로 유아기 아동들은 악명 높은 편식가일 수도 있다! 예민한 아이는 맛과 식감, 온도에 더 민감하다. 아이는 '안전한' 음식을 찾아내어 그것만 먹으려고 고집한다. 대개 자극적이지 않고 씹기 쉽고 삼키기 쉬운 음식들이다. 보통 어린아이가 가장 좋아하는 음식은 크래커, 마른 시리얼, 치킨 너깃(가공육), 마카로니 치즈 요리이다. 이러한 음식은 먹기도 쉽고 강한 맛도 나지 않는다.

안타깝게도 과일과 채소, 씹어서 삼켜야 하는 고기류는 어린아이에게 인기 있는 음식이 아니다. 예민한 아이는 이러한 종류의 음식을 먹는 데 훨씬 더 어려움을 겪는 경향이 있다. 특히 과일은 다양한 식감에 강한 맛이 날 수도 있다. 씹어서 삼켜야 하는 고기류는 완전히 녹지도 않고 삼키기도 더 힘들다. 채소는 종종 다양한 식감을 선보이며 더 쓴 맛을 낼 수도 있다.

아이의 식성이 왜 까다로운지를 이해한다면, 아이가 이러한 상황을 헤쳐 나가도록 도움을 줄 수 있다. 부모는 무엇이 아이의 식성을 까다롭게 만들었는지를 잘못 인식하기도 한다. 어떤 부모는 단지 아이가 고집부리는 것으로 생각한다. 이러한 생각을 가진 부모는 음식 전투를 시작하게 될 것이다. 음식 전투는 음식을 가운데 두고 아이와 부모 간에 대치한 상황이다. 부모가 이 전투에서는 '이긴다'고 할지라도, 결국 전쟁에서는 지게 될 것이다.

아이에게 음식을 먹으라고 압력을 가하고 있다면, 당신은 지금 문제를 더 악화시킬 부차적인 스트레스 요인을 더하고 있는 것이다. 아이는 자신이 먹고 있는 음식 자체를 걱정할 뿐만 아니라, 당신의 반응에 대해서도 마음을 죄고 있다. 이러한 방법으로는 예민한 아이에게 성공적으로 접근할 수 없다. 내가 상담했던 가족 중에는 식사 시간을 재기도 하고, 아이를 가르치겠다고 손바닥으로 찰싹 때리기도 하며, 식사가 끝난 후에도 아이를 계속 식탁에 앉혀놓는 부모도 있었다. 대개 이러한 상황은 아이가 토하는 것으로 끝이 난다. 아이는 그 음식을 다시는 먹지 않겠다고 고집을 부렸으며, 다음 식사부터 실행에 옮겼다.

아동기 비만이 과거 어느 때보다도 높은 가운데, 아이에게 자신이 배가 부른 때를 알아차릴 수 있는 방법을 가르치는 것 또한 매우 중요해졌다. 아이가 음식을 좀 남겼더라도 식사를 마쳤으면, 다 먹었다고 말로 표현하라고 가르친다. 아이는 앞에 있는 음식을 다 먹어야 식사가 끝나는 것이 아니라 위가 꽉 찬 것을 인식해야 식사가 끝난다는 사실을 배울 것이다. 아이가 식사를 성공리에 마쳤다는 느낌을 가질 수 있도록 작은 양의 음식을 접시에 담아주자. 아이가 남긴 음식을 버리고 있다고 생각하는 것보다 아이가 음식을 더 달라고 요청하는 편이 더 낫다.

'그릇에 있는 음식은 다 먹어야 한다'는 사고방식을 지닌 부모는 일반적으로 본인이 어렸을 때 배운 양육법을 그대로 하고 있는 것이다. 어떤 부모는 "나한테 충분한 방법이었으니, 아이에게도 충분할 거야!"라고 느낄지도 모른다. 하지만 당신의 예민한 아이는 당신과 같지 않다. 아이는 일부러 까다롭게 구는 것이 아니다. 대부분의 예민한 아이는 부모를 기쁘게 해주고 싶지, 화나게 하고 싶어 하지 않는다. 기싸움을 하는 대신, 문제의 근원을 찾아 고치는 것이 더 효과적이며 생산적이다. 아이는 "어떻게 하면 내가 부모님을 속상하게 만들 수 있지?"라고 생각하지 않는다.

문제는 바로 두려움에 있다. 아이는 새로운 맛과 식감, 냄새를 두려워한다. 아이가 음식을 덥석 한 입 베어 물기 전에 냄새를 맡는다거나 살짝 핥는다면, 아이는 지금 전전긍긍하고 있는지도 모른다.

당신에게 유리한 방향으로 '상황을 이끌 수 있는' 한 가지 방법은 여러 음식을 한꺼번에 섞는 것보다 음식을 각각 따로따로 주는 것이다. 예를 들어, 닭고기 찜을 만든다고 가정하면, 아이는 당신이 닭고기와 채소를 따로 담아주는 것을 좋아할 가능성이 크다. 만약 타코스를 만든다고 하면, 간 쇠고기를 접시 한쪽에, 토르티야를 다른 한쪽에 분리하여 놓자. 음식이 한데 뒤섞여 있으면, 아이 눈에는 그 모양이 무섭고 이상하다. 가능하다면 다른 사람에게 내놓는 음식보다 더 간단한 형태로 만들고 소스도 뿌리지 말자. 그리고 아이의 그릇에 담아줄 때, 당신이 무슨 음식을 만들었는지 알려주자. 이렇게 하면 아이가 음식을 이해하기도 쉽고, 음식과 관련된 단어도 배울 수 있다. 아이는 자기가 좋아하는 음식과 싫어하는 음식을 표현하는 단어를 배우고 싶어할 것이다. 그러면 앞으로 자신이 좋아하는 음식을 당신에게 알려줄 수도 있다.

어떤 부모는 식단을 바꾸는 것이 아이의 음식 문제에 동조해주는 것이라고 느낄 수 있다. "음식을 주는 대로 먹지 않으면 아무것도 못 먹을 줄 알아"와 같은 사고방식을 가진 부모도 있을 수 있다. 불행하게도 아이는 아무것도 먹지 않으려고 할 것이다. 아이의 음식 문제를 한바탕 치러야 할 전투로 바라보기보다는 가르침의 경험으로 삼아보자. 아이가 음식의 다양한 식감과 냄새에 적응할 수 있도록 도와주자. 일단 성공을 경험하면 아이가 위험을 무릅쓰고 새로운 음식을 시도할 가능성이 더 커진다. 평상시 아이 식사에 미세한 조정만 해주어도 당신은 변화된 결과를 얻을 수 있다.

심지어 어떤 아이는 무언가가 자신의 음식에 조금만 닿아도 질색을 한다! 내가 상담한 아이 중에는, 접시에 담긴 고기에 채소가 조금만 닿아 있어도 손도 안 대는 아이도 있었다. 결국에는 아이가 그러한 음식에도 잘 적응하여 먹을 수 있게 되겠지만, 우선 이 전쟁을 지금 치를지 말지 신중하게 선택해야 한다. 일단 아이가 건강하고 균형 잡힌 식사를 하게 한 뒤, 조금만 음식에 무엇이 닿아도 완강하게 거부하는 행동과 씨름하도록 하자.

아이가 먹지 않을 음식을 당신이 단정하지는 말자. 저녁 식사 식탁에 올린 음식을 아이가 먹지 않으리라는 사실을 명백히 알더라도, 그 음식을 아이 접시에도 조금 담아주도록 하자. 유아기 아동은 새로운 음식에 반복적으로 노출되어야 음식에 대한 호불호를 결정한다. 아이 접시에 새로운 음식을 담아준다면 아이는 새로운 음식의 냄새와 모양을 접할 수 있다. 언젠가는 아이가 그 새로운 음식의 냄새를 맡거나 핥아먹어 보기도 할 것이다.

아이가 '안전한 음식'이라고 여기는 몇 가지를 항상 기본으로 같이 담아주는 것도 도움이 된다. 자신 있게 먹을 줄 아는 음식이 접시에 놓여 있으면, 아이는 더 성공적으로 식사를 하고 있다고 느낄 것이다. 예를 들어, '안전한 음식'이 밥이라면, 마카로니를 함께 담아줄 수 있다. 아이는 새로운 음식을 접하는 동안에도 자신이 만만하게 먹을 수 있는 음식을 먹으면서 다른 가족들과 어울릴 수 있다.

시간적인 여유와 인내심이 있다면, 아이가 음식을 만드는 일을 거들게 하자. 당신이 요리를 하는 동안 돕게 하면, 아이는 식사에 더 관심을 가질 뿐만 아니라, 새로운 음식을 먹어보려 할 것이다. 아이는 자신이 만든 음식에 자부심을 느끼게 될 것이며, 음식 안에 무엇이 들어 있는지 의심하지도 않을 것이다. 비록 완성된 음식을 먹지 않더라도, 아이는 음식을 만드는 동안 이미 새로운 음식의 냄새와 식감을 접한 셈이다.

만약 아이의 영양 섭취와 영양 균형 상태가 걱정된다면, 소아과 의사를 만나 식이 보충제를 먹이는 문제를 상담해보자. 어떤 부모는 아이에게 필요한 모든 영양을 반드시 섭취시키려고 영양 보충용 밀크셰이크나 영양 강화용 유아 유동식을 주기도 한다. 애석하게도 이러한 것들로 인해 아이는 점점 식사를 덜 하게 될 수도 있다. 따라서 장점과 단점을 신중하게 판단해야 한다.

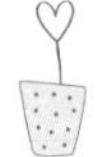 음식을 먹기가 두려운 다양한 이유들

유아기 아동은 구강 민감성 외에도 다양한 이유로 음식을 섭취하는 일에 불안을 느낄 수 있다. 만약 아이에게 역류성 질환, 음식 알레르기, 소아지방변증과 같은 임상적인 문제가 있다면, 무언가 먹기를 몹시 두려워할 가능성이 크다. 음식을 먹으면 아프다는 생각이 아이를 더 불안하게 만들어 먹는 행위 자체를 꺼리게 만들 수도 있다.

음식을 먹다가 목 막힘을 경험하여 질식에 대한 두려움이 있는 아이도 있다. 불안해하는 부모 때문에 아이의 두려움을 더 가중될 수도 있다. 이러한 부모는 "조심해서 먹어. 잘못하면 목 막히니까" 또는 "꼭꼭 씹어 먹어야 목이 안 막혀"라고 아이에게 말한다. 불안해하는 아이 중 일부는 이러한 부모의 두려움을 내면화하기도 한다.

아이가 음식 먹기를 두려워한다면, 주의를 분산해주는 방법이 가장 효과적일 수 있다. 아이가 음식을 앞에 두고 그 식감이 어떨까 고심하거나 혹시나 목에 걸리거나 아프지는 않을까 두려워하고 있다면, 아이가 다른 일에 집중하게 하는 편이 더 낫다. 내가 상담한 아이 중에는 음식을 삼킬 용기가 없어서 5분이고 10분이고 음식을 입속에 머금은 채 계속 씹기만 하는 아이도 있었다. 이러한 아이는 음식을 충분히 씹지 않으면 목이 막힐 수도 있다고 두려워한다. 어떤 아이는 자신이 지금 먹고 있는 음식이 자기를 아프게 할 수도 있다는 생각을 떨치지 못한다. 역설적이게도 먹는 동안 하는 그 걱정들이 소화불량을 악화시킬 것이다.

식사 시간에 TV를 켜놓는 일은 '완벽한 부모가 되는 법'을 알려주는 교과서 상에서는 절대적인 금기사항이다. 안타깝게도 보통 아이에게는 좋은 방법이 당신 아이에게는 좋은 방법이 아닐 때도 있다. 식사할 때 TV나 음악, 게임 등을 틀어준다면 불안한 생각에 집중되어 있는 주의를 분산시켜줄 수 있으므로, 아이는 식사를 더 잘할 수 있다. 일단 계속해서 식사를 성공적으로 하기 시작하면, 이후에 주의를 분산시키는 요소를 점점 줄여갈 수 있다.

나는 화장실에 가는 것을 두려워하는 아이를 많이 만나왔다(화장실에 관련한 문제는 5장에서 다루기로 한다). 일부 지능이 높은 아이는 들어간 것은 반드시 나오며, 음식이 대변으로 변한다는 사실을 깨닫는다. 이러한 아이는 먹는 것에 대한 두려움을 가질 수 있다. 아이가 음식 섭취 활동과 배변 활동 모두에 문제가 있다면, 그 사이에 연관성이 있는 것은 아닌지 확인할 필요가 있다. 만약 연관성이 있다면, 식습관 문제를 고치면서 배변 활동에 대한 두려움도 함께 고쳐나가야 한다.

흔히 찾아볼 수 있는 또 다른 식습관 문제는 아이가 다른 사람이 보는 앞에서 음식 먹기를 두려워하는 증상이다. 아이 중에는 부끄럼을 심하게 타서 다른 사람 앞에서는 말조차 하지 않는 아이도 있다. 이런 아이는 음식을 먹는 도중에 다른 사람이 자기를 쳐다보고 있는 것을 알아차리면 몹시 당황해한다. 아이는 친구 집이나 어린이집, 유치원에서도 음식 먹기를 거부할 수 있다. 이런 문제는 당장에는 그다지 큰 문제가 되지 않을지라도, 아이가 온종일 학교에서 생활해야 할 때는 심각한 문제가 된다.

아이가 이러한 걱정에서 벗어날 수 있도록 도와주어야 한다. 음식을 먹는 행위는 정상적인 활동이므로 모든 사람이 다른 사람이 보는 앞에서 음식을 먹는다는 사실을 아이에게 말해주자. 아이의 가장 친한 친구 한 명을 집으로 초대해 함께 식사하는 자리를 마련하자. 아이가 편안하게 느낀다면, 친구 집에서도 함께 식사하는 자리를 마련하자. 식사 놀이 모임에 더 많은 아이를 초대하여 이런 자리가 익숙하게 느껴지도록 도와주자. 아이가 거부한다면 식사 놀이 모임을 '도전'으로 구성하여 친구가 보는 앞에서 식사를 하면 상을 받을 수 있게 해보자.

식사 시간에 자기 방식만 고집한다면

1장에서 살펴보았듯이, 예민한 아이는 고집을 부리는 경향이 있다. 아이는 어떤 일이 특정한 방식으로 반복되기를 원하며, 변화를 받아들이기 힘들어한다. 아이는 불안해지면 한층 더 고집을 부릴 것이다. 아이의 식습관에 문제가 있다면, 변화를 주었을 때 고집을 부리는 정도가 심해질 수도 있을 것이다.

유아기 아동은 밥을 먹을 때 특정한 자리, 특정한 컵과 접시를 선호하며, 음식도 자기가 좋아하는 방식대로 담겨져 나오기를 원한다. 예민한 아이는 이러한 정해진 방식을 바꾸었을 때, 울고불고 난리를 치며 떼를 쓸 수 있다. 우리는 모두 일상의 정해진 방식을 따르기를 좋아한다. 하지만 예민한 아이는 이러한 정해진 틀을 필수불가결한 요소로 여긴다. 정해진 방식과 틀을 좇는 건강치 못한 의존은 아이를 허약하게 만들고 제대로 기능하지 못하게 한다.

아이가 변화에 좀 더 유연해지도록 도우려면, 가능한 한 자주 일상을 변화시키자. 다양한 접시와 컵을 사용하도록 노력하자. 아이에게 샌드위치를 줄 때도 어떤 날은 네 조각으로, 또 다른 날은 두 조각으로 잘라 다른 방식으로 주도록 하자. 저녁 식사 시간에 가족 모두가 다른 자리에 앉아보도록 하자. 이상한 접근법처럼 보이겠지만, 아이가 자라면서 다른 환경에 적응하는 데 도움이 된다.

정해진 일상 중 어떤 것은 식사 시간에 긍정적인 면으로 작용할 수도 있다. 저녁 식사 시간에 모든 가족이 함께 둘러앉는 일은 어린 나이에 시작할 수 있는 멋진 가족 전통이다. 아이가 자기 앞에 놓인 음식을 먹지 않더라도, 저녁 식사 시간에 '가족 시간'을 마련하는 것은 멋진 일이다. 좀 더 큰 유아기 아동이라면, 그릇을 깨끗이 비워야 하고 식탁에서 먼저 자리를 뜰 때는 양해를 구해야 한다는 사실을 배울 수 있다. 아이의 행동이 완벽하지는 않겠지만, 당신은 아이에게 가족 식사 시간이 어떻게 구성되는지 가르칠 수 있다.

뒷부분에서 살펴보겠지만, 어떤 아이는 가만히 앉아 있을 만큼의 역량도 갖추지 못한 경우도 있다. 이러한 가족 전통을 아이가 가만히 앉아 있는 일을 견딜 수 있을 때까지 미뤄야 할지도 모른다. 당신이 원하는 방향대로 일이 잘 진행되지 않는다고 해서 자책하지는 말자. 부모 역시 유연해질 필요가 있다!

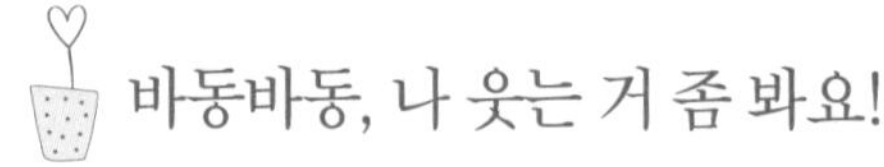

바동바동, 나 웃는 거 좀 봐요!

유아기 아동은 가만히 앉아 있기를 싫어한다. 이 때문에 아이의 식사 시간은 힘겨울 뿐 아니라 기운이 꺾이기도 한다. 아이가 음식을 먹는데 불안감이 있다면, 훨씬 더 지나치게 활동적으로 변할지도 모른다. 과잉 행동은 넘치는 에너지 때문에 생긴 현상이라기보다는 불안과 과다 각성이 만들어낸 부산물이라고 할 수 있다.

부모는 저마다 식사 예절에 관해 아이에게 거는 기대가 다르다. 하지만 아이를 음식 앞에 앉히는 데만도 얼마나 많은 시간이 걸리는지 현실을 직시하는 것이 중요하다. 만약 아이가 유달리 바동거려서 음식을 먹이기가 힘들다면, 가능한 한 오랜 기간 동안 아기 식탁 의자를 이용하는 것이 더 나을 수도 있다. 아기 식탁과 아기 의자 세트를 사용하는 부모도 있다. 이는 특히 아침과 점심 식사 때 아이의 독립심을 길러주는 좋은 방법이 된다. 그리고 저녁 식사 시간에는, 아이가 5분 내지 10분 정도밖에 버티지 못하더라도, 온 가족이 둘러앉는 식탁에 함께 앉히는 것이 좋다. 잠깐이라도 아이를 가족 식탁에 함께 앉힌다면, 아이는 규칙적인 식사 시간에 익숙해질 뿐 아니라 가족의 일원임을 느낄 수 있을 것이다.

아이를 최대한 식탁에 앉혀놓으려면, 아이를 부르기 전에 음식을 미리 준비해두자. 유아기 아동은 인내심이 없으므로, 음식이 나오기를 기다리거나 음식이 식기를 기다리는 데 5분 내지 10분 정도를 써버리다가는 식사를 시작하기도 전에 자리에서 일어나려고 할 것이다! 접시 위에 손으로 집어 먹을 수 있는 간단한 음식을 좀 놓아준다면 식사를 더 성공적으로 할 수 있다. 아이들은 대개 손으로 쉽게 집어 먹을 수 있는 음식을 더 빠른 시간에 먹으며, 피곤할 때는 숟가락이나 포크를 사용하려는 시도조차 하지 않을지도 모른다.

간식을 주느냐, 마느냐? 그것이 문제로다

많은 부모가 자주 하는 질문이 바로 "아이에게 간식을 주지 말아야 하나요?"이다. 육아에 관한 다른 많은 질문과 마찬가지로, 이 질문 또한 옳고 그름이 없다. 결정적인 단 하나의 육아법이란 없다. 아이는 수많은 각양각색의 육아법을 통해 자란다. 당신이 아이의 성격과 요구 사항을 가늠하여 가장 적합한 육아법을 결정해야 한다.

어떤 부모는 낮에 간식을 주지 않으면 아이가 저녁 식사 시간에 밥을 더 많이 먹을 거라고 생각한다. 또 어떤 부모는 간식을 주면 어쨌든 아이가 하루를 통틀어 더 많은 음식을 먹게 되는 셈이라고 여긴다. 만약 아이가 식사 시간에 높은 불안 수준을 보이며 온종일 먹는 식사량도 그리 많지 않다면, 간식을 주는 것이 나을 수 있다. 고단백질 간식을 온종일 아이의 작은 식탁에 올려놓으면 아이의 칼로리 섭취량을 늘릴 수 있을 것이다. 만약 아이가 정규 식사 시간에 음식을 많이 먹지 않는다면, 간식을 제한하는 것이 아이의 식욕을 돋울 수도 있다. 당신이 어떤 접근법을 선택하든지 간에 기억해야 할 중요한 사실은 바로, 아이는 위가 작으므로 한 번에 적은 양의 음식만 소화할 수 있다는 점이다.

엉망진창 취침 시간

부모의 고민

아이가 태어난 후로 늘 수면 부족 상태예요

모니카와 조지 부부는 귀여운 작은 아들 태너가 이 세상에 나온 후로 늘 수면 부족을 겪었다. 처음에 모니카는 수유를 하는 동안 태너를 안고 흔들어주며 재웠다. 젖을 물린 채로 아이가 완전히 잠들 때까지 기다렸다가 조심스럽게 아기 침대에 옮겨 눕힌 것이다. 태너는 그때마다 깜짝 놀라 깨어나며 마구 울어대기 시작했다. 그러면 모니카는 다시 아이 얼굴을 가슴에 꼭 붙이고는 잠들 때까지 흔들어 주곤 했다. 이따금 모니카는 너무 피곤해서 태너를 안은 채 잠들기도 했다.

갓난아기였을 때, 태너는 엄마 젖을 찾으며 밤새 자주 깼다. 처음에 모니카와 조지는 아기 침대를 자신들 침대 바로 옆에 놓았었는데, 수유를 자주 하다 보니 태너를 아예 부부 침대 위에 함께 재우는 편이 더 낫다는 생각이 들었다. 그때까지만 해도 태너가 좀 더 크면 아이 방에 재우면 되리라고 여겼던 것이다. 하지만 불행하게도 부부의 앞날은 예상을 뛰어넘는 것이었다.

태너가 만 두 살이 되어 젖을 떼긴 했지만, 여전히 잠자리에 누울 때마다 엄마와 아빠를 찾았다. 그리고 여전히 엄마 아빠 침대에서 잠을 잤다. 모니카와 조지 부부는 아이 방을 태너가 가장 좋아하는 디즈니 만화 캐릭터로 꾸며 보기도 하고, 심지어 자동차 모양을 한 침대까지 주문하여 집에 들였다. 하지만 이 모든 노력이 아무 소용이 없었다.

부부는 일단 태너를 부부 침대 위에 눕힌 다음, 아이가 완전히 잠들 때까지 등을 토닥여주고 머리를 쓰다듬어주었다. 그런 다음 완전히 잠들어 있는 아이를 안아 들고 아이 방 침대 위에 살포시 옮겨 눕혔다. 그러면 몇 시간 후에 잠에서 깬 태너가 소리를 지르며 부부 침대에서 자겠다고 다시 고집을 부렸다. 태너는 엄마나 아빠에게 자신이 잠들 때까지 옆에 누워 있으라고 요구했다. 모니카는 꼼짝없이 태너와 함께 침대에 누워야 했고 이런 일은 매번 똑같이 반복되었다. 태너가 잠이 들면 부부는 다시 아이 방으로 태너를 옮겨 눕혔다. 태너는 자기 방에서 조용히 자다가, 새벽 3시나 4시가 되면 어김없이 잠에서 깨어 미친 듯이 달려 나와 다시 부부 침대에 올라오곤 했다. 이쯤 되면, 모니카와 조지도 지쳐서 태너를 그냥 자신들과 함께 자도록 내버려두었다. 거의 1년이라는 시간 동안, 제대로 잠을 이루지 못하는 밤이 부부의 일상이 되어버렸다.

태너가 만 세 살이 되었을 때 모니카가 둘째 아이 애나를 출산했다. 태너의 엉망진창인 취침 습관은 새로 태어난 애나의 수면에도 영향을 미치기 시작했다. 모니카와 조지는 애나의 아기 침대를 부부의 침실에 두었는데, 태너가 부부 침대에 누워서는 동생을 자주 깨우곤 했다. 모니카와 조지는 두 아이를 모두 자신들의 침실에서 재우고 싶지 않았다. 모니카는 태너의 방 침대에 함께 누워 태너가 잠들 때까지 머리를 쓰다듬고 등을 토닥여주곤 했다. 이따금 태너는 모니카가 자리에서 일어나는 낌새를 알아채고는 화들짝 놀라 깨어났다. 그리고 모니카에게 자기 옆에 계속 누워 있으라고 울며 보챘다. 모니카가 태너 방에서 그냥 잠들어버리는 날이 점점 많아졌다. 모니카와 조지는 둘만의 시간을 거의 보내지 못했고, 부부 사이에 문제가 생기기 시작했다.

자기 표현력이 늘어감에 따라 태너는 자기 방에 있는 그림자와 자기를 잡아먹을지도 모르는 무시무시한 괴물에 대한 두려움을 언급하기 시작했다. 부부가 태너를 안전하게 지켜주겠노라 안심시켰지만, 태너의 두려움을 누그러뜨리기에는 역부족이었다. 태너는 자기 방에 불을 계속 켜두라고 고집을 부렸고, 밤에 켜놓는 전등이 충분히 밝지 않다고 투정을 부렸다. 태너는 밤마다 잠자리에 들기 전에 봉제인형들을 침대 위에 줄맞춰 세워두곤 했는데, 엄마가 어쩌다가 잘못 건드려 하나라도 흩트려놓으면 불같이 화를 냈다. 그뿐 아니라, 태너는 엄마에게 침대에 벌레가 있는지 확인하고, 침대 시트도 주름 하나 없이 매끈하게 펴달라고 요구했다. 태너가 저녁마다 지켜야 하는 일상의 방식과 틀은 점점 많아져가고, 점점 엄격해져갔다.

태너는 이따금 악몽을 꾸었는지, "싫어!"라고 비명을 지르며 깨어나곤 했다. 깨어나서도 마음을 가라앉힐 때까지 15분이고 20분이고 울어댔다. 무슨 꿈을 꾸었는지 물어봐도 제대로 설명하지 못했으며, 아침에 꿈에 대해 물어보면 전혀 기억하지 못하는 듯했다.

태너가 만 세 살 반이 되었을 때, 아빠 조지가 승진하면서 자주 출장을 다녀야 했다. 조지가 없는 밤이면, 모니카는 불안해서 태너가 부부의 침대에서 자도록 내버려두었다. 그런 '특별한 밤'이면 태너는 잠도 잘 자고 새벽에 깨지도 않았다. 조지가 집에 다시 돌아오는 날이면 태너는 몹시 화를 냈다. 엄마에게 부부 침대에서 함께 잘 수 있게 해달라고 애원해도, 엄마는 '특별한 밤'이 아니니 그럴 수 없다고 말했다.

아이의 속마음

엄마와 가까이 있을 때 느껴지는 따뜻함이 좋아요.

갓난아기였을 때 태너는 흔들리는 엄마의 품에 포근히 안겨 잠드는 동안 입속으로 들어오는 따뜻한 우유의 느낌을 아주 좋아했다. 그 느낌은 마음을 안정시켜주었으므로, 이제 잠을 자도 괜찮다는 사실을 알 수 있었다. 흔들림이 사라지고 엄마가 안아주지 않는 듯한 냉기를 느끼면, 태너는 잠에서 깨어 엄마가 곁에 없다는 사실에 불안을 느꼈다. 그러면 엄마는 대개 태너를 안아 들어 따뜻한 팔로 감싸주었고, 태너는 다시 스르르 잠에 빠져들었다. 태너는 자주 깼고, 무엇을 해야 할지 몰랐다. 그래서 울었고, 그럴 때마다 따뜻한 우유를 배불리 먹을 수 있었다. 배가 고프지 않을 때가 많았지만, 태너는 엄마 젖을 먹을 때 느끼는 편안함이 좋았다. 어쨌든 잠도 다시 잘 수 있었으니 말이다.

태너가 좀 더 자라자, 엄마와 아빠는 태너를 위한 특별한 방을 만들어주었다. 방은 아주 멋졌다. 하지만 태너는 왜 엄마와 아빠가 자신을 그 방에서 재우려 하는지 도무지 이해할 수 없었다. 아무리 그 방이 멋지다고 해도, 태너는 엄마 아빠와 절대로 떨어지고 싶지 않았다. 그 방에서는 엄마와 아빠가 너무 멀리 있다! 태너는 여전히 엄마가 가까이 있을 때 느껴지는 따뜻함이 필요했다. 엄마가 태너를 안고 살랑살랑 흔들어주던 것이 이제는 등을 토닥여주는 것으로 바뀌긴 했지만, 리듬감이 똑같았으므로 마음이 진정되었다. 태너는 엄마가 자신이 잠들 때까지 머리를 쓰다듬어주는 것이 좋았다. 자신을 편안하게 해주는 엄마 없이 잠이 든다는 것은 상상할 수도 없었다.

거의 매일 밤 태너는 새벽에 깨어났는데, 그때마다 자기가 다른 방에서 혼자 자고 있다는 사실을 발견했다! 정말로 무시무시한 일이었다. 어떻게 된 거지? 분명히 잠이 들 때는 안락한 엄마 아빠 방이었는데, 왜 깨어나면 혼자 다른 방에서 자고 있는 것일까? 태너는 몹시 화가 났고, 엄마와 아빠가 왜 자신과 함께 자지 않으려고 하는지 이해할 수 없었다. 밤새 엄마 아빠 방으로 다시 뛰어 들어가기를 세 번이나 네 번 정도 하고 난 후에야, 엄마 아빠도 함께 자고 싶어 하는 아이의 마음을 깨달았는지 더는 태너를 다른 방에 데려다 놓지 않았다.

태너의 작은 여동생이 집에 왔을 때, 엄마와 아빠는 태너에게 자기 방에서 잘 것을 한층 더 요구했다. 왜 여동생은 엄마와 아빠 방에 자도록 내버려두면서, 나는 안 된다고 하는 걸까? 태너는 엄마와 아빠가 자신에게 신경 쓰지 않는 것처럼 느꼈다. 가끔 태너는 동생을 깨운다고 호되게 혼이 나며 꾸지람을 들었다. 태너가 보기에 엄마와 아빠는 온통 동생에게만 신경이 가 있는 듯했다.

결국 엄마와 아빠는 태너가 혼자서는 잠을 자지 않을 것이라는 사실을 깨닫고는 더는 시도하지 않았다. 엄마는 태너의 침대에 함께 누워서 등을 토닥여주고 머리를 쓰다듬어주곤 했다. 엄마와 아빠의 침대만큼 편하고 좋지는 않지만, 엄마가 함께 누워 있으니 기분이 한결 좋아졌다. 엄마가 자기가 잠들면 몰래 가버린다는 사실을 알았기 때문에, 태너는 최대한 잠을 자지 않고 버티려고 노력했다. 왜 엄마는 태너와 함께 자주지 않는 걸까? 거의 매일 밤 태너는 피곤함이 찾아와 눈꺼풀이 너무 무거워지면 잠이 들기 시작했다. 하지만 침대가 부스럭거리며 엄마가 일어나는 기척이 느껴지는 순간, 태너의 눈은 번쩍 뜨였다. 태너는 엄마에게 가지 말라고 소리쳤고, 엄마는 다시 옆에 누웠다. 몇 번만 더 이렇게 하면, 엄마는 결국 태너의 침대에서 잠들곤 했는데, 그러고 나면 태너의 마음이 진정되었다.

태너는 커갈수록 자신의 방이 무서웠다. 벽 사방에 괴물같이 생긴 무서운 그림자가 태너를 와락 잡아채려는 듯 기다리고 서 있었다. 무언가가 침대 밑과 옷장 속에 숨어 있을까 봐 두려웠다. 엄마와 아빠는 자신들이 태너를 지켜주고 있으니 안전하다고 말했지만, 그렇게 말하고선 방을 나가버리는 게 아닌가! 그렇게 태너를 혼자 방에 남겨두면, 도대체 누가 지켜준다는 말이지?

태너는 침대 속에 있는 벌레도 무서웠다. 일전에 본 까만 먼지가 벌레였을 수도 있다고 생각했다. 가끔 잠이 들면 태너는 벌레들이 온 침대 위로 기어 다니는 것을 보았다. 하지만 잠에서 깨어나면 벌레들은 사라졌다. 벌레들이 어디로 어떻게 사라졌는지 알 수가 없었다. 태너는 밤마다 엄마에게 침대에 벌레가 없는지 확인할 수 있도록 담요를 털고 시트를 구김 없이 매끈하게 펴달라고 부탁했다. 또 태너는 벌레가 침대로 올라올 일을 대비하여 장난감 동물들을 침대 가장자리에 줄지어 세워놓고 망을 보게 했다. 이렇게 하고 나면 마음이 좀 편했다. 태너는 방에 불을 켜두면 기분이 훨씬 좋았다. 침대에 무엇이 있는지도 눈으로 확인할 수 있고 무서운 그림자도 사라졌기 때문이다. 밝은 불빛 때문에 아침이 되었는지, 일어날 시간이 되었는지는 분간하기 힘들었지만, 태너는 개의치 않았다.

아빠는 웬일인지 며칠 밤씩 집에서 잠을 자지 않았다. 엄마는 그런 날을 '특별한 밤'이라고 부르며, 엄마 침대에서 잘 수 있도록 허락해주었다. 자기 방에 혼자 남겨질 걱정을 할 필요도 없었고 그림자나 침대 속에서 꿈틀거리는 벌레도 전혀 걱정하지 않아도 되었기 때문에 태너는 '특별한 밤'을 아주 좋아했다. 아빠가 집에 돌아오는 날이면 태너는 미친 듯이 화가 났다. 아빠가 집에 오면 왜 엄마 침대에서 잘 수 없는 걸까. 태너를 부부 침대에 재운 것 때문에 아빠는 엄마에게 화를 내는 것 같았다. 아빠는 그때 집에 있지도 않아놓고, 대체 왜 상관하는지 알 수가 없었다. '특별한 밤'을 보내고 나면, 다음 날 밤이 훨씬 더 힘들었다. 두려움은 더 심해지는 것 같았고, 잠자리에 들기가 너무 힘들었다. 태너는 울면서 엄마에게 엄마 침대에서 같이 자게 해달라고 애원했지만, 아빠는 그런 일은 절대 없을 거라고 했다.

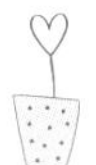

수면 습관이 자립심을 길러준다

내용에 깊이 들어가기에 앞서, 부모의 양육 방식과 신념을 논의하는 일이 중요하다. 모든 가족은 자기만의 특별한 문화와 신념 체계에 근거하여 각기 다른 육아법을 실천하고 있다. 같은 방이나 같은 침대에서 함께 자면 친밀감이 생긴다고 믿는 가족도 많다. 이것은 문화와 관련된 부모의 결정이므로, 아이의 불안 성향에 근거하지 않는다. 이러한 가족은 부모와 함께 자고 싶어 하는 아이의 욕구에 관심을 두지 않을 수도 있고, 이러한 욕구를 문제로 규정하지 않기도 한다.

어떤 부모는, 처음에는 아이가 자신들의 방에서 함께 자기를 원했을 수도 있지만, 영아기를 지나서도 여전히 자신들의 방에서 자리라고는 예상하지 못했을 수 있다. 많은 사람이 동의하지 않을 수도 있겠지만, 이 문제에는 정답도 오답도 없다. 우리 모두는 각기 다른 육아법을 인정하고 우리와 다른 방법으로 양육하는 사람들을 비판하거나 판단하지 말아야 한다. 각각의 가족은 자신들이 공감하는 육아법과 자신들에게 가장 편한 육아법을 선택해야 한다. 이 책에서는, 비록 지금은 아이와 같이 자고 있지만 아이를 따로 재우고 싶어 하는 부모를 돕고자 한다.

어떤 부모는 아이를 따로 재우기 위한 전투를 포기한 채, '아이가 좀 더 크면 자연스럽게 따로 잘 수 있을 것'이라고 생각한다. 하지만 절대 그렇지 않다. 만약 아이가 불안감 때문에 당신 옆에서 함께 자겠다고 고집한다면, 아이는 성장해도 이 문제를 벗어나지 못할 것이다. 나는

십 대 청소년이 되었는데도 여전히 엄마 아빠와 한 침대에서 함께 자는 아이들을 상담해보았다. 불안해하는 아이에게도 혼자 자는 법을 가르쳐야 한다. 그렇지 않으면 아이는 항상 당신 옆에서 자려고 할 것이다.

영아기 때 형성되는 수면 습관

왜 아이가 혼자 잠드는 것을 두려워하는지 알아보기 위해서는 우선 문제의 근원부터 살펴보아야 한다. 영아기부터 아이의 수면 습관이 형성된다는 사실을 알지 못하는 부모가 많다. 아이가 완전히 잠들 때까지 젖을 먹이거나 안고 살살 흔들어주었던 부모는 자기도 모르는 사이에 아이를 그런 행동에 의존하게 만든 셈이다. 완전히 잠들지 않은 채 침대에 눕혀질 때, 이러한 아기는 젖을 먹거나 안아서 흔들어주는 것에 의존하지 않은 채 잠드는 수면 습관을 기른다. 혼자 잠드는 일은 대부분 아기에게 큰 문제가 아니므로 결국에는 별문제 없이 독립적으로 잠자는 습관으로 옮겨갈 수 있다. 하지만 예민한 아이는 이에 적응할 가능성이 더 적다. 안타깝게도 부모가 늘 재빨리 마음을 달래주었던 아이는 스스로 마음을 진정시키는 기술을 배우지 못한다. 그러므로 유아기 때 반드시 이 기술을 가르쳐야 한다.

이 장 첫머리에 소개된 사례에서도 보이듯이, 아기를 안고 살살 흔들어주면서 재웠거나 모유를 먹이면서 재웠던 부모는 대개 아이가 유아가 되었을 때도 토닥여주거나 마사지해주면서 잠들도록 도와주어야 한다. 아이가 잠들 때까지 톡톡 두들겨주고 기분 좋게 마사지해주는 일이 나쁠 건 없다. 하지만 아이가 독립적으로 잠들도록 도와주고 싶다면, 완전히 잠들 때까지 기다렸다가 침대에 내려놓아서는 안 된다는 점을 기억해야 한다. 도대체 이게 무슨 뜻일까? 아이가 완전히 잠들기 전에 의도적으로 안아주고 보듬어주는 일을 끝내라는 뜻이다. 그렇다. 이렇게 하면 아이가 놀라고 화낼 것이므로 직관에 반대되는 말처럼 들릴 것이다. 하지만 아이가 완전히 잠들어버리면 아이에게 스스로 마음을 진정시킬 방법을 가르칠 길이 없다.

어디서부터 시작해야 할까? 아이가 여전히 당신 침대에서 함께 잠을 자는가? 당신은 정말 아이가 아이 침대에서 잘 수 있도록 돕고 싶은가? 아이를 독립적으로 자기 방에서 자게 만드는 일에는 시간과 인내심이 필요하다. 이러한 습관은 하룻밤에 만들어지지 않으므로, 하룻밤에 고쳐지지도 않는다. 첫 번째 단계는 아이가 당신의 손길 없이도 스스로 잠들게 하는 것이다. 만약 당신이 아이가 잠들 때까지 토닥여주거나 마사지해준다면, 딱 몇 분만 해주는 것으로 시작하자. 아이가 잠들 때까지 아이 몸에 손대지 말고 그냥 옆에 눕도록 하자. 아이는 스스로 잠들기 위해 당신의 손길이 필요치 않다는 사실을 서서히 알아갈 것이다.

만약 아이가 밤새도록 당신 손을 잡고 자야 하거나 다른 신체적 접촉을 필요로 한다면, 자리를 바꾸어서 당신이 옆에 있다는 사실을 신체적 접촉으로 확인하지 못하게 하자. 아이는 자신이 침대에 누워 있을 때 당신이 바로 옆에 없어도 적응할 수 있을 것이다. 일단 밤새 토닥여주거나 달래주지 않아도 아이가 잘 잔다면, 아이를 아기 침대에서 재우거나 당신 침대 옆에 매트리스를 따로 두고 재우자. 아이는 자신이 트윈 사이즈 매트리스를 가졌다는 기분을 만끽할 수 있을 것이다. 결국 당신은 가능한 한 멀찌감치 아기 침대를 두고 싶을 것이다. 아이가 여전히 당신을 볼 수 있으면서도 독립심을 기를 수 있게 말이다.

다음 단계로의 도약은 쉽지 않다. 불행하게도 아이를 당신 침대에서 아이 침대로 옮겨가는 데 쉬운 단계는 없다. 작은 머리 방울이나 장난감으로 가득 찬 보물 상자를 마련한 후, 아이가 혼자서 용감하게 자신의 방에서 잘 때 장난감을 하나씩 주자. 아이가 직접 보물 상자를 장식하게 하고, 가지고 갈 보물도 직접 고르게 하자. 이렇게 하면 아이는 더 열심히 도전에 임할 것이다. 혼자 방에서 자는 것이 무서울 수 있다는 사실을 당신도 잘 알지만, 용감하게 혼자서 잘 자면 아침에 보물을 얻을 수 있다는 사실을 잘 설명해주도록 하자. 이렇게 한다고 그 과정이 쉽게 흘러가지는 않겠지만, 적어도 아이 마음은 더 부추길 수 있다. 비록 완벽하게 성공하지 못했더라도 아이가 보물을 고를 수 있게 하자. 그리고 용감하게 두려움을 해치운 횟수에 주목하게 하자.

만약 아이가 자신의 방에서 자는 데 문제가 있거나 밤에 불안감을 느낀다면, 아이 방을 '타임아웃' 장소로 사용하지 말자. 사소한 것일지라도 아이가 자신의 방에 부정적인 생각을 하게 된다면, 아이는 자신의 방에서 자는 일을 싫어하게 될 것이다. 아이가 자신의 방을 떠올리면서 행복한 생각과 느낌을 연상하게 도와주자. 아이가 있고 싶어 하고 재미를 느낄 수 있는 스타일로 방을 꾸민다면, 긍정적인 연상을 만들 수 있다. 방을 꾸민다고만 해서 아이가 거기서 자고 싶어 하지는 않겠지만, 아이 마음을 더 끌 수 있을 것이다. 지금 고양이 손이라도 빌리고 싶은 심정이 아니던가!

아이가 당신 방에서 잘 때 했던 것처럼 아이를 침대에 눕히고 아이가 졸릴 때까지 토닥이고 쓰다듬어주자. 하지만 완전히 잠들게 해서는 안 된다. 처음에는 아마 아이가 잠들 때까지 아이 방에 머물러 있어야 할 것이다. 순조로운 변화를 이끌어내려면 초기 단계를 제대로 이행하는 것이 매우 중요하다. 일단 토닥여주는 것을 끝내고 나면, 아이에게 당신이 침대에서 같이 자지는 않겠지만 아이 방에 함께 있어줄 거라고 말해주자. 방문 앞에 앉되, 아이와 상호작용하거나 말을 걸어서는 안 된다. 아이에게 "엄마한테 말을 걸거나 침대에서 내려오면 엄마는 네가 잠자는 동안 여기 앉아 있지 않을 거야"라고 단호하게 말하자. 이때 '잠들 때까지'라고 말하지 않도록 조심한다. 잠이 들면 당신이 가버릴까 봐 잠드는 것을 무서워할 수도 있다.

얼마간 이 단계를 완벽하게 성공했다면, 아이가 잠드는 동안 방문 앞에 계속 앉아 있지 말고 거실로 나와보자. 당신은 지금 아이에게 혼자 잠드는 법을 가르치고 있으며, 다음 단계는 거실에서 기다릴 것이라는 사실을 아이에게 알려준다. 다음 단계로 넘어가기 위한 중대한 변화이므로, 반드시 아이의 시야에서 벗어나도록 하자. 대개 아이는 엄마 아빠를 부르거나 엄마 아빠가 거실에 있는지 확인하기 위해 거실로 살금살금 기어 나온다. 아이에게 만약 말하거나 침대에서 내려오면 거실에 있지 않겠다고 다시 상기시키자. 아이가 당신의 말을 심각하게 받아들이도록 한두 번 더 상기시켜야 될 수도 있다. 아이가 완전히 잠들었는지 확인할 때까지는 거실을 떠나지 말자. 아이가 침대에서 몰래 빠져나와 당신이 없다는 사실을 알게 되면, 이 단계를 넘어가는 데 도움이 되지 않을 뿐 아니라 서로에 대한 믿음도 사라지게 될 것이다.

일정 시간이 지나면, 아이는 스스로 마음을 누그러뜨리는 방법을 배워 점점 더 빨리 잠들 수 있다. 그다음 단계는 주기적으로 아이의 상태를 점검하는 일이다. 아이에게 당신이 소파에 앉아 있거나 침대에 누워 있으면서 주기적으로 잘 자고 있는지 들여다보겠다고 말하자. 점검 시간 간격을 점점 늘려서, 당신이 잠자리에 들기 전에 딱 한 번 점검하면 되도록 만들자. 휴대용 무전기를 주면서, 서로 다른 방에서 대화하는 방법을 가르쳐주자. 당신은 아이에게 "무서우면 휴대용 무전기로 엄마에게 말을 걸 수 있어"라고 말해줄 수 있다. 또한 모니터를 통해 얼굴을 보며 말을 주고받을 수 있도록 카메라를 설치할 수도 있다. 당신이 아이를 지켜보고 있다는 사실과 혼자가 아니라는 사실을 주지시키는 데 도움이 된다. 아이는 지금은 비록 혼자지만 엄마 아빠가 언제나 자신과 함께하고 필요할 때면 언제든지 달려올 거라는 믿음을 키우게 된다.

불안해하는 아이를 성공적으로 아이 방에서 자도록 만드는 일에는 시간이 걸릴 것이다. 그 시간은 아이가 편안을 느끼는 정도, 그리고 심지어는 부모가 편안을 느끼는 정도에 따라 아주 다양할 것이다. 급하게 서두르고 싶지도 않겠지만, 물러서고 싶지도 않을 것이다. 일단 어떻게든 성공했다면, 편안함과 편리함에 발목 잡혀 옛날 습관으로 되돌아가지 말자. 수면 문제와 씨름하는 일은 모든 부모를 기진맥진하게 만드는 전투이므로, 피곤이나 죄책감, 혹은 둘 다 때문에 노력이 수포로 돌아갈 위험이 매우 높다. 결국 가장 중요한 것은 당신이 지금 아이에게 인생을 살아가는 데 꼭 필요한 '자립심'을 알려줄 수 있다는 사실이다. 다 커서도 부모와 함께 자기를 원하는 아이들과 상담한 적이 있었는데, 아이들은 자신의 행동을 부끄러워 했다. 혼자 잠드는 것을 두려워하지 않고 즐겁게 잠들 수 있는 아이는 자신감과 힘을 얻게 된다.

내가 상담한 어떤 부모는 이러한 과정을 통해, 실상은 자신이 아이에게서 안심을 얻었으며 아이와 함께 자지 않으면 불안감을 느낀다는 사실을 발견하게 되었다고 말했다. 이따금 부부는 아이와 함께 자는 것에 관해 의견을 달리한다. 때때로 이러한 과정에서, 한쪽 배우자가 자신은 어떤 침실에서 누가 어떻게 자든 아무 문제가 없다고 생각할 수도 있다. 아이에게 혼란을 주지 않으려면, 이 문제에 관해 배우자와 합의를 보도록 하자. 만약 당신이 옆에 없으면 아이가 위험할까 봐 두렵고, 더 이상은 그런 불안감을 느끼고 싶지 않다면, 당신 자신을 위해 이 문제를 더 자세히 알아보는 것이 좋다.

만약 한쪽 배우자가 자주 출장을 가거나 여행을 간다고 해도, 아이를 당신 침대에서 잘 수 있도록 허락해 혼란을 주지 말자. 보통 아이는 이러한 특별한 밤에 적응할 수 있지만, 불안해하는 아이는 이 '특별 대우'가 끝난 후 일상으로 돌아오는 데 어려움을 겪는다. 이런 일은 부모 중 한쪽이 그 자신도 혼자 자는 데 불안감을 느낄 때 자주 일어난다.

나는 이 과정을 도중에 포기한 많은 부모와 상담했다. 이 과정은 사람을 지치고 피곤하게 만든다. 어떤 아이는 줄곧 당신과 맞서 싸울 것이다. 끝까지 버티도록 노력하자. 그러한 노력이 결국에는 가치가 있는 일임을 이해하도록 하자!

밤이 무서운 이유와 대처 방법

예민한 아이가 느끼는 두려움이 진짜 경험이나 충격적인 사건에 근거하지 않는다는 사실을 깨닫는 것은 매우 중요하다. 나는 아이가 자신의 안전에 대해 걱정하는 실제 이유를 알고 나서 당혹스러워하는 부모를 많이 보았다. 부모들은 왜 아이가 그렇게 걱정하는지 이해할 수 없다고 말하곤 했다. 불안은 예측할 수 있는 방식으로, 예견할 수 있는 두려움과 함께 나타난다. 유아기 아동에게서 나타나는 일반적인 두려움에는 어둠, 그림자, 괴물, 나쁜 사람, 벌레, 폭풍, 불이 있다. 가족의 라이프스타일이나 각기 다른 인생 경험과는 전혀 상관없이, 불안해하는 아이에게서 나타나는 두려움은 대개 비슷하다.

예민한 아이가 겪는 가장 큰 어려움 중의 하나가 바로 밤에 대한 두려움이다. 자라면서 세상을 더 많이 인식할수록, 두려움도 함께 자란다. 인지능력이 확장되면서 상상력도 함께 발달하게 된다. 단지 그림자일 뿐인 것이 지금은 그들을 잡아먹으려고 기다리는 무서운 괴물이 되어버린 것이다!

아이는 자신의 침실에 있는 여러 가지 것들을 무서워한다. 아이가 무엇을 무섭게 생각하는지 가늠해보는 것이 중요하다. "침실에서 무슨 일이 일어날까 봐 무서운 거니?"라고 면밀하게 질문해보자. 좀 더 큰 유아기 아동은 정확한 질문을 받았을 때 충분한 시간이 주어지면 자신이 느끼는 두려움을 또박또박 말로 표현할 수 있다. 개방형 질문을 하고, 아이에게 헛된 망상을 품게 하는 폐쇄형 질문을 피하도록 하자. 예를 들면, "네 방에서 가장 무서운 것이 뭐야?"와 같은 표현이 개방형 질문이며, "네 방에 있는 괴물이 무서운 거니?"와 같은 표현이 폐쇄형 질문이다. 아이는 당신이 그런 질문을 하기 전까지는 괴물을 두려워하지 않았지만, 당신이 그 질문을 한 후로는 두려워할 수도 있다! 아이가 당신의 추정 때문에 무언가를 무서워하게 되기를 바라지는 않을 것이다.

아이가 무엇을 무서워하는지 알면, 아이의 생각을 재구성하는 데 도움이 된다. "두려워할 건 아무것도 없어"와 같은 일반적이고 포괄적인 이야기는 불안해하는 아이에게 별 도움이 안 된다. 아이의 구체적인 두려움을 파악한 후 잘못 이해하고 있는 부분을 재구성하는 것이 훨씬 낫다. 또한 "우리가 여기서 널 지켜줄 테니 걱정하지 마"라고 아이에게 말하는 것은 역설적이게도 아이의 두려움을 증가시킬 뿐이다. 부모가 아이를 안심시키려고 하는 통속적인 표현이긴 하지만, 아이는 이 말을 통해 자신을 보호해줄 무언가가 필요하다는 확신을 굳힐 수 있다. 직접적으로 구체적인 두려움을 다루어, 아이에게 안전하다는 사실을 알려주는 것이 훨씬 효과적이다.

어떤 두려움은 아이가 TV로 본 것에서 비롯할 수도 있다. 예민한 아이는 TV에서 본 것에도 매우 민감하다. 전혀 문제가 없어 보이는 TV 쇼도 아이를 두렵게 만드는 요소나 주제를 내포하고 있을 수 있다. 나는 〈피터 래빗Peter Rabbit〉이나 〈도라 더 익스플로러Dora the Explorer〉 같은 프로그램을 보고도 무서워하는 아이와 상담한 경험이 있다. 만약 아이가 TV를 보다가 눈을 가리거나 움찔하는 것을 목격한다면, 그 이야기에서 어떤 일이 일어나는지 주목하자. 그리고 아이에게 "피터 래빗은 곧 괜찮아질 거야. 항상 이야기 끝에는 괜찮아지거든"이라고 해주자. 만약 아이가 눈을 가린다면 "이 프로그램이 무섭구나, 그렇지?"라고 아이에게 말하면서, "그럼, 하나도 안 무서운 프로그램을 볼까?"라고 물어볼 수도 있다.

만약 아이가 밤에 비치는 그림자를 두려워한다면, 손전등으로 그림자가 어떻게 만들어지는지 보여주자. 그림자 인형극을 하면서 놀아보자. 조명을 끈 채 아이 방을 돌아다니며 무슨 그림자가 벽에 있는지 알아보자. 가능하다면 그림자를 최대한 많이 없앨 수 있도록 장난감과 동물 인형 배치를 바꿔보자. 밤새도록 켜놓는 야간 조명은 다른 조명보다 그림자를 더 많이 만들기도 한다. 그림자는 적게 만들면서 밝은 불빛이

나는 야간 조명을 찾아보자. 그림자가 거의 생기지 않는 광섬유 조명도 있다. 아이와 함께 방을 살펴보면서, 어떤 물체가 제거할 수 없는 그림자를 만들어내는지 보여주자. 물체를 움직이거나 손을 올려놓거나 하면서 그림자와 상호작용을 하여, 아이가 원래 그림자의 모습을 볼 수 있게 하자.

만약 아이가 괴물을 무서워한다면, 아이에게 괴물을 한번 그려보게 하자. 그러면 당신은 아이의 두려움이 무엇에 근거하고 있는지 더 잘 이해할 수 있다. 아이는 괴물을 이빨이나 발톱 때문에 무서워하기도 하고, 크기 때문에 무서워하기도 한다. TV를 볼 때 무엇이 진짜이고 무엇이 가짜인지 아이에게 말해주자. 만화를 볼 때도 만화는 상상일 뿐이며 진짜가 아니라는 사실을 일러주자.

어린 유아기 아동에게는 환상과 현실을 정확하게 구분하는 능력이 아직 없지만, 커가면서 이러한 능력을 개발할 것이다. 아이가 현실과 현실이 아닌 것을 식별하도록 돕는 일이 바로 사고를 재구성할 씨앗을 심는 것이다. 이러한 씨앗은 결국 활짝 꽃을 피워서 아주 유용하게 쓰일 것이다. 단기적으로 볼 때, 아이는 여전히 상상 속 믿음에 사로잡혀서, 그것이 현실이 아니라는 당신의 말에 수긍하지 않을 수 있다. '괴물 퇴치 스프레이', '괴물 출입 금지' 같은 표지판을 만들어 아이의 환상을 키우지 말라고 조언하고 싶다. 이러한 접근법은 깜찍하긴 하지만, 괴물이 실제 존재한다는 아이의 두려움을 오히려 입증해주는 행동이므로, 아이의 불안을 증가시킬 수도 있다.

라벤더같이 마음을 진정시켜주는 스프레이나 오일을 사용할 수도 있다. 이러한 것들은 불안감을 물리치는 아로마 테라피에도 사용되어 휴식을 취할 수 있게 도와준다. 아이에게 오일 향을 맡으면 '행복한 생각'이 생겨 '무서운 생각'을 떨쳐버릴 수 있다고 말해주자. 괴물 스프레이의 개념과 유사하긴 하지만, 아이의 두려움을 공개적으로 인정하지는 않는다.

잔잔한 음악이나 소리가 나는 기계 또한 유용하다. 소음을 배경으로 깔면 아이가 들리는 소리에 덜 과민하게 반응할 수 있다. 예민한 아이는 늘 밖에서 들리는 소리에 상상의 나래를 펼친다. 마음을 진정시켜주는 소리를 틀어놓는다면 이러한 문제를 해결할 수 있다. 음악을 반복해서 틀거나, 수면 CD를 들려주면 편안하게 휴식을 취하는 데 도움을 준다. 매일 밤 같은 음악을 들려주면 조건반사적인 반응으로 아이는 그 음악을 들을 때마다 졸릴 것이다. 배경 소음이 잘 들리게 하고 빛을 차단하기 위해 TV는 끄는 것이 가장 좋다. TV는 처음에는 아이를 진정시키고 주의를 딴 데로 돌리게 하지만, 자는 동안에도 뇌에 새로운 자극을 주어 계속 작동하도록 한다. TV를 보면서 자는 것은 한 번 형성되면 없애기 힘드므로 애초에 그런 습관은 들이지 않는 것이 더 낫다!

아이가 자신의 방에 숨어 있는 물건이나 사람을 무서워한다면, 아이와 함께 '탐정 놀이'를 하는 것이 좋다. 아이가 직접 방을 살피게 하여 두려움에 직면할 수 있도록 가르치자. 아이가 옷장 속이나 침대 밑에 숨어 있는 괴물을 무서워한다면, 당신이 그곳을 살펴보는 것을 아이가 지켜보게 하자. 아이 방에 숨어 있는 것에 대한 두려움을 줄이는 데 도움이 된다. 아이가 더 컸을 때는 혼자서 이러한 두려움에 맞서는 방법을 알려줄 수도 있다. 만약 아이 방에 소름 끼치게 생긴 인형이나 광대, 꼭두각시가 있다면 다른 방에 두는 것이 더 나을 것이다. 자라면서 처키나 애너벨 같은 공포 영화 예고편을 볼 수도 있으므로, 주위에 있는 인형을 두려워하는 일도 꽤 많다.

밤에는 옷장 문을 닫아두는 것이 도움이 된다. 살짝 열려 있는 문처럼 검은 틈이 조금만 보여도 아이는 불안해할 수 있다. 침실 문을 활짝 열어두라고 요구하는 아이가 있는 반면에, 침실 문을 꼭 닫으라고 하는 아이도 있다. 아이가 침실 문을 열어두길 원한다면, 복도에 조명을 설치하는 것이 아이가 가진 불길한 검은 틈에 대한 두려움을 없애는 데 도움이 된다.

벌레를 보고 과도한 반응을 보이는 어른도 많다. 벌레를 보고 지나치게 반응하지 않도록 조심하자. 아이는 부모의 모습을 통해 무엇이 안전하고 무엇이 안전하지 않은지 단서를 얻는다. 벌레가 나타났을 때 소리 지르며 의자 위로 펄쩍 뛰어오르는 부모 모습을 본다면, 아이는 아마 벌레를 꽤 위험하다고 여길 것이다.

폭풍우는 원래 차분했던 아이도 불안하게 만들 수 있다. 시끄러운 천둥소리와 번쩍 내리치는 번개는 특히 밤에 아주 무섭게 느껴진다. 아이에게 천둥과 번개에 대해 쉬운 말로 설명해주자. "하느님이 볼링을 치는 거야"처럼 귀여운 표현을 써서 설명할 수도 있겠지만, 나는 기본적인 사실에 충실하게 설명해주기를 권한다. 당신은 아이가 당신의 설명을 신뢰하기를, 그리고 자라면서 당신이 했던 말에 의문을 품지 않기를 바랄 것이다. 특히 당신이 한 말을 절대로 잊지 않고 모두 기억하는 예민한 아이에게는 더욱 그렇다.

비가 내리고 있다면, 지금 나무와 식물이 자양분을 얻는 중이라고 설명해줄 수 있다. 안전하다고 여겨지면 아이를 빗속에서 뛰어놀게 하자. 비가 올 때 아이를 뛰어놀게 하거나 물웅덩이에서 놀게 하면, 폭풍우에 대해 아이가 가지고 있던 두려움을 떨쳐버리는 데 도움이 된다. 만약 아이가 두려워하는 정도가 아주 심하다면, 가짜 천둥 번개 파티를 열어주자. 작은 섬광 전구와 천둥소리를 시중에서 구매하자. 가짜 천둥이 치는 동안 깜짝 선물을 준비하거나 비와 관련한 놀이를 해볼 수 있다. 그러다가 진짜 천둥이 칠 때 비슷한 파티를 다시 열어줄 수 있다. 이러한 방법은 아이가 천둥소리와 관련하여 긍정적인 연상을 할 수 있도록 도움을 준다.

잠들기 전에 꼭 치러야 하는 의식이 있다면

유아기 아동은 취침 시간에 치르는 일상을 일종의 의식 같은 것으로 발전시키기도 한다. '정해진 일상'과 '의식' 사이에는 어떤 차이가 있을까? 정해진 일상은 아이에게 위로를 준다. 또 그대로 진행되지 않을지라도 아이는 융통성을 발휘할 수 있다. 하지만 의식은 매번 똑같은 방법으로 정확하게 이루어져야 한다. 의식이 제대로 이루어지지 않으면 아이의 불안과 공포는 고조된다.

예민한 아이는 온종일 엄격한 의식에 따르는 듯한 행동을 한다. 하지만 그중에서도 단연코 취침 시간이 가장 엄격하고 의식적일 수 있다. 취침 시간은 어린아이에게 많은 불안을 일으키므로, 아이는 평안을 주는 의식을 만들고 싶어 한다. 부모들 또한 밤에 정해진 일상을 따르게 할 가능성이 큰데, 이는 의도하지 않게 의식을 따르는 행동 성향을 길러줄 수 있다.

취침 시간을 준비하며 하는 일에 순서를 정해두면 편리하고 유용하다. 목욕을 끝낸 후에 책을 읽다가 잠자리에 드는 일은 모든 유아기 아동이 예상할 수 있는 일상이다. 아이가 어떤 일을 특정한 방식으로 하길 원한다면, 이는 그 일이 정해진 일상이 아니라 의식으로 바뀌고 있다는 증거이다. 무엇이 정해진 일상이고 무엇이 의식적인 행동인지 구분하여 설명하는 일은 어렵다. 어떤 일을 특정한 순서대로 하는 것은 정해진 일상으로 우리에게 편안함을 준다. 책을 몇 권 읽겠다고 정하거나 방에 있는 다양한 물건들에게 "잘 자"라고 인사하는 것 역시 일상적인 행동으로 볼 수 있다. 하지만 아이가 봉제 동물 인형을 특정한 방식으로 줄지어 세워놓으려 한다면, 이는 대개 의식을 따르려는 행동일 확률이 높다. 아이가 침대 시트에 주름이 하나도 없기를 바라거나 당신이 방을 나설 때 "나도 사랑해"와 같은 특정한 표현을 매번 똑같이 말해달라고 요구한다면, 이 또한 의식적인 행동일 가능성이 크다. 아이가 정해진 일상대로 행동한다면 그 일상들은 더 확장되지 않을 것이다. 하지만 의식적인 행동을 한다면, 이것이 확장되어 더 많은 것을 요구할 가능성이 크다.

이럴 때는 아이가 어떤 환경에도 잘 적응하도록 도와주는 게 필요하다. 1장에서 보았듯이, 도전과 변화에 대처하는 아이의 능력을 평가해 상황에 유연하게 대응하는 법을 가르치자. 아이가 봉제 동물 인형을 특정한 방식으로 세우기를 좋아한다면, 다른 방식으로도 세우도록 도와주자. 아이가 침대 시트에 주름이 생기는 것을 싫어한다면 아이에게 침대 시트에 주름이 져도 괜찮으며 당신도 주름진 침대에서 잔다고 설명해주자. 아이가 주름을 매끈하게 펴달라고 요구한다면, 아이가 직접 주름을 펴게 하자. 아이의 의식을 따르는 행동에 당신이 개입하지 않는 것이 변화의 첫 단계이다. "만약 침대 시트가 주름지는 것이 싫으면, 네가 직접 주름을 매끈하게 할 수 있어. 엄마는 주름져 있어도 괜찮거든"이라고 말함으로써 아이의 요구에 대응할 수 있다.

아이가 당신이 자기 방으로 다시 와서 계속 안아주기를 바라거나, "나도 사랑해"라고 반복해서 말해주기를 바란다면, 당신은 지금 아이가 만들고 있는 의식 절차에 고리를 완성해주고 있는 것이다. 물론 부모로서 안아달라는 아이의 요구를 거절하거나, "나도 사랑해"라는 말을 하지 않기란 어렵다. 하지만 이러한 행동은 불안에 근거한 것이므로, 아이의 요구를 들어줄수록 더 힘을 발휘하게 된다. 그러한 고리를 끊을 수 있는 대화는 다음과 같이 진행될 수 있다.

아이 사랑해.

부모 사랑해!

아이 아니야, '나도 사랑해'라고 해야지!

부모 사랑해!

아이 아니야, 아니야! '나도 사랑해'라고 해!

부모 내가 말하는 방식을 네 마음대로 할 순 없어. 네가 하는 말은 네 마음대로 할 수 있지만, 내 말은 내 마음대로 하는 거야.

아이가 원하는 대로 말해주지 않거나 원하는 일을 해주지 않을 때, 아이에게 더 유연해지는 법을 알려줄 수 있다. 또한 다른 사람을 조종할 수 없다는 사실도 가르칠 수 있다. 아이가 커가면서 경험하게 될 학교생활과 또래 관계에서 중요한 가르침이 될 것이다.

분리 불안 때문이라면

어떤 아이는 수면 생활에 전혀 문제가 없다가, 방에 홀로 남겨지는 것을 두려워하기도 한다. 이러한 행동은 어느 순간 시작되므로, 부모가 미처 준비가 안 되었을 수도 있다. 분리 불안은 매우 심하게 나타나기도 해서 취침 시간을 정말로 방해할 수 있다. 유아기 아동은 수많은 발달상의 변화를 겪는데, 분리 불안은 이러한 초기 성장 발달 단계에서 발생한다.

분리 불안에 대한 당신의 자동 반사 행동은 아이가 잠들 때까지 옆에 함께 누워 있거나, 아이를 당신 침실에서 재우는 일이 될 것이다. 아이의 두려움을 재빨리 돌봐주고, 아이가 자고 있는 곳에 재빨리 가 닿을 수 있도록 말이다. 이러한 접근법을 사용하지 않는 것이 바로 당신이 형성해야 할 습관이다. 앞에서 보았듯이, 불안해하는 아이는 스스로 잠자리에 들어야 한다고 자발적으로 결심하지 않는다. 당신이 아이와 함께 자거나 부부 침대에서 아이를 재우는 데 전혀 문제를 느끼지 않는다면, 이는 전혀 걱정거리가 아니다. 하지만 아이가 어느 시점에 독립적으로 혼자 잠을 자기를 원한다면, 이러한 습관을 장려하지 않는 것이 낫다.

아이가 담요나 봉제 동물 인형을 꼭 몸에 지니고 다닌다면, 이것은 이행 대상이라고 불리는 물건들이다. 이행 대상에 대한 애착은 당신이 아이와 함께 있지 않을 때 아이에게 안정감을 준다. 만약 아이에게 이행 대상이 있다면, 잠자리에 들 때 아이가 그것을 가지고 있는지 확인하자. 아이가 이행 대상으로 삼는 물건이나 담요를 그동안 옆에 두지 않았다면, 취침 시간을 위한 이행 대상을 만들어볼 수 있다.

아이가 분리 불안을 겪기 전에 취침 시간을 위한 일상을 미리 정하여 유지하도록 하자. 그리고 최대한 버티도록 노력하자. 만약 아이의 등을 토닥여주거나 머리를 쓰다듬어주는 일로 취침 시간을 마무리해왔다면, 아이가 분리 불안을 겪을 때는 노래를 세 곡 불러준다거나 뽀뽀를 두 번 해주는 등 당신이 곧 방을 떠날 것이라는 암시를 확실하게 주면서 명확하게 끝맺음을 하는 것이 좋다. 만약 아이의 머리를 쓰다듬어주는 것을 끝으로 방을 나선다면, 아이는 분명 울면서 더 있어달라고 요구할 것이다. 하지만 노래 세 곡을 불러주는 것으로 끝맺음을 한다면, 노래를 한 곡씩 불러줄 때마다 손가락으로 표시를 해주어 엄마의 자장자장 시간이 곧 끝날 것임을 아이에게 시각적으로 보여줄 수 있다.

당신이 나서려 할 때 아이는 아마 소리를 지르기 시작하거나 문까지 따라 나올 것이다. 그럴 때는 아이가 볼 수 없는 복도 한편에 앉도록 하자. 아이가 밖으로 나오면, "괜찮으니 어서 침대로 가"라고 재빨리 안심시키는 말을 해주며 방 안으로 돌려보내자. 만약 아이가 밖으로 나오지 않고 방 안에서 계속 소리를 질러댄다면, 5분마다 아이 방에 들어가서 아이를 진정시키도록 하자. "괜찮으니 자리에 누워"와 같이, 로봇처럼 간단하고 짧은 지시문을 사용하는 것이 최선의 방법이다. 아이에게 과하게 반응하지 않도록 하자. 공황 수준에 따라 아이의 감정이 회복되기까지는 엄청난 시간이 걸린다. 공황 상태가 되면 몸에 열이 나며 구역질하고 토하는 아이들도 많다. 5분마다 아이 방에 들어가서 아이를 안심시켜준다면, 아이의 상태가 공황 수준까지 발전하지는 않을 것이다. 이러한 과정은 지루하고 고통스러운 것처럼 보일 수 있지만, 고통을 감내할 만한 가치가 충분하다. 지금 이 단계를 밟지 않는다면, 나중에는 장기적인 수면 문제로 발전할 가능성이 훨씬 더 크다.

불안감이 불러오는 수면 장애

유아기 아동은 상상력이 점점 커짐에 따라 악몽을 꾸기 시작할 가능성도 함께 커진다. 세상은 아이에게 무시무시할 수 있고, 아이는 세상에 있는 새로운 것들을 매일 받아들이고 있다. 아이의 뇌가 이들 정보를 처리하는 동안, 그것들은 종종 악몽의 형태로 나타난다. 악몽을 꾸는 일은 지극히 정상적이다. 예민한 아이는 더 많은 두려움과 공포증을 지니고 있으므로 보통 아이보다 악몽을 더 많이 꾸는 경향이 있다.

나쁜 꿈에서 깨어날 때 아이는 비명을 지르거나 울지도 모른다. 꿈 상태에서 벗어나게 하기 위해서는 아이를 완전히 깨우는 것이 도움이 된다. 아이에게 꿈을 꿨을 뿐이며 이제 괜찮다고 말해주자. 유아기에는 아이가 꿈에 대한 개념을 확립하지 못했을 수도 있지만, 꿈이라고 이름 붙여주는 것만으로도 도움이 된다. 아이의 감정을 환기하여 원상태로 돌리기 위해서 당신이 뭔가 다른 주제를 말해주는 것이 좋다. 괜찮다고 안심시키며 다시 자도 된다고 말해도, 아이는 똑같은 주제의 꿈을 다시 꿀 가능성이 크다. 아이에게 대화를 유도하자. 다음 날 아이가 할 수 있는 재미있는 놀이에 대해 이야기하거나, 행복한 이야기를 들려줄 수도 있다. 일단 아이가 다른 주제나 이야기에 집중했다면, 이제는 아이를 토닥이며 다시 재워도 좋다.

나는 부모들에게 아이의 긴장을 이완하고 주의를 분산해주는 기술로서 아이에게 '새로운 세계'를 만들어주라고 자주 권한다. 새로운 세계 만들기 놀이는 취침 시간에 아이와 함께 해볼 수 있다. 우선 아이에게 어떤 세상을 만들고 싶은지 물어보자. 아이들은 사탕 나라, 레고 나라, 강아지 나라 등 자신이 가장 좋아하는 세상을 창조해낸다. 새로운 세상이 어떤 모습인지, 거기에 누가 살고 있는지, 어떤 향기가 나고 어떤 소리가 들리는지 아이에게 물어보자. 아이가 상상할 수 있는 요소가 더 많을수록 그 세계는 점점 현실적으로 변해갈 것이다.

당신은 새로운 세계에 스토리 전개가 없었으면 할 것이다. 왜냐하면, 아이의 마음을 안정시키려는 것이지 흥분시키려는 것이 아니기 때문이다. 스토리 전개를 독려하지는 않지만, 아이는 자기가 만든 세상에서 할 수 있는 재미있는 일들을 창조할 수 있다. 아이는 사탕 나무를 먹을 수도 있고, 레고로 건물도 올릴 수 있으며, 강아지를 훈련시킬 수도 있다. 단조로운 활동은 아이가 마음을 안정시키고 빨리 잠에 들 수 있도록 도와준다. 아이에게 이불을 덮어주며 새로운 세상에 대한 이야기를 나누는 것만으로 아이를 재우는 활동을 끝낼 수 있다. 방을 나서면서, 아이에게 잠들 때까지 새로운 세상에 대해 계속 생각하라고 말하자. 만약 아이가 악몽을 꿔서 잠에서 깨어났다면, 아이에게 새로운 세상을 떠올려보라고 하면서 감정과 기분을 환기시킬 수 있다. 일단 아이가 새로운 세상에 대해 확고한 개념을 세웠다면, 낮에도 감정을 전환하는 방법으로 이 기술을 사용할 수 있다.

아이가 자주 악몽을 꾼다면, 아로마 테라피를 활용할 수 있다. 앞에서 괴물에 대한 두려움을 퇴치할 때 아로마 테라피를 사용했던 방법과 비슷하다. 아로마의 향기가 '행복한 꿈'을 불러온다고 아이에게 말해주자. 라벤더 향은 안정감을 불러일으킬 뿐 아니라, 더 좋은 꿈을 꾸도록 기운을 북돋울 것이다. 또한 특별히 어린아이를 위한 CD도 있다. 만약 아이가 잠들기를 두려워하고 나쁜 꿈을 자주 꾼다면, 이러한 방법들은 아이가 편히 잠들도록 도와준다.

야경증은 비-렘(non-REM)수면 상태에서 일어나는 부분적인 각성이라는 점에서 악몽과는 다르다. 렘(REM, rapid eye movement)수면은 인간의 수면 주기 중 아주 깊은 수면 단계로, 우리는 보통 이 단계에서 가장 의식이 또렷한 꿈을 꾸게 된다. 아이가 갑자기 등골이 오싹해지는 비명을 지르며 깨어나서는 가슴이 방망이질 치듯이 숨을 헐떡거리거나, 땀을 억수같이 흘리면서 흐느끼며 앞뒤가 맞지 않는 말을 한다면, 야경증일 수도 있다. 야경증을 겪는 아이는 완전한 각성 상태가 아니므로, 한동안 공격적인 행동을 하고 슬픔에 빠져 있을 수 있다. 야경증은 몽유병과 유사한 생리학적인 문제로, 아이는 이때 꾼 악몽을 기억하지 못한다. 야경증은 일반적으로 잠들고 얼마 되지 않았을 때 발생한다. 아이가 매우 피곤하거나 밥을 제대로 먹지 못했을 때 더 자주 나타날 수 있으나, 그 이유 하나만으로 야경증이 발생하지는 않는다. 야경증은 장애 등의 가족력이 있을 때, 유전될 수 있다.

아이가 야경증 증상을 겪고 있을 때는 깨우지 않는 것이 최선의 방법이다. 아이가 다시 잠들 때까지 발버둥 치는 팔과 다리에 부딪히지 않도록 조심하면서, 아이를 진정시키고 아이가 안전하다는 사실에 확신을 주자. 만약 아이가 야경증을 겪고 있다는 의심이 든다면, 소아과 의사에게 상황을 설명하자. 대개 아이들은 자라면서 야경증을 극복하기 때문에 특별한 치료를 요하지는 않는다. 만약 야경증이 가정에 혼란을 초래할 지경에 이르렀다면, 아이가 주로 야경증을 일으키는 시간을 추적하자. 패턴을 알게 된다면, 15분 전이나 30분 전에 아이를 깨우자. 이렇게 하면 아이는 원래 상태로 돌아갈 수 있으며, 아이의 수면 사이클에 개입하여 야경증을 막을 수 있다. 만약 정해진 시간에 매일 아이를 깨우기로 계획했다면, 아이를 매일 밤 똑같은 시간에 잠들게 하는 것이 중요하다. 대부분의 아이들은 자라면서 더는 야경증을 겪지 않으므로, 야경증 증상 자체만으로 아이에게 불안이나 트라우마가 있다고 볼 수는 없다.

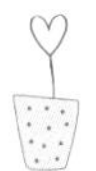

침대에 눕히기가 힘들다면

일반적으로 예민한 아이는 잠을 잘 이루지 못한다. 잠이 깊게 들고 계속적으로 수면을 취하는 데 어려움을 겪는다. 어떤 부모는 아직도 집에 신생아를 키우고 있는 것처럼 느끼기도 한다. 예민한 아이는 밤새 자주 깰 뿐만 아니라 아침에도 아주 일찍 일어난다. 또한 주변에서 들리는 친숙하지 않은 소리나 소음을 무의식적으로 계속 살피고 있으므로, 대개 선잠을 잔다.

만약 아이가 침대나 계단을 잘 기어 오르내리지 못한다면, 가능한 아이를 오랫동안 아기 침대에 눕히는 것이 더 좋다. 아기 침대를 오래 사용하면 아이는 스스로 더 안전하다고 느끼는 것은 물론, 당신은 아이가 정서적으로 좀 더 성숙할 때까지 시간을 벌 수 있다. 만약 아이가 유아용 안전문을 혼자 힘으로 열 손재주가 없거나 당신이 매우 튼튼한 안전문을 마련했다면, 아이를 안전문 안에 두도록 하자. 아이가 방 밖 공간으로 나올 준비가 되었다고 생각되면 유아용 안전문을 아예 없애지는 말고 열어두도록 하자.

내가 상담한 어떤 부모는 밤에 아이가 보내는 불안 신호를 놓쳤었다. 아이는 매번 핑계를 대며 자기 침대를 빠져나왔는데, 부모는 그것을 단지 핑계를 대고 있다고만 여겼다. 물론 아이는 핑계를 대고 있는 것이다. 그런데 왜일까? 아이가 좀 더 자라면 모든 사람이 잠자리에 들 때까지 자기도 자지 않겠다고 말할 것이다. 아이는 자기가 잠자는 동안 어떤 것을 놓치게 될까 봐 불안해한다. 정반대인 아이들도 있다. 자기가 자는 동안 부모가 자지 않고 '보초를 서주기'를 바라며, 부모가 잠이 들면 보호받지 못할까 봐 두려워한다. 이러한 아이는 부모가 깨어 있는지 확인하러 방에서 자주 나오며, 모든 것이 괜찮은지 자꾸 확인한다.

아이를 침대에 머무르게 하기 위해 해야 할 첫 번째 단계는 이불을 덮어주기 전에 아이가 필요로 하는 모든 것을 해결하는 것이다. 아이가 마실 것을 필요로 할까? 화장실에 다녀와야 하나? 아이가 야뇨증이 없거나 배변 팬티를 착용하고 있다면, 침대 옆에 물 잔을 놓아둘 수 있다. 이렇게 하면, 아이는 "물 줘!"라고 요구하지 않을 것이다. 침대에 눕기 전에 아이를 화장실에 다녀오게 하자. 아이는 "오줌 마려!"라고도 하지 않을 것이다.

아이에게 엄해야 한다. 아이가 침대 밖으로 나올 때 당신이 어떻게 할지 미리 알려주자. 예를 들어, 집에 유아용 안전문이 설치되어 있으면 아이에게, "만약 다시 일어나서 나오면 안전문을 닫아버릴 거야"라고 말할 수 있다. 아이 방에 안전문이 없으면 '침대에 누워 있기 보물상자 도전' 등을 마련할 수 있다. 아이가 침대에 얌전히 누워 다음 날 아침까지 잘 자면 보물을 획득할 수 있게 하는 것이다. 반대로, 얌전히 자지 않았으면 다음 날에 아이의 보물 하나를 빼앗을 수도 있다. 아이에게 삼진 아웃을 주자. 아이가 한 번 침대에서 빠져나올 때마다 아웃을 하나씩 주는 것이다. 아이는 적절한 행동을 배울 수 있을 뿐 아니라, 결과를 감당해야 하기 전에 행동을 미리 고칠 수 있는 시간을 보낼 수도 있다.

아이가 안심하도록 돕기 위해 아이 방에 카메라를 설치한다면, 아이가 약속한 활동 범위를 유지하고 침대 밖으로 나오지 않는데 이 카메라를 잘 활용할 수 있다. 아이가 침대에서 빠져나오는 것이 화면에 보이면, 아이가 안전문에 와 닿기 전에 침대로 돌아가라고 지시할 수 있다.

카메라를 사용하면, 당신이 언제 아이를 지켜보는지 아이가 절대 알 수 없으므로 그러한 행동을 빠르게 저지할 수 있다.

어떤 아이는 새벽 4시에 일어나서 하루를 시작할 준비를 하기도 한다. 일찍 일어나는 아이를 위해, 멋진 유아용 시계가 개발되었다. 유아용 시계는 유아기 아동이 시간을 인지할 수 있도록 도와준다. 인터넷 쇼핑몰이나 아마존 사이트에서 쉽게 찾을 수 있다. 아침이 되어야 방에서 나갈 수 있다는 사실을 아이에게 알려주고 싶다면, 특정 시간이 되면 색깔이 초록색으로 바뀌는 시계를 구할 수 있다. 아이가 시계 신호에 적응하는 데는 시간이 걸리므로 바로 효과적이지는 않을 것이다. 좀 더 자란 유아기 아동은 이 개념을 더 빨리 받아들여 '초록 시계' 기상 규칙을 지킬 가능성이 크다. 당신은 아이에게 이렇게 말할 수 있다. "시계가 초록색이 되면 일어나서 방에서 나와도 돼. 초록색이 아니면 아직 아침이 아니니까 방에서 나오면 안 되는 거야. 모두들 자고 있으니까, 알겠지?"

선잠을 자는 아이는 시간 개념이 없으므로, 새벽 4시에 일어나서도 이른 아침이라고 생각할 수도 있다. 초록 시계는 아이에게 몇 시에 일어나야 하는지 알려주어 도움이 된다. 아이가 일찍 일어나면 시계가 아직 초록색으로 바뀌지 않았으니 다시 침대로 돌아가야 한다. 이 시계가 기적을 일으키는 것은 아니므로, 아이를 침대로 돌아가게 하려면 여전히 많은 노력이 필요할 것이다.

악전고투 배변 훈련

부모의 고민

아이가 변기에 앉아서 대변 보기를 거부해요

캐럴과 짐 부부에게 첫째 아이 개릿의 배변 훈련은 별문제가 되지 않았었다. 그래서 부부는 둘째 아이 엠마를 훈련시키면서 봉착한 어려움에 깜짝 놀랐다. 엠마는 모든 면에서 개릿과는 아주 달랐다. 개릿은 순한 아이로 새로운 것을 빨리 익히고 잘 적응했지만, 엠마는 변화를 잘 받아들이지 못했고 시끄러운 소리와 두려움을 견디지 못해 쩔쩔맸다.

처음에는 엠마가 오히려 배변 훈련의 개념을 더 빨리 이해하는 듯했다. 작은 휴대용 변기에 앉아서 별문제 없이 소변을 누었다. 심지어는 개릿에게 배변을 잘했다는 보상으로 주던 스티커 북이나 사탕도 사용하지 않았다. 캐럴은 변기 사용 훈련도 쉽게 잘되리라 생각했다. 엠마가 휴대용 변기에 완전히 적응하는 것처럼 보이자, 캐럴과 짐은 엠마를 위해 아기 변기 커버를 사서 설치한 후 배변 장소를 화장실로 옮겼다. 엠마가 변기에 앉을 수 있게 밟고 올라설 수 있는 작은 발 받침대도 함께 샀다. 엠마가 떨어질 염려 없이 변기에 잘 앉을 수 있도록 아기 변기를 설치한 것이다.

그런데 엠마는 변기에 앉아서 대변보기를 거부했다. 소변은 별문제 없이 잘 보는 듯했는데, 무슨 이유에서인지 대변을 누려고 하지 않았다. 엠마는 엉덩이를 잡고 돌아다니며 아프다고 울었다. 캐럴과 짐은 엠마를 화장실로 데리고 가려고 용기를 북돋워줬지만, 엠마는 완강하게 거부했다. 소아과 의사와 친한 친구들은 캐럴에게 인내하고 기다리면 엠마가 다른 아이들처럼 대소변을 제대로 보게 될 거라고 말해주었다. 캐럴은 엠마와 실랑이를 하지 않으려고 애썼다.

잠자리에 들 때면 엠마는 여전히 배변 훈련용 기저귀를 찼다. 짐은 딸 엠마가 기저귀를 차자마자 기저귀에다가 대변을 본다는 사실을 알아차렸다. 잔뜩 화가 난 짐은 엠마에게 "왜 내가 기저귀를 채워줄 때까지 기다리는 거야? 화장실에 가야 하느냐고 물어봤을 때 안 가도 된다고 했잖아!"라고 소리 질렀다. 잠자리에 들기 전에 짐이 아무리 여러 번 변기에 앉혀보아도, 엠마는 기저귀를 차고 나서야 대변을 보았다.

그러다 엠마는 심지어 기저귀를 차고 있을 때도 대변을 보는 데 쩔쩔매기 시작했다. 짐이 엠마의 잠자리를 정리할 때, 엠마가 방 한쪽 구석에 숨어서 땀을 뻘뻘 흘리며 얼굴이 벌게져서 대변을 보려고 힘주며 서 있는 모습을 자주 보았다. 엠마는 울기 시작했고 대변을 보는 데 아주 오랜 시간이 걸렸다. 기저귀를 갈아줄 때면 짐은 기저귀에서 아주 작고 단단한 똥을 발견했다.

엠마는 배가 아프다며 칭얼거리기 시작했다. 캐럴은 점점 엠마가 걱정되었다. 엠마는 온종일 "배 아파, 배 아파" 하면서 보채곤 했다. 결국 캐럴은 엠마를 병원에 데리고 갔다. 의사는 엠마의 배를 만져보고는 변비가 아주 심하다고 진단했다. 의사는 엠마의 배변을 도와줄 약을 처방해주며, 변비약을 계속 먹이고 섬유질이 많은 음식을 먹을 수 있게 해주라고 권했다. 캐럴은 엠마에게 고섬유질 음식을 먹이기는커녕 밥을 먹이는 일도 충분히 힘들다고 생각했다.

복통은 사라졌지만, 변기에 대변보는 것을 거부하는 엠마의 행동은 전혀 변하지 않았다. 온종일 엉덩이를 움켜잡고 있으면서도, 화장실에 가고 싶으냐고 물어보면 안 가도 된다고 말하곤 했다. 캐럴은 걱정이 되었고 엠마가 다시는 변비에 걸리지 않기를 바랐다. 그래서 엠마가 대변을 눠야 할 때가 되었다는 생각이 들면 엠마에게 배변 훈련용 기저귀를 채우기 시작했다. 그러면 엠마는 정확하게 방 한쪽 구석이나 소파 뒤로 달려가 대변을 보려고 힘을 주었다.

외출할 때면, 배변 문제는 더 심각해졌다. 엠마는 공중화장실에 있는 변기에 앉기를 완강하게 거부했다. 발로 차고 소리 지르며 화장실에 가지 않으려고 했다. 캐럴은 어떻게 해야 할지 몰랐다. 엠마는 자동 유수장치를 무서워했는데, 공중화장실에 있는 변기는 죄다 자동 유수장치가 설치되어 있어서 더 겁을 먹는 것이었다. 친구 집이 차라리 더 낫긴 했지만, 엠마를 화장실로 데려가기 위해서는 한참을 달래고 구슬려야 했다.

심지어 엠마는 소변을 보러 갈 때도 엄마와 같이 가려고 했다. 함께 가주지 않으면 가까이에 있는 화장실에도 혼자 가지 않겠다고 떼를 썼다. 엠마는 변기 물을 내리는 것이 싫었기 때문에 캐럴이 물을 내리기 전에 얼른 도망쳤다. 그뿐 아니라, 변기에 앉아 있는 것도 불안해하여 변기에 앉을 때면 자주 변기 옆 부분을 손으로 꽉 움켜쥐었다.

캐럴은 낙심하기 시작했고 어떻게 해야 할지 몰랐다. 친구 한 명이 캐럴에게 엠마가 고집을 부리는 것이니 대변을 볼 때까지 변기에 앉혀놓아야 한다고 조언했다. 캐럴은 친구의 조언대로 해보았지만 엠마는 공포에 질려 소리 지르기 시작했고, 그 때문에 TV 시청 시간도 빼앗겼다. 짐은 캐럴에게 자신들이 한 발짝 뒤로 물러나 지켜보면 엠마가 좋아지지 않겠느냐고 말했다.

그해 말 캐럴과 짐이 엠마를 또래 친구들과 함께 유치원에 입학시키려고 했을 때, 엠마가 완전히 변기 사용 훈련을 마치지 못하면 유치원에 등록시킬 수 없다는 말을 듣게 되었다. 캐럴과 짐은 큰 충격을 받아 어쩔 줄을 몰랐다.

아이의 속마음

변기에 물 내리는 소리가 무서워요

엠마는 변화를 싫어했다. 그래서 엄마와 아빠가 자신의 기저귀를 벗기고 작은 플라스틱 변기에 앉혔을 때 어떻게 받아들여야 할지 몰랐다. 엄마와 아빠가 자신에게 무엇을 바라는지 알아내는 데까지 시간이 걸렸다. 엠마는 전에 엄마와 아빠, 오빠가 큰 변기를 쓰는 것을 본 적이 있으며, 모두들 기저귀를 입지 않고 있다는 사실을 알았다. 엠마는 옷이 축축하게 젖는 것이 싫었고, 자신이 스스로 오줌을 가릴 수 있다는 느낌이 좋아지기 시작했다. 엄마와 아빠도 아주 좋아하며, 자신이 화장실에 갈 때마다 박수를 치며 격려해주었다. 그때까지도 엠마는 자신의 작은 변기에 한 번도 대변을 본 적이 없었다. 대변은 기저귀에 싸는 것이었다.

그러던 어느 날 엄마는 어떤 이유에서인지 엠마의 플라스틱 변기를 치워버리면서 엠마가 화장실에 가기를 원했다. 커다란 변기 위에는 작은 변기가 놓여 있었고, 변기 위에까지 올라가는 데 사용할 수 있게 계단도 설치되어 있었다. 위에 앉아 있으면 굴러떨어질 것 같은 느낌이 들어 무서웠다. 엠마는 변기 옆을 꽉 잡아보았지만 안으로 빠질 것 같아 걱정되었다. 빠지면 어떡하지? 저기 바닥에 있는 블랙홀이 나를 삼켜버리지 않을까? 변기 물을 내리면 대변이 어디로 사라지는 걸까? 나에게도 그런 일이 일어나지 않을까?

엄마가 변기에 물을 내리면 아주 큰 소리가 났다. 엠마는 엄마가 물을 내리기 전에 얼른 화장실에서 나오려고 했다. 소리가 너무 커서 무서웠고 귀도 아팠다. 엠마는 특히 외출했을 때 공중화장실 변기에서 왈칵 쏟아지는 시끄러운 물소리가 싫었다. 가끔은 자신이 아직 변기에 앉아 있는데도 변기가 물을 쏴 하고 내려보내기도 했다. 그것이 가장 무서웠다. 집에 있는 변기보다 열 배는 더 큰 소리가 났고, 어떤 이유에서였는지 변기 물을 내리는 손잡이도 없었다. 변기가 알아서 물을 내렸기 때문에 엠마는 그 일이 언제 일어날지 전혀 알 수가 없었다. 엠마는 다시는 그 무시무시한 변기에 앉지 않겠다고 결심했다.

잠자리에 들 때 아빠는 엠마에게 배변 훈련용 기저귀를 입혀주었다. 드디어! 엠마는 자신의 방 한쪽 구석으로 달려갔고 아무도 보지 않는 곳에서 대변을 보았다. 엠마는 왜 아빠가 자신에게 소리를 지르는지 혼란스러웠다. 기저귀는 대변을 보는 곳이고, 그 기저귀를 채워준 건 바로 아빠가 아니었던가. 결국 엠마는 아예 대변을 보지 않으려고 노력했다. 변기에서 대변을 보는 것은 무서웠고, 기저귀에 대변을 보면 아빠가 미친 듯이 화를 냈기 때문이다. 배가 자주 아팠다. 엄마는 엠마가 대변을 누지 않기 때문이라고 말했다. 하지만 대변을 꼭 보아야 하는 것일까?

엄마와 아빠는 더는 행복해 보이지 않았다. 엠마가 소변을 봐도 격려해주지 않았고, 엠마를 변기에 앉혀놓고는 대변을 볼 때까지 내려주지 않기 시작했다. 엠마는 대변을 보고 싶은데도 불구하고 대변을 꼭 봐야 하는 것처럼 느껴지지 않았다. 엄마가 TV 보는 시간을 줄였지만, 엠마는 여전히 화장실에 가야 한다고 느끼지 않았다. 엠마는 울었고, 엄마는 좌절하는 듯 보였다.

이제 엠마는 화장실에 가는 것조차도 무서워하게 되었다. 엄마가 컴컴한 화장실에 엠마를 오랫동안 앉혀놓을지 모르기 때문이다. 엠마가 대변을 보려고 했을 때 진짜 배가 아프기 시작했고, 어느 때는 대변을 다 볼 때까지 아주 오랜 시간이 걸렸다. 엄마가 엠마에게 화장실에 가야 하지 않느냐고 물을 때면 엠마는 재빨리 아니라고 대답했다. 엠마는 아픈 것이 싫었다. 엄마가 자신을 야단치는 것도 싫었다. 그리고 변기에 강제로 앉혀져 마치 영원처럼 느껴지는 시간을 기다리는 것도 싫었다. 엄마와 아빠는 다른 친구들은 다 유치원에 가는데 엠마만 유치원에 못 갈 수도 있다고 말했다. 엠마는 슬펐다. 아, 그렇구나, 엠마는 자신이 유치원에 가지 못한다고 생각했다. 그게 무슨 의미인지는 잘 모르지만!

화장실을 무서워하는 이유는 무궁무진하다

변기에 앉아 대소변을 보는 일은 예민한 아이에게 많은 두려움을 유발할 수 있다. 많은 유아기 아동은 자신이 느끼는 두려움을 말로 표현하지 않거나 정확하게 표현하지 못하지만, 대부분의 화장실 문제는 두려움에서 비롯된다. 어떤 아이는 변기에 빠질까 봐 무서워한다. 우리에게는 전혀 이치에 맞지 않는 일이지만, 유아기에 있는 아이는 공간개념을 이해하는 능력이 부족하다. 변기에 빠질까 봐, 변기 물에 휩쓸려갈까 봐 두려워하는 마음은 그들에게 아주 현실적인 공포인 것이다. 다른 것들이 변기 속으로 사라지는 것을 분명 보았는데, 자기한테 그런 일이 일어나지 말라는 법도 없을 것이다. 심지어 어떤 아이는 아무 물건이나 변기에 넣고는 변기 속으로 떠내려가는지 확인하며 이 이상한 현상을 실험하기도 한다. 부모들에게는 참으로 애석한 일이지만, 대개 물건들은 변기 속으로 사라져버린다.

아이가 흔히 갖는 또 하나의 흔한 두려움은 변기에서 나올지도 모를 벌레나 뱀이다. 만약 어떤 것이 구멍 속으로 사라진다면, 그 어떤 것이 구멍 밖으로 나오지 않으리라는 법이 어디 있겠는가? 싱크대나 욕조의 하수구에서 벌레가 올라오는 것을 보았거나 화장실에서 벌레를 본 적이 있는 아이라면 충분히 그럴만 하다고 여길 것이다. 이런 아이는 자신이 변기에 앉아 있는 동안 물속에서 어떤 것이 튀어나올까 봐 걱정한다.

만약 아이가 변기 물이 넘치는 것을 본 적이 있다면, 아이는 화장실

가는 것을 더 두려워할 수 있다. 물과 함께 대변이 제어하기 힘들 정도로 변기 밖으로 넘쳐나는 장면은 불안해하는 아이에게 엄청나게 큰 충격이다. 아이는 자신이 변기에 앉아 있을 때 이런 일이 일어날까 봐 걱정한다. 그런 일이 다시 일어나지 않을 거라고 어느 누가 장담할 수 있겠는가? 많은 아이들이 변기 물을 내리는 일과 변기가 넘쳐흐르는 것을 연관시키고 있기 때문에 직접 변기 물을 내리려고 하지 않을 것이다.

이따금 변기가 아닌 화장실 자체를 두려워하는 아이도 있다. 화장실은 어두컴컴한 곳이자 아이에게서 부모를 떨어뜨려 놓는 장소이기도 하다. 엄마와 아빠는 아이를 떼어놓은 채 화장실 안으로 사라진다. 불안해하는 아이는 엄마와 아빠가 나오기를 기다리면서 자주 문 옆에 앉아서 운다. 그런데 이제는 그런 곳에 혼자 들어가야 한다니!

아이들은 대개 좀 더 자랄 때까지 세균을 무서워하지 않지만, '더러워진다'는 생각은 유아기 아동에게 큰 두려움이 된다. 어떤 아이는 손이 더러워지는 것을 싫어하기 때문에, 대변이 손에 묻는다는 생각을 아주 끔찍하게 여긴다. 이러한 아이는 엉덩이를 닦는 일을 거부할 것이므로, 화장실에 가는 일이 곧 엉덩이를 닦아야 하는 것이기에 가능한 한 화장실에 가지 않으려고 할 것이다. 또한 변기 물과 대변이 튀겨서 자신이 젖거나 더러워질 것을 두려워하기 때문에, 변기 물을 내리는 것도 두려워한다.

아이가 어린 나이임에도 세균을 무서워한다면, 아마 다른 사람이 세균에 대처하는 모습을 보았을 가능성이 있다. 만약 아이가 "거기 앉지

마, 세균이 있어"라고 말하거나, "화장실에 갔다 오면 손을 깨끗이 씻어야 해. 손에 세균이 많거든"이라고 말한다면, 아이는 다른 아이들보다 빨리 세균에 대한 두려움을 가지고 있을 수 있다. 아이가 자라 세균에 관한 지식이 더 많이 생기면, 이러한 두려움이 더 커질 수 있다.

앞에서 다룬 두려움처럼 흔하게 나타나지는 않지만 유아기 아동이 보일 수 있는 또 하나의 두려움은 자신의 대변을 물살에 떠내려 보내는 일이다. 어떤 아이는 자신의 일부를 잃어버리는 것처럼 무서워한다. 이런 문제가 없는 아이를 둔 부모에게는 정말 이상한 이야기처럼 들릴 수도 있지만, 어떤 아이에게는 매우 현실적인 문제이다. 이러한 아이는 자신의 신체에서 어떤 것을 떠나보내는 일도 어려워한다. 머리카락이나 손톱, 심지어 자신의 대변까지도 말이다. 아이에게는 너무나 고통스러운 일이 될 수 있으므로, 가끔은 대변보는 행위 자체를 거부할 수 있다.

이런 아이는 모으는 것을 좋아하는 성향이라고 이해하자. 어떤 아이는 어떤 물건도 손에서 놓지 않으려고 한다. 심지어 오래된 인형이나 작아진 옷, 낡은 소파도 말이다. 아이는 모든 것을 보관하려고 하며, 집에 있는 물건이 바뀌거나 대체되었을 때 몹시 화를 낸다.

만약 두려움 때문에 아이가 화장실에 가는 것을 회피한다면, 어떻게 해야 아이를 화장실에 가게 할 수 있을까? 이러한 두려움의 대부분은 주로 대변을 보는 데 영향을 미치며, 소변을 보는 데는 영향을 미칠 가능성이 더 작다. 소변은 오랫동안 변기에 앉지 않아도 되고, 기다리거나 힘줄 필요 없이 바로 볼 수 있기 때문이다. 두려움의 원천을 찾는 것이 중요하다. 결과적으로 나타나는 행동은 대변을 참고 회피하는 모습으로 똑같겠지만, 아이마다 두려움이 생겨난 원천이 다르므로 그것을 발견하는 것이 아이를 돕는 열쇠가 된다.

아이의 두려움을 하나씩 살펴본 후, 두려움을 극복하는 데 도움을 주는 육아법을 살펴보자.

변기에 빠질까 봐 두려워한다면

만약 아이가 변기에 빠질까 봐 두려워한다면, 사람은 몸집이 너무 커서 절대 빠질 일이 없으며 설사 빠진다고 해도 물에 약간 젖기만 할 뿐이라고 설명해주자. 풍선을 반쯤 불어서 변기 속에 넣자. 그리고 아이에게 자신이 풍선보다 큰지 작은지 물어보자. 그런 다음, 풍선을 그대로 둔 채 변기 물을 내리자. 풍선이 블랙홀 속으로 빨려 들어가지 않는다는 것을 아이에게 보여주자. 심지어 아이보다 아주아주 더 작은 풍선도 블랙홀을 통과하여 사라지기에는 너무 크다는 사실을 설명해주자. 화장실에 손잡이가 달린 안전한 아기 변기 커버를 설치하고 아이가 편안한 마음으로 변기에 올라앉을 수 있게 계단 의자를 놓아준다면, 아이는 더 안전하다는 느낌을 받을 것이다.

벌레와 뱀이 변기에서 나올까 봐 두려워한다면

아이에게 벌레를 물속에 넣으면 어떻게 되는지 설명해주자. 벌레가 물속에서 살 수 있을까? 그렇다, 몇몇 종류는 살 수 있지만 대부분은 그렇지 못하다. 우리가 하려는 것은 곤충학 수업이 아님을 기억하자. 아이에게 벌레는 수영할 수 없고 물살을 헤치고 변기에서 나올 수 없다고 알려주자. 뱀의 경우에는 위의 내용이 맞다고 말할 수는 없지만, 지금은 과학적 사실을 솔직하게 대화하는 자리가 아니다. 만약 아이가 화장실에서 벌레를 본 적이 있거나 배수구에서 벌레가 올라오는 것을 본 적이 있다면, 배수구에 물이 없어서 벌레가 기어 나온 것이지 물속을 헤엄쳐서 위로 나온 것이 아니라고 설명해주자. 만약 화장실에서 자주 벌레가 출몰한다면, 아이가 벌레와 더는 마주치지 않게 아이가 없을 때 벌레 퇴치용 스프레이를 뿌리는 것도 좋은 방법이 될 수 있다.

변기 물이 넘칠까 봐 두려워한다면

변기 물이 넘칠까 봐 두려워하는 아이는 대개 변기 물을 내리는 일을 가장 염려한다. 아이가 반복적으로 변기 물을 내릴 수 있도록 해주자. 어떻게 변기가 넘치지 않는지 아이와 함께 이야기를 나누자. 만약 아이가 변기 물을 내리는 것을 꺼린다면, 당신이 변기 물을 내리는 것을 지켜보게 하자. 아이가 이조차 견디기 힘들어한다면, 당신이 물을 내리는 동안 문 바로 앞에 서 있게 하자. 아이가 스스로 반복적으로 물을 내릴 수 있을 때까지 차근차근 단계를 밟아 올라가자. 아이를 둔감하게 만드는 일이야말로 우리가 이 책에서 몇 번이고 거듭해서 배워야 할 육아법이다. 아이를 둔감하게 만들려면, 천천히 아이를 두려움에 노출시켜서 결국 아이가 두려움에 적응하고 극복하게 만들어야 한다. 아이가 이런 둔감화 육아법을 잘 받아들이도록 하기 위해 당신은 아이에게 이 '도전'을 잘해내면 보물 상자에서 선물을 받을 수 있다고 말할 수도 있다. 일단 아이가 불안해하지 않고 변기 물을 반복적으로 내릴 수 있다면, 식품 착색제로 만든 색깔 얼음을 가져와서 변기 안에 넣어보자. 그리고 아이에게 계속 변기 물을 내리도록 해보자. 이 얼음조각들은 대변을 대신하는 것으로, 변기 안에 실제로 어떤 것이 들어있으면 변기의 물이 잘 안 내려갈 것이라는 비이성적인 생각을 해결해준다.

혼자 화장실 가기를 두려워한다면

만약 아이가 혼자 화장실에 가는 것이 싫어서 대변을 참는다면, 아이가 더는 대변을 참지 않을 때까지 함께 화장실에 가주도록 하자. 그리고 아이가 더는 변비 증세를 보이지 않는다면, 그때 독립적으로 화장실에 보내는 일을 시작할 수 있다. 아이와 함께 단계별 도전을 설정하자. 아이가 당신에게 화장실에 함께 가달라고 부탁한다면, 아이에게 '도전'해보고 싶지 않으냐고 물어보자. 혼자서 화장실에 잘 다녀온다면 상을 받을 수 있다고 이야기해주자. 이렇게 하면, 아이는 독립심을 기르고 두려움에 맞설 수 있는 용기를 가질 것이다.

손이 더러워질까 봐 두려워한다면

만약 아이가 손이 더러워질까 봐 두려워한다면, 아이는 화장실 밖에서도 이 같은 행동을 보일 수 있다. 화장실 안에서뿐만 아니라 화장실

밖에서도 이러한 문제를 개선하기 위해 애써야 한다. 초콜릿 푸딩으로 하는 손가락 그림 놀이를 준비하거나 몸을 지저분하게 만들 수 있는 놀이 활동을 준비해 재미있게 놀도록 용기를 북돋우자. 아이에게 더러워져도 괜찮다고 이야기해주고, 원한다면 손을 씻을 수도 있다고 말해주자. 화장실에서 스스로 손을 씻을 수 있도록 격려해주자. 아이에게 적어도 처음 손을 비비는 일은 혼자서 해야 하며, 다음부터는 당신이 도와줄 수 있다고 말해주자. 유아기 아이가 손 씻는 데 도움을 필요로 하는 것이 정상이지만, 당신은 아이가 손 씻는 일을 두려워하지 않기를 바랄 것이다. 아이가 당신 도움 없이 손을 씻는다면, 화장실에서 대소변을 보는 일에 도전할 수 있게 독려하자. 그리고 보상으로 보물 상자에서 상을 주도록 하자.

자신의 일부를 잃게 될까 봐 두려워한다면

이상하게 들릴지 모르지만, 어떤 아이는 자신의 대변을 떠나보내는 일을 실제로 매우 두려워한다. 이런 아이는 물건을 버리는 일에 어려움을 겪는다. 화장실 밖에서 물건을 버리는 일을 도와줌으로써 화장실에서도 대변을 떠나보내는 일에 도움을 줄 수 있다. 아이가 온종일 모은 무의미한 물건들에 의지하는 것을 묵인하는 부모들이 많다. 아이의 성장을 방해하지 않는다면, 큰 문제는 아니다. 하지만 아이가 이러한 행동 때문에 화장실을 사용하는 데 문제를 일으킨다면, 고심할 필요가 있다. 아이로 하여금 주기적으로 물건을 살펴서 그중 하나씩 버리게 하

자. 더는 그 물건이 필요치 않다고 설명해주자. 만약 아이가 자신의 물건을 버리는 일을 힘들어한다면, 아이가 버린 물건이 어떻게 다른 사람에게 기부되어 유용하게 쓰이는지 설명해주자.

아이에게 대변을 보는 목적을 설명해주어도 좋다. 우리가 먹는 음식이 몸속을 통과하는 동안, 몸이 음식에서 좋은 영양분을 모두 가져간다고 말해주자. 대변은 우리 몸이 원하지 않는 쓰레기이므로 버려야 하고, 우리 몸은 이러한 쓰레기를 담아두기를 원치 않으며, 쓰레기를 버리는 일은 아주 중요하다고 말해주자. 만약 아이가 자신의 일부를 잃어버릴까 봐 두려워 대변을 참고 있다면, 아이가 화장실에서 나간 후 변기 물을 내리는 것이 좋다. 다음 단계는 아이가 스스로 대변을 내려보내는 일이 될 것이다. 아이가 물을 내리기 전에 뚜껑을 닫는다면 도움이 된다. 늘 그렇듯이 도전과 보물 상자는 항상 유용하고, 변화도 더 빨리 불러온다.

삶을 통제하고 싶은 욕구

어떤 아이는 자기가 삶의 여러 부분을 통제하지 못하는 것처럼 느끼기 때문에 화장실 문제가 생기기도 한다. 만약 당신과 아이가 자주 통제권을 놓고 실랑이한다면, 이는 아이의 통제하고 싶은 욕망을 표출한 것이라고 볼 수도 있다. 당신은 변기 사용 훈련에서 한발 물러남으로써 아이가 스스로의 통제력을 확인하도록 도울 수 있다. 아이의 변기 사용에 무관심한 척하면서 배변 훈련 전투에서 물러나 보자. 일보 후퇴하는 일이 힘들다는 사실을 잘 알고 있다. 특히 배변 훈련을 시키면서 혼란에 빠지고 낙담한 상황에서는 더욱 그렇다.

아이는 당신의 반응이 긍정적인지 부정적인지 눈치를 보며 그에 맞춰 반응해왔을지도 모른다. 성공적으로 화장실에 보낼 수 있도록 보물 상자를 준비하자. 아이가 직접 보물 상자에서 상을 고를 수 있게 하자. 보물 상자를 높은 곳에 놓아두고 아이에게 보물 상자가 있는 곳을 알려준 다음, 화장실에 잘 갔다 오면 보물 상자를 내려주겠다고 말하자. 아이가 대변을 보다가 실수를 하면, 그것을 지적하기보다 조용히 더러워진 부분을 치워주자. 아이가 성공적으로 화장실에 잘 다녀왔다면, 감정을 드러내는 말을 삼가며, "화장실에 잘 다녀왔으니, 약속대로 엄마가 보물 상자에서 상을 줄게"라며 보물 상자를 건네주자. 이렇게 하면, 아이는 당신의 기대를 충족시켰는가에 집중하기보다 배변 활동과 보물 상자에 더 집중할 것이다.

감각 문제를 점검하기

유아기 아동이 경험하는 배변 문제 중 일부는 감각 문제와 더 많은 연관이 있을 수 있다. 어떤 아이는 벽에 대변을 칠하기도 하는데, 이것은 부모에게 매우 걱정스럽고 속상한 일이다. 이러한 증상은 아이에 따라, 감각 입력을 찾는 과정에서 나타난 문제일 수도 있고 행동에 관한 문제일 수도 있다. 이 책에서는 예민한 아이가 감각 입력을 찾기 위해 이 같은 행동을 보이는 경우를 살펴볼 예정이다.

이러한 아이들은 우리가 역겹다고 생각하는 대변의 말캉말캉하고 따뜻한 느낌을 좋아한다. 그래서 대변 만지는 일을 아무렇지도 않게 여긴다. 이런 아이들에게 대변이란 주변에 있는 여러 물질 중 하나로서, 또 하나의 호기심을 불러일으키는 대상일 뿐이다. 비교적 어린 유아기 아동은 더욱 그렇다. 아이의 이러한 행동을 자제시키려면, 욕실에서 손가락 그림 놀이를 하게 하자. 과거에 대변을 만져본 아이라면, 대변을 손으로 만져서는 안 되지만 욕조에서 물감을 이용한 손가락 그림 놀이는 괜찮다는 사실을 알게 하자. 물감을 살짝 따뜻하게 데워서 아이가 물감을 만질 때 대변과 똑같은 느낌을 느끼도록 해주자. 아이가 벽에 대변을 칠하는 대신 물감을 이용해서 손가락 그림 놀이를 하겠다고 말하면 칭찬해주자. 아이가 대변을 보았을 때 욕조에서 그림을 그리며 놀게 해줄 수 있다.

어떤 아이는 정반대의 문제로 감각 입력을 회피한다. 손에 물이 묻는 느낌을 싫어하므로 화장실에 가지 않으려고 한다. 손을 씻지 않으려고 하며, 손 씻을 필요가 없도록 아무것도 만지고 싶지 않다고 말할 것이다. 부엌 싱크대에서 아이 손을 자주 씻겨주면, 손이 물에 젖는 느낌에 익숙해지는 데 도움이 된다. 항균 겔을 사용한다면, 화장실에 다녀온 후 손에 물을 묻히지 않아도 된다.

 고통을 회피하려는 몸짓

예민한 유아기 아동은 좋은 기억만 간직하려는 경향이 있다. 이것은 일생의 많은 부분에서 장점이 되겠지만, 동시에 어떤 면에서는 단점이 될 수도 있다. 대단히 충격적인 경험은 쉽게 상기되어 미래에 똑같은 일을 피할 수 있도록 따로 보관된다. 맛없는 음식을 먹었거나, 못된 친구를 만났을 때, 불쾌한 배변을 경험했을 때는 특히 그렇다. 만약 아이가 대변을 보지 않겠다고 고집을 부리는데 그 이유를 잘 모르겠다면, 먼저 아이의 배변 경험을 살펴보자. 아기였을 때 변비에 걸린 적이 있었나? 대변을 보면서 고통스러워한 적은? 만약 그렇다면, 이러한 경험이 아이가 더 자주 대변보기를 꺼리는 원인일 수도 있다. 불행하게도 대변을 참으면 참을수록 변비 증상과 고통이 커지므로, 이것은 악순환이 된다. 소아과 의사와 상담하여 아이의 대변을 더 부드럽게 만들고 아이의 고통을 덜어주기 위해 무엇을 해야 하는지 물어보자. 만약 이 문제가 지속된다면, 처방전이 필요 없는 섬유질 젤리를 이용해 아이가 규칙적으로 배변을 볼 수 있도록 도와주자.

전쟁 같은 목욕 시간

부모의 고민

목욕시키기가 너무 힘들어요

타미와 릭은 슬하에 다섯 살 잭슨과 세 살배기 헤이든을 두고 있다. 이들 부부는 육아 책임을 공유하고 힘든 일들을 서로 세세히 이야기하며 가정을 잘 이끌어나가고 있었다. 아내 타미가 저녁 식사를 마치고 뒷정리를 하는 동안 남편 릭은 아이들의 목욕을 담당했다. 과거에 릭은 아이들과 함께하는 목욕 시간을 정말 즐겼다. 잠자리에 들기 전 아이들과의 유대를 더욱 돈독하게 만들어주는 아주 기분 좋은 시간이라고 여겼다. 하지만 최근 릭은 이 일을 하지 않을 수 있다면 뭐든지 할 참이었다.

한 달 전쯤부터 세 살배기 아들 헤이든이 목욕을 점점 무서워하기 시작했다. 릭은 헤이든이 왜 갑자기 두려움을 가지게 되었는지 정확히 알 수가 없었다. 어느 날 밤, 헤이든은 목욕 시간이 되자 주변을 막 뛰어다니기 시작했다. 릭은 헤이든을 진정시키려고 했지만, 헤이든은 에너지가 넘쳤다. 마침내 릭이 목욕물을 받기 시작했을 때, 헤이든은 "목욕 안 해! 싫어!"라며 소리를 지르기 시작했다. 릭은 별로 대수롭지 않게 여기다가, 헤이든이 옷을 벗지 않으려고 발버둥치자 뭔가 심상치 않다고 생각했다. 한 시간 동안이나 실랑이를 벌인 끝에 릭은 주체하기 힘든 심각한 문제에 맞닥뜨렸음을 깨달았다.

헤이든은 마치 난데없이 목욕을 싫어하기 시작한 것처럼 보였다. 그때 타미가 헤이든이 갓난아기였을 때 목욕시키려고 욕조에 넣느라 얼마나 힘들었느냐며 과거를 상기해주었다. 부부는 과거 헤이든이 욕조 바닥에 앉지 않고 어떻게든 서 있으려고 용쓰던 모습을 떠올렸다. 타미와 릭은 헤이든의 몸과 머리를 후다닥 씻기고는 욕조에서 얼른 꺼내곤 했었다. 헤이든은 몸을 물속에 완전히 담그는 것도 싫어하고 머리카락이 젖는 것도 싫어했지만, 시간이 지나면서 이러한 두려움을 극복해냈다. 그 후 감사하게도 목욕 시간은 또 하나의 놀이 시간이 되었고, 헤이든과 형 잭슨은 몇 시간이고 욕조에 머물면서 함께 놀았다. 그런데 왜 갑자기 새로운 두려움이 나타난 걸까?

릭은 헤이든에게 목욕하는 것이 왜 싫은지 물어보았지만, 헤이든은 대답하지 않았다. 새롭고 재미있는 장난감을 구해서 욕조에 넣어두었지만, 그 어떤 것도 헤이든을 다시 물속에 들어가게끔 하지는 못했다. 릭은 헤이든과 잭슨을 따로 목욕시키기 시작했다. 잭슨에게 미안한 마음이 들었고, 또 헤이든이 울고불고 떼를 쓰는 동안 잭슨을 주변에 두고 싶지도 않았기 때문이다. 아이들을 목욕시키는 데 30분이면 끝났던 일이 이제는 몇 시간짜리 고문이 되어버렸다.

릭이 잭슨을 먼저 씻기고 헤이든을 목욕시키는 동안, 아내 타미가 목욕을 끝낸 잭슨을 재웠다. 릭은 목욕물을 다 받을 때쯤이면 소리를 꽥꽥 질러대는 헤이든을 붙잡아 욕조에 집어넣었다. 헤이든은 고래고래 소리를 질러대며 욕조에서 나가려고 했다. 릭이 재빨리 헤이든의 몸에 비누칠을 하고 머리를 감기는 동안에도, 헤이든은 어떻게든 욕조에서 빠져나오려 애쓰며 아빠의 여기저기를 마구 할퀴었다. 매일 밤마다 목욕 시간은 육체적으로나 정신적으로나 좋지 않은 흔적을 남겼다. 아이들과 유대감을 쌓았던 그 시간은 어디로 사라져버린 걸까?

어느 날 밤 릭이 막 헤이든을 욕조에 집어넣으려 하는데, 헤이든이 물속에 떠다니는 아주 작은 검은 점을 가리키며 "싫어! 벌레! 벌레!"라며 비명을 질러대기 시작했다. 릭은 헤이든에게 그것은 벌레가 아니라 물속에 떠다니는 먼지 덩어리일 뿐이라고 설명했다. 그 점은 너무 작아서 심지어 욕조 밖으로 건져내기도 힘들었지만, 어쨌든 릭은 결국 건져냈다. "봤지?" 릭이 헤이든에게 말했다. "먼지가 이제 사라졌어." 그날 저녁 헤이든은 평소대로 여전히 징징거리고 울기는 했으나, 웬일인지 욕조에서 나오겠다고 떼를 쓰며 아빠를 할퀴지는 않았다.

타미와 릭은 헤이든이 욕조 속에 있는 벌레를 무서워하는 것 같다고 이야기를 나누었다. 뒷마당에서 놀 때 헤이든이 벌레를 무서워했었나? 릭은 목욕물에 거품제를 섞어서 헤이든이 검은 먼지 뭉치를 보고도 놀라지 않는지 알아보기로 결심했다. 릭은 헤이든에게 거품이 가득 있는 목욕을 시켜주겠노라고 설명하면서 저녁 전쟁을 치를 준비를 했다. 그리고 헤이든을 안아서 욕조에 넣었을 때 너무나 조용하자 얼떨떨했다. 왜 헤이든이 소리를 지르지 않지?

헤이든은 거품을 불기도 하고 턱에 거품을 올려 턱수염을 만들었다. “아빠, 봐봐! 나도 아빠처럼 수염 있어!” 헤이든이 낄낄거리는 소리가 욕실 밖 복도에까지 들렸다. 타미가 놀라 욕실 안을 살피며 말했다. “내가 무슨 소리를 들은 거야? 우리 헤이든이 행복해하는 소리 맞지?” 릭은 그 평화로운 순간을 깨뜨리고 싶지 않았기 때문에 ‘쉿!’ 하며 손가락을 입술에 갖다 대었다.

아이의 속마음

욕조에 들어가기가 무서워요

헤이든은 정말로 물이 싫었다. 갓난아기였을 때 물은 너무나 뜨거웠다. 물속에 들어가면 다리와 몸에 이상한 느낌이 들었다. 물은 튀기기도 하고 배 주위에 모이기도 했다. 헤이든은 그런 느낌이 싫었기 때문에 항상 서 있었다. 아빠가 노란 거품 크림을 머리에 바르면 얼굴까지 흐르곤 했다. 한번은 거품이 눈에 들어갔는데, 눈이 아파 죽을 뻔했다. 아야! 헤이든은 그 크림 통만 보이면 소리를 질러대기 시작했다. 머지않아 엄마와 아빠는 헤이든을 형 잭슨과 함께 목욕시켰다. 형이 매우 재미있어했으므로 헤이든은 무시무시한 노란 거품과 물에 관한 모든 것을 까맣게 잊어버렸다.

어느 날 아빠가 헤이든과 형에게 목욕을 시켜주었을 때, 헤이든은 자기 다리 위로 기어 올라오는 검은 벌레 한 마리를 보았다. 너무 빨리 움직여서 그것이 뭐였는지 정확하게는 볼 수 없었지만, 헤이든은 일전에 뒷마당에서 본 검은 벌레들을 떠올렸다. 꺅 하고 비명을 지르며 벌떡 일어섰다. 아빠에게 "나가! 다 했어!"라며 말하자, 아빠는 헤이든을 욕조에서 꺼내주며 "정말 빨리 했는걸!"이라고 말해주었다.

다음 날 저녁, 헤이든은 욕조에 다시 들어가기가 너무나 무서웠다. 크고 무시무시한 검은 벌레가 다시 나오면 어떡하지? 물지는 않을까? 나를 잡아먹는 거 아니야? 으악! 그때 마침 아빠가 "목욕 시간 2분 전이야"라며 외쳤다. 헤이든은 목욕하기가 싫어 어찌할 바를 몰랐다. 생각나는 것은 요전날 밤 크고 검은 벌레가 거의 자신을 잡아먹을 뻔했다는 것 뿐이다. 헤이든은 주위를 뛰어다니기 시작했다. 아빠가 진정하라고 말했지만, 그럴 수 없었다! 아빠가 헤이든의 옷을 벗기려고 할 때, 곧 죽기라도 할 것처럼 비명을 질러댔다. 어째서 아빠는 검은 벌레가 가득 있는 욕조에 나를 집어넣으려고 하는 걸까?

헤이든은 목욕이 더는 자신에게 맞지 않으므로 순순히 욕조에 들어가진 않으리라 결심했다. 형 잭슨이 더는 자신과 함께 목욕하지 않는다는 사실을 알았을 때, 형도 검은 벌레를 무서워하는지 궁금했다. 아무리 헤이든이 심하게 울어대도, 아빠는 계속해서 헤이든을 안아 욕조 안에 넣었다. 헤이든은 아빠의 팔을 할퀴며 욕조에서 꺼내달라고 요구했다.

어느 날 헤이든은 아빠가 자신을 안아서 욕조에 넣기 전에 검은 벌레 한 마리를 보았다. 헤이든이 "벌레! 벌레!"라고 소리 지르자, 아빠도 벌레를 보았다. 헤이든은 아빠도 무서워하며 검은 벌레라고 인정하기를 기대했지만, 아빠는 "그건 벌레가 아니야. 먼지야"라고 말할 뿐이었다. 먼지라고? 먼지일 리가 있나? 먼지가 검은색이야? 먼지는 갈색인데? 왜 욕조에 먼지 덩어리가 있었던 거지? 이런 생각에 빠져 있느라, 목욕이 끝나가도록 자신이 목욕하고 있다는 사실조차 몰랐다.

다음 날 밤, 릭은 헤이든에게 거품 목욕을 시켜주겠노라고 말했다. 아, 제발, 눈을 따갑게 하는 노란 거품 크림은 싫어요. 목욕 시간이 이보다 더 나쁠 수 있을까? 그때 헤이든은 욕조가 비누거품이 함박눈처럼 내려앉은 동화나라로 바뀌어 있는 것을 보았다. 하얀 솜털이 욕조 밖으로 흘러나왔고 심지어 욕조 바닥은 보이지도 않았다. 헤이든은 거품으로 장난치는 것에 무척 신이 났다. 비누거품을 후후 불었다. 거품으로 멋진 턱수염도 만들 수 있겠다고 생각했다. 헤이든은 수도꼭지에 자신의 모습을 비춰 보았다. 그리고 마구 웃었다! "나도 아빠처럼 수염 있어!" 헤이든이 큰 소리로 말했다.

목욕을 싫어하는 이유에 주목하자

부모는 대부분 아이가 목욕하는 것을 좋아한다고 말하겠지만, 예민한 유아기 아동은 목욕 시간에 심한 투정을 부릴 수도 있다. 아이들은 여러 가지 이유로 목욕하는 것을 싫어한다. 하지만 행동으로 나타나는 결과는 대개 비슷하다. 욕조에 들어가지 않으려고 죽을힘을 다해 문고리를 잡고는 얼굴이 빨개지도록 꽥꽥 소리를 질러대는 것이다.

어떤 아이는 욕조에 들어가기가 무섭다는 사실을 드러내놓고 표현하지 않을지도 모른다. 만약 아이가 욕조에 앉으려고 하지 않는다면, 이것은 아이의 불안에 대한 암시일 수 있다.

감각이 예민한 유아기 아동 중 많은 아이가 자신이 더 많이 통제할 수 있는 물 속을 좋아하지만 또 어떤 아이는 회피나 과잉 행동을 보이기도 한다. 주위를 뛰어다니며 목욕 시간을 피하려고 하는 것이다. 부모는 이러한 행동을 반항이라고 오해하여 더 엄하게 대하기도 한다. 만약 평소에 과잉 행동이나 반항 행동을 하지 않는 아이라면, 아이의 이러한 행동에 주의를 기울이자.

문제를 정확하게 다루기 위해서는 두려움의 핵심을 파악하는 일이 중요하다. 왜 목욕하기가 싫은지 아이와 이야기를 나눠보자. 아이의 반응을 관찰하고 두려움이 언제 나타나기 시작하는지 알아보자. 당신이 배수구 마개를 뺄 때 아이가 겁을 먹는가? 아니면 욕조에 들어갈 때 긴장하는가? 머리를 감을 때 어쩔 줄 몰라 당황하는가? 무엇이 아이에게 공포심을 유발하는지 몰라서 헤매는 부모들이 많다. 목욕 시간에 생기는 가장 흔한 두려움은 다음과 같다.

물속으로 빨려 들어갈까 봐 무서워요

어린아이들은 심지어 불안감이 없는 아이들조차도 무시무시한 물 빠짐 현상을 두려워한다. 배변을 두려워하는 것처럼, 유아기 아동은 자신이 배수구로 빨려 들어갈까 봐 무서워한다. 우리에게는 터무니없는 이야기이지만, 아이들은 실제로 심한 두려움을 느낀다. 유아기 아동의 공간 인지능력은 이제 막 발달하기 시작했으므로 자신이 배수구에 빨려 들어가기에는 크다는 사실을 인지하지 못한다. 또한 배수구는 욕조에 남아 있는 물을 맹렬하게 삼킬 듯한 커다란 소리를 자주 낸다. 예민한 아이는 이러한 소리를 아주 무서워하므로 목욕 자체를 꺼리게 된다.

만약 아이가 두려워하는 것이 이러한 배수 현상인지 확실하지 않다면, 욕조에서 물을 빼낼 때 아이의 모습을 관찰해 보자. 당신이 욕조 마개를 뺄 때 아이가 욕조에서 빠져나오려고 허우적거리나? 욕조 반대편으로 서둘러 도망치는가? 아니면 물이 빠져나갈 때 무서워하며 인형을 꼭 끌어안는가? 그렇다면 아이를 도와줄 방법이 몇 가지 있다. 배변 문제 때 했듯이, 작은 풍선을 욕조 안에 넣고 풍선이 배수구에 빨려 들어가지 않는 것을 보여주자. 풍선을 아이한테 대보면서 아이가 풍선보다 얼마나 더 큰지 보여주자. 당신이 욕조에서 물을 빼기 전에 아이를 욕조에서 꺼내주는 것도 한 방법이다. 만약 아이가 물이 빠질 때 나는 소리를 무서워한다면, 욕조 마개를 빼기 전에 아이를 욕실에서 나오게 할 수도 있다. 하지만 결국에는 아이가 욕조에서 물이 빠지는 현상과 목욕 시간에 나는 여러 소리에 익숙하게 하는 것이 좋다. 두려움 때문에 아이가 영원히 목욕하는 일을 회피하지 않도록 말이다. 아이를 목욕시키는 일이 아이를 배수구에 익숙하게 하는 일보다 더 중요하다. 일단 아이가 목욕하는 것을 편안하게 느끼게 되면, 서서히 욕실에 적응할 수 있게 도와서 결국에는 욕조에서 물을 뺄 때도 적응할 수 있게 하자.

배수구에서 벌레가 기어 올라올까 봐 두려워요

배수구에 관한 또 다른 문제가 있다. 어떤 아이는 배수구로 빠질까 봐 두려워하는 것이 아니라, 거기에서 올라오는 것들을 두려워한다. 아이는 배수구에서 벌레가 헤엄쳐 기어 나올까 봐 걱정한다. 불안해하는 아이가 느끼는 대부분의 두려움은 실제 경험이나 트라우마에서 기인한 것이 아니다. 벌레가 기어 나오는 것을 상상하기 위해, 실제로 욕조 구멍에서 기어 나오는 벌레를 볼 필요는 없다. 벌레가 욕조 안에 숨어 있다가, 시커멓고 불길해 보이는 배수구를 통해 기어 나올 수 있다고 상상하는 것만으로 충분하다. 많은 유아기 아동이 지니는 두려움처럼, 아이의 생각이 항상 합리적인 것은 아니다. 이러한 문제에 별 도움이 되지는 않겠지만 벌레가 배수구로 나올 수는 있을지언정, 벌레가 흐르는 물을 거슬러 욕조로 헤엄쳐 나올 가능성은 정말 희박하다.

헤이든처럼, 만약 아이가 욕조에 있는 먼지 반점을 무서워한다면 아이는 아마 벌레를 무서워할 것이다. 욕조에 벌레가 있다고 여기는 두려움은 예민한 아이에게는 흔한 두려움이다. 유아기 아동은 자신이 무서워하는 것에 대해 표현하지 못할 수도 있으므로, 이러한 사실을 알아내기 위해서는 섬세한 관찰이 필요하다. 만약 아이가 벌레를 무서워한다면 거품 목욕을 시도해보자. 거품으로 목욕한다면, 아이를 제정신이 아니게 만드는 작고 이상한 알갱이를 모조리 감출 수 있다. 거품은 아이가 재미있게 노는 일에 집중하게 하므로, 벌레에 정신이 팔리지 않도록 막아주는 멋진 억제제가 된다.

하지만 어떤 아이는 거품에 소스라치게 놀라 벌레를 볼 때처럼 똑같은 두려움에 사로잡히기도 한다. 물속에 숨어 있을지 모를 무언가를 볼 수 없기 때문에 거품을 무섭다고 여기는 것이다. 안타깝게도 거품 목욕은 실제로 사용해보기 전까지 아이가 어떻게 느끼게 될지 알 수 없다. 만약 조심스럽게 천천히 거품 목욕에 대해 알려주고 싶다면, 우선 싱크대 안에 거품을 넣고 아이를 그곳에서 놀게 해보자.

피부가 쪼글쪼글해질까 봐 싫어요

예민한 아이는 변화를 싫어한다. 신체 변화 또한 마찬가지이다. 우리들 대부분은 욕조에 앉아 있는 동안 피부가 마른 건포도처럼 쪼그라들어도 대수롭지 않게 여긴다. 하지만 예민한 아이에게 쪼글쪼글한 손가락은 무시무시하고 당황스러우며 혼란스러운 대상이다. 아이는 "손가락이 계속 이 모양이면 어떡하지?", "몸 전체가 다 이렇게 되면 어떡하지?"라고 걱정한다. 이러한 두려움은 너무나 혼란스러우므로 어떤 아이들은 물 자체를 아예 피하려고 한다. 아이가 피부가 쪼글쪼글해지는 것을 무서워한다는 사실을 전혀 모르는 부모도 많다. 이것을 알아내는 방법 하나는 아이가 목욕 후 자신의 손을 어떻게 잡는지 관찰하는 것이다. 손이 쭈글쭈글해지는 것을 두려워하는 아이는 욕조에서 나올 때 손을 동그랗게 해서 주먹을 꽉 쥐고 있을 것이다. 어떤 아이는 감각 문제 때문에 이렇게 하기도 하는데, 이것은 뒷부분에서 다시 살펴볼 것이다.

아이가 목욕을 아예 회피하게 될까 봐 걱정된다면, 아이에게 서서 샤워하는 방법을 가르쳐주자. 손에 생기는 주름은 샤워를 하면 덜 나타나며, 재빨리 샤워를 끝내면 전혀 생기지 않는다. 하지만 당신은 결국 아이가 그러한 두려움에 맞서서 극복하도록 가르치고 싶을 것이다. 아이가 자신의 손가락에 생기는 변화에 적응하게 도와주자. 몇 분만 지나면 손가락이 원래대로 돌아온다고 설명해주자. 우리 몸이 어떻게 변하는지에 대해 이야기를 나누자. 먹는 일을 예로 들면, 먹을 때 우리의 배는 음식으로 가득 차기 때문에 커진다. 하지만 모든 음식이 소화되어 신체 곳곳에 에너지로 사용된 후에는 배가 다시 작아진다. 이렇게 설명하면, 아이는 또 다른 신체 변화와 연관시켜 변화를 덜 무서워할 수 있다.

욕조에 실수로 대변이나 소변을 볼까 봐 겁이 나요

유아기 아동이 늘 생리 현상을 완벽하게 조절할 수 있는 것은 아니므로, 갑자기 욕조에서 대변이나 소변을 보는 아이도 있다. 목욕 중에 대변이나 소변을 보면 아이들은 깜짝 놀라서 스스로 제어하지 못한다고 느끼기도 한다. 어떤 아이는 욕조 안에 대변이나 소변이 남아 있는 것을 걱정할지도 모른다. 이런 일 때문에 아이는 목욕하고 싶어 하지 않을 수도 있다.

만약 아이가 욕조에서 이런 실수를 한 적이 있고 현재 목욕하기를 싫어한다면, 아이와 이야기를 나눠보자. 욕조에서 또 대변이나 소변을 볼까 봐 두려운지 물어보자. 욕조를 깨끗이 씻었기 때문에 들어가도 괜찮으며, 어쩌다가 욕조에서 대소변을 보는 일도 있을 수 있다고 아이를 안심시키자. 욕조에 들어가기 전에 아이에게 용변을 보게 하자. 이미 화장실에 가서 대변과 소변도 보았으니 욕조에서 실수하는 일은 일어나지 않을 것이라고 말해주면 좋다.

욕조에서 미끄러질까 봐 무서워요

욕조에서 우연히 미끄러진 적이 있는 아이들은 다시 욕조에 들어가는 것을 무서워한다. 만약 물속에 빠졌었다면 더 무서워할 수도 있다. 욕조 매트를 새로 깔거나 동물 모양이나 재미있는 모양이 있는 미끄럼 방지 샤워 스티커를 붙인다면, 미끄러지지 않을 것이라고 아이를 안심시켜 주자.

다가올 취침 시간이 두려워요

가끔은 불안을 야기하는 것이 목욕 자체가 아니라, 목욕 후 일어나는 일이기도 하다. 만약 아이가 목욕하자는 말을 듣고는 이리저리 도망 다니다가 막상 목욕하기 시작하면 전혀 두려움 없이 잘한다면, 잠자리에 드는 것을 두려워할 가능성이 있다. 취침 시간에 대한 두려움은 아주 강하므로, 심지어 취침 시간을 알리는 활동을 할 때도 불안을 느끼며 피하기도 한다. 아이가 잠자리에 드는 데 심각한 문제가 있다면, 목욕 시간은 진짜 문제가 아닐 수도 있다. 이러한 두려움을 해결하기 위해서는 증상으로 나타나는 목욕 시간보다는 두려움의 원천인 취침 시간에 집중하는 것이 더 낫다. 무엇이 문제인지 구별하기 위해, 아침에 목욕을 시켜보자. 목욕 시간에 실랑이하는 일이 사라진다면, 취침 시간에 문제가 있을 가능성이 더 크다.

목욕할 때면 느낌이 이상해요

목욕 시간은 많은 감각적인 두려움을 야기할 수 있다. 11장에서 감각 통합 문제를 더 자세히 다룰 것이므로, 지금은 두려움이 목욕 시간에 어떻게 나타나는지 살펴보자. 감각 문제가 있는 아이는 소리와 냄새, 느낌에 민감하다. 목욕은 각기 다른 다양한 감각 경험을 유발한다. 우리에게 괜찮은 온도가 아이에게는 델 정도로 뜨거울 수 있다. 온도를 낮추려고 욕조에 차가운 물을 그냥 붓다가는 목욕물이 너무 차가울 수 있다. 이러한 문제는 부모를 지치고 좌절하게 한다.

온도에 민감한 아이라면 욕조에 물을 채우는 동안 아이를 욕조에 담그는 것이 가장 좋다. 물을 채우는 동안 물 온도에 익숙해질 수 있고,

아이가 물이 더 따뜻하거나 차가웠으면 좋겠다고 알려줄 수 있기 때문이다.

소리에 민감한 아이는 욕조에 물이 채워지는 소리를 싫어할지도 모른다. 아이가 온도에 민감하지 않다면, 욕실에 데려가기 전에 욕조에 물을 채워둘 수 있다. 이렇게 하면, 아이는 감각상의 과부하를 겪지 않을 수 있다. 아이가 온도와 소리 둘 다에 민감하다면, 수영할 때 사용하는 귀마개를 꽂아주어 시끄러운 욕실 물소리를 듣지 않게 할 수 있다.

감각 문제가 있는 아이는 사물이 몸에 느껴지는 방법을 조절하는 데 어려움을 겪는다. 옷, 벌레는 물론 목욕물까지도 포함이다. 우리는 대부분 욕조에 앉아 있을 때 피부에 닿는 물의 느낌을 잘 알아채지 못한다. 팔과 다리가 물속에서 어느 정도 가벼워지는 사실도 알아채지 못하며, 첨벙거릴 때 물이 우리 피부에 미세한 간지럼을 태우는 것도 느끼지 못한다. 하지만 감각 문제가 있는 아이는 이러한 변화를 느끼고 알아차리므로, 그런 느낌에 압도당하기도 한다.

이제 막 목욕에 익숙해진 아이라면 처음에 욕조 안에 서 있게 하여 서서히 물에 적응시키는 것이 좋다. 대개 부모들은 아이가 갓난아이였을 때는 목욕시키는 데 아무 문제가 없었다고 말한다. 아마 사실일 것이다. 11장에서 더 자세히 다루겠지만, 감각 문제로 고심하는 일은 대개 유아기가 되어서야 나타나기 시작한다.

또한 감각 문제가 있는 아이는 얼굴에 물이 묻는 것에 민감하다. 이러한 아이는 머리에 물을 붓거나 눈에 조금이라도 물이 들어가면, 어쩔 줄 몰라한다. 단지 물일 뿐이며, 아직 비누 이야기는 꺼내지도 않았는데 말이다. 눈에 비누가 들어가 무시무시한 일을 경험했던 아이라면 목욕 시간을 완강히 거부할 수 있다. 최선의 방어책은 물 가리개를 사용하는 것이다. 이러한 물 가리개를 유아용 샴푸 캡 또는 샴푸 모자라고 하는데, 온라인에서 아주 쉽게 찾을 수 있다. 샴푸 캡은 아이가 더 많은 자신감을 지니도록 도와줄 뿐 아니라, 물과 비누가 눈에 들어가는 불상사를 방지해줄 수도 있다.

역설적이게도 일단 예민한 아이를 욕조에 넣는 데 성공했다면, 데리고 나오는 일에 어려움을 겪을 수도 있다. 혼란스럽게 들릴 수 있겠지만, 알고 보면 이치에 맞는 말이다. 이러한 아이는 온도 변화와 신체적인 감각 변화를 아주 싫어한다. 욕조에서 나오는 일은 추위와 온몸에 물이 뚝뚝 떨어지는 감각을 경험해야 하는 일이다. 어떤 아이는 물이 뚝뚝 떨어지는 느낌을 피하려고 실제로 손을 동그랗게 말아 오므리기도 한다. 욕실 온도를 가능한 한 따뜻하게 유지하고, 아이가 욕조에서 나오자마자 쓸 수 있게 타월을 미리 준비해두자.

즐거운 목욕 시간을 위한 효과적인 방법들

목욕 시간을 덜 힘들게 하는 데 도움이 되는 여러 가지 접근법들이 있다. 아이에게 효과가 있는 접근법도 있고, 그렇지 않은 것도 있다. 몇 가지 아이의 목욕 시간을 훨씬 더 재미있게 만들어줄 방법을 소개한다. 엉뚱하고 재미있는 목욕 환경을 만들어 아이가 불안감을 다른 곳으로 관심을 돌리게 도와줄 것이다.

알록달록 목욕물

어떤 색깔의 목욕물에서 목욕을 할지 선택하는 것보다 더 재미있는 일은 없다! 욕조를 더럽히지 않으면서 목욕물에 색깔을 더할 수 있는 다양한 상품이 있다. 대개 '목욕 놀이 물감'이라고 검색 창에 치면 온라인에서 이런 제품을 찾을 수 있다. 아이는 두 가지 다른 색깔을 떨어뜨리는 것을 재미있어하며, 물이 어떤 색깔로 변할지 상상할 것이다. 어떤 아이는 목욕물 색깔이 변하는 것을 불쾌하게 여길지도 모른다. 이럴 때는 싱크대에서 먼저 색깔 놀이를 실험 삼아 해보거나 첫 번째 목욕물 색깔로 파란색을 사용해볼 수 있다.

수건 인형

수건 인형은 재미있을 뿐 아니라 일반적으로 구하기도 쉽다. 아이는 수건 인형을 가지고 상상 놀이를 하면서, 주의를 잠재적인 두려움에서 딴 데로 돌릴 수 있다. 게다가 수건 인형으로 몸을 문지르면 훨씬 더 재미있다. 아이가 머리에 물을 끼얹는 것을 무서워한다면, 아이가 노는 동안 수건 인형으로 아이 머리를 톡톡 가볍게 치며 적셔줄 수 있다.

함께 목욕하기

만약 아이가 욕조에 들어가는 것을 극심하게 두려워해서 목욕을 완강히 거부한다면, 당신이 아이와 함께 욕조에 들어가는 것도 좋은 방법이다. 아이가 욕조 안에서 완전하게 편안함을 느낄 수 있어야 비로소 두려움을 극복할 것이다. 가끔 당신이 먼저 욕조에 들어가 장난감과 거품을 가지고 놀고 있으면, 아이가 자기도 함께 놀자고 요청할 수도 있다. 물론 당신이 울며 자지러지는 아이를 안아서 진정시켜야 할 때가 있을지도 모른다. 또 하나의 방법은 나이 또래가 비슷한 형제자매를 함께 목욕시키는 것이다. 목욕할 때 같이 놀아줄 친구가 생긴다면, 목욕은 멋진 오락거리가 될 수 있다. 게다가 형이나 누나가 목욕을 전혀 무서워하지 않는 모습을 보인다면, 아마 아이는 자신도 그렇게 해야 된다고 느낄 것이다.

마른 수건

아이가 눈에 물이 들어가는 것을 아주 싫어한다면, 욕조 바로 옆에 마른 수건을 두자. 얼굴을 빨리 닦아줄수록, 아이가 트라우마를 경험할 확률은 줄어들 것이다. 머지않아 당신은 아이에게 눈에 물이 들어가서 어쩔 줄 모를 때 직접 얼굴을 닦는 방법도 가르칠 수 있다. 아이가 독립심을 길러서 마침내 두려움을 잘 처리해내기를 바랄 것이다.

목욕 놀이

목욕 놀이는 놀이 주제를 정하고 하는 목욕으로, 휴일 전후로 자주 해볼 수 있다. 이때 하는 목욕은 순전히 재미를 위한 것이므로 한낮에 할 수도 있다. 목욕 놀이를 하게 되면, 아이는 목욕 시간이 즐거운 경험이라는 생각을 굳힐 수 있다. 크리스마스 목욕 놀이는 욕조 벽에 발포 고무 재질의 크리스마스트리를 붙이고 목욕물을 초록색으로 만들어 재미를 더한다. 반짝이 조각을 초록색 물에 띄우고, 욕실 수도꼭지에 사탕 지팡이를 달아놓을 수도 있다. 밸런타인데이에는 핑크색 목욕물에 하트를 띄워놓는 것도 좋다. 먹을 수 있는 핑크색 휘핑크림과 붓을 준비하여 벽에 그림을 그리며 놀 수도 있다.

장난감

아이의 관심을 두려움에서 다른 곳으로 돌리려면 욕조 안에서 오락 활동을 하는 것이 좋다. 발포 고무 재질로 된 것이면 어떤 것이든 물에 적셨을 때 벽에 착 달라붙을 것이다. 목욕하면서 가지고 놀 수 있는 글자 모양이나 숫자 모양, 또는 다양한 형태의 발포 고무를 준비하자. 그림을 그릴 수 있도록 욕실용 크레파스나 손가락 물감도 준비할 수 있다. 욕조에 장난감을 가득 채우면 아이가 당황할 수도 있으므로 그렇게 하지는 말자. 목욕 시간마다 장난감 한두 개 정도만 넣어주고 자주 새로운 장난감으로 교체해주자.

샤워 꼭지 늘이기

아이를 욕조로 데려가기가 정말 힘들다면, 샤워기를 길게 늘이는 방안을 고민하는 것도 방법이다. 욕조에서 목욕을 시키는 대신에, 물을 약하게 튼 다음 길게 이어진 샤워 꼭지를 늘어뜨려 놓자. 아이가 샤워 꼭지를 잡고는 스스로 몸에 물을 끼얹게 용기를 북돋워주자. 직접 물을 다루면, 아이는 안전하다는 느낌과 함께 자신이 물을 통제할 수 있다고 느끼게 된다. 결국 당신은 욕조에 어느 정도 물을 채우고 나서 아이에게 샤워 꼭지를 건네줄 수 있다. 이런 방식으로, 아이는 서서히 목욕에 적응해갈 것이다.

거울 놀이

유아기 아동은 거울을 아주 좋아한다. 깨지지 않는 샤워 거울을 준비한다면, 아이에게 대단히 재미있는 오락거리가 될 것이다. 거울을 가능한 한 아래에 붙여 아이가 서지 않고도 자신을 볼 수 있게 하자. 만약 거품 비누가 있다면, 아이는 수염이나 거품 머리를 스스로 만들어볼 수 있다. 비누 크레파스를 놓아두면, 아이는 얼굴에 그림을 그리며 거울로 자신의 모습을 비춰 볼 수 있을 것이다.

천장 놀이

머리를 감을 때 위쪽을 쳐다보도록 천장에 재미있는 물건을 붙이자. 천장에 별을 달아놓거나 모빌을 설치해놓고 머리를 감길 때 아이에게 쳐다보라고 하자. 이렇게 하면, 아이는 충분히 고개를 뒤로 젖힐 수 있을 뿐 아니라, 그 자세를 좀 더 오래 유지할 수도 있다. 머리를 성공적으로 감길 수만 있다면 어떤 방법도 시도할 만한 가치가 있다.

비눗방울 놀이

아이에게 거품 목욕을 시켜주는 부모는 많지만, 비눗방울을 불어보겠다고 생각하는 사람은 거의 없다. 비눗방울 놀이는 피부가 아주 예민한 아이나, 거품 목욕을 무서워하는 아이에게 좋은 놀이가 된다. 또 다른 목욕 놀이를 할 때도 비눗방울 놀이를 더하면 훨씬 재미있다. 없어지지 않는 투명한 플라스틱 재질로 된 거품을 준비하여 물 위에 띄워놓으면, 일부러 터뜨리지 않는 한 물 위에 둥둥 떠 있을 것이다.

물놀이

아이가 목욕을 아주 무서워하여 욕조에 전혀 들어가려고 하지 않는다면, 물을 접할 수 있는 색다른 환경을 시도해 보자. 야외에 유아용 풀을 설치하여 그곳에서 놀게 해보자. 재미를 더하기 위해 직접 거품을 만들어낼 수 있도록 풀 안에 거품 비누를 넣어주자. 호스 놀이 또한 아이가 스스로 물과 호스를 통제하고 있다는 느낌을 갖게 한다. 호스를 가지고 놀게 하여 자기 다리에 물을 뿌려보도록 하자.

시간이 약

어린 시절 수많은 다양한 도전에 직면하는 동안, 두려움은 찾아왔다가 사라지기를 반복할 것이다. 고맙게도 대개 유아기 아동은 매 순간 찾아오는 불안 단계를 거치면서 성장하여 결국은 다음에 찾아오는 두려움이나 장애로 넘어가는 경향이 있다. 아이들은 보통 시간이 흐르면서 목욕 시간에 대한 두려움을 헤쳐 나갈 것이다. 결국에는 지나가버릴 두려움이기에 아이의 감정에 전적으로 영합하지 않는 것이 중요하다. 그렇지만 아이가 자신이 직면한 두려움을 스스로 다룰 수 있도록 속도는 존중해주어야 한다. 아이가 준비되기도 전에 목욕 시간에 대한 두려움을 극복하라고 강요한다면, 두려움은 더 악화될 것이다.

두려움과 공포증

부모의 고민

아이가 동물과 벌레만 보면 난리를 쳐요

메리와 데이비드 부부는 딸 켈리와 치르는 육아 전쟁에 익숙해져 있었다. 켈리가 태어났을 때부터 한 고비 넘기고 나면 또 다른 고비가 기다리고 있는 것처럼 느껴졌다. 메리와 데이비드는 이미 식사 문제와 배변 문제로 한바탕 긴 전쟁을 치렀으므로, 켈리가 강한 공포심을 드러내기 시작했을 때 그리 놀라지 않았다.

데이비드는 매일 아침 출근 전에 켈리를 데리고 산책을 했다. 데이비드에게는 켈리와 함께하는 산책이 아주 멋진 일일 뿐 아니라, 둘 모두에게 운동도 되었다. 그 무렵 켈리는 동물들, 특히 개를 극도로 무서워하기 시작했다. 길거리에서 개를 볼 때면 아빠에게 안아달라고 조르기 시작했다. 만약 개가 옆에라도 다가오면, 켈리는 큰 소리로 울면서 무섬증을 느꼈다. 데이비드는 이럴 때마다 켈리를 진정시키려고 애썼지만, 아이를 진정시키는 방법은 오직 집으로 돌아가는 길밖에 없었다. 외출 준비를 하기만 해도 켈리가 너무 불안해하는 것 같아서, 데이비드는 더는 켈리를 산책에 데려가고 싶지 않았다. "개 싫어! 개 싫어!"라고 계속 소리치는가 하면, 데이비드에게 "개 또 볼 거야?" 하며 끊임없이 물었다. 켈리가 밖에 나가는 것을 두려워하기 시작하면서 상황은 더 나빠졌다. 엄마 메리가 켈리를 자동차 좌석에 앉히면, 그때부터 소리를 지르기 시작했다. 켈리가 "우리가 가는 곳에 개가 있어?"라고 물었을 때, 메리는 딸아이가 개에 대한 두려움 때문에 이러는 것이 틀림없다고 여겼다.

켈리는 벌레와 벌, 새도 무서워했다. 뒷마당에서 벌 한 마리가 날아다니는 것을 보기라도 하면, 다시 밖에 나가기까지 며칠이 걸렸다. 공원에 가면, 메리는 딸 켈리를 오리가 돌아다니는 연못에서 멀리 떨어진 곳에 앉혀놓아야 했다. 켈리는 오리가 어디에 모여 있는지 주시하느라 친구들과 뛰어놀지도, 마음 편히 쉬지도 못했다. 이쯤 되면 동물원은 완전히 출입 금지 구역이나 마찬가지였다. 그곳에는 사람들이 주는 작은 먹이를 마음껏 먹고 있는 새도 많았다. 메리가 딸 켈리에게 주려고 과자를 꺼냈을 때 새들이 덤벼들었기 때문에 켈리는 새를 아주 무서워했다. 새들이 켈리의 조그마한 손에서 떨어지는 과자 부스러기를 주워 먹으려고 발치 가까이에 모여들었을 때 켈리는 하염없이 울어댔다.

켈리의 두려움은 동물과 벌레에 그치지 않았다. 집에서도 두려워하는 것이 많이 생겼다. 어둠을 무서워했기 때문에 혼자서는 절대 어느 방에도 들어가지 않았다. 이 증상은 점점 악화되어, 더는 놀이방에서 혼자 놀지도 않았다. 메리는 켈리가 온종일 자신의 꽁무니만 졸졸 따라다닌다는 것을 알아챘다. 메리가 일어서면, 딸 켈리도 갑자기 벌떡 일어나서는 어디에 가느냐고 물었다. 메리가 화장실에 갈 때면, 켈리는 울면서 문을 마구 내리치며 자기도 안에 들여보내 달라고 졸랐다. 메리는 딸 켈리를 부부 침실에 데려다놓지 않고서는 욕실에서 샤워도 할 수 없었다. 메리는 이렇게 생활하는 것이 정상이 아니라고 느끼기 시작했다. 메리는 농담처럼 남편 데이비드에게 '꼬마 스토커'와 사는 것 같다고 말했다.

켈리는 무엇이 자신을 무섭게 하는지 절대 말하지 않았다. 엄마가 지켜주겠노라고 안심시키는 말을 해도 켈리의 행동은 변하지 않았다. 메리와 데이비드는 켈리가 느끼는 두려움이 심상치 않다는 사실을 알고는 당황스러웠다. 혹시나 유치원에서 무슨 일이 일어났던 게 아닐까? 선생님은 유치원에서 켈리가 다치거나 큰 충격을 받은 일은 없었다고 장담했다.

켈리는 겁이 많았다. 한번은 친척 한 분이 켈리에게 장난감 고양이를 줬다. 캘리가 그것을 만졌을 때 가르랑 소리를 내자, 켈리는 한 시간 넘게 울어댔다. 장난감 고양이를 치워버릴 때까지 그 방에 다시 들어가려 하지 않았다.

메리와 데이비드는 켈리의 행동에 당황하기 시작했다. 교회에 갔을 때도 켈리는 엄마 뒤에 숨어서 어떤 사람이 말이라도 걸어오면, 얼굴을 파묻거나 눈을 내리떴다. 데이비드가 켈리에게 '안녕하세요' 하며 인사하라고 시켰지만, 켈리는 거부했다. 주변에 사람이 많으면, 켈리는 엄마나 아빠에게 안아달라고 졸랐다. 메리는 켈리를 데리고 식료품 가게에 가는 것이 싫었다. 한번은 켈리가 어떤 사람이 자신을 쳐다보고 있다고 생각하고는 "저 아줌마가 날 보고 있어!"라고 계속 말했다. 결국 메리는 다른 코너로 가야 했다. 어느 날은 직원이 다가와 켈리에게 예쁘다고 하며 말을 걸어왔다. 켈리는 곧 울고불고 난리치기 시작했고 메리는 매우 당황했다.

메리와 데이비드는 가족 여행으로 켈리를 놀이공원에 데려가는 실수를 범했다. 켈리는 시끄러운 소리와 혼란스러운 분위기, 놀이기구에 압도되어 어쩔 줄 몰라 했다. 하지만 무엇보다도 켈리를 가장 무섭게 만든 것은 다름 아닌 캐릭터로 멋지게 분장한 사람들이었다. 이 '상냥한' 캐릭터들은 곳곳에서 튀어나와 켈리에게 말을 걸었다. 켈리가 자신들을 무서워한다는 사실을 눈치채는 데 불과 1초밖에 걸리지 않았지만, 그때는 이미 너무 늦은 후였다. 여행은 엄청난 재앙이었고, 메리와 데이비드는 절대 다시는 놀이공원에 가지 않겠다고 맹세했다. 놀이공원은 지구에서 가장 행복한 장소가 아니었던가…… 절대 그렇지 않았다!

축제일은 켈리에게 또 하나의 불안의 원천이 되었다. 할로윈 축제가 단연코 최악이었다. 켈리는 이미 놀이공원에서 의상과 가면으로 분장한 사람들을 무서워 했고, 할로윈의 으스스한 테마 역시 도움이 되지 않았다. 켈리의 상태가 너무 심했기 때문에 메리와 데이비드는

'사탕 주세요Trick-or-Treating' 놀이를 할 생각은 감히 하지도 않았다. 하지만 거기서 끝나지 않았다. 할로윈 축제를 위해 상점에 진열된 장식도 무서워했기 때문에, 그 기간에는 쇼핑하는 것도 힘들었다. 메리는 켈리가 겁에 질려 난리치는 상황을 피하기 위해 할로윈 상품이 진열된 코너를 완전히 돌아가야만 했다.

아이의 속마음

모든 것이 너무 겁이 나요

켈리는 겁이 많은 아이였다. 커가면서 상상력과 두려움도 함께 커갔다. 켈리는 모든 것이 걱정되었다! 켈리에게 세상은 곳곳에 위험이 도사리고 있는 아주 무시무시한 곳이었다. 이전에는 아빠와 함께 산책하는 것을 즐겼지만, 길거리에서 무서운 개를 만나고 나서는 더는 산책이 즐겁지 않았다. 아빠와 거리를 걷고 있던 때, 켈리는 아주 큰 소리로 짖고 있는 커다란 개 한 마리를 보았다. 개 짖는 소리에 켈리는 겁을 잔뜩 집어먹었다. 개는 매우 화가 난 것 같았다. 한번은 이야기를 나누고 있는 사람들 무리 사이로 개 한 마리가 달려드는 것을 본 적도 있었다. 개가 내게 달려들면 어떡하지? 켈리는 길을 걸으면서 주변에 무서운 동물이 있는지 탐색하기 시작했다. 그러다가 한 마리라도 발견하면 아빠에게 안아달라고 하면서 집으로 돌아가자고 졸랐다. 켈리는 아빠 품에 안겨서야 비로소 안전하다고 느꼈다.

세상이 갑자기 켈리를 다치게 할 수도 있는 야생 벌레와 새, 동물로 가득 찬 것처럼 보였다. 왜 전에는 이러한 위험을 알아차리지 못했을까? 캘리는 외출할라치면 안절부절못하게 되었다. 전에는 뒷마당에서 노는 것을 좋아했으나, 곧 벌레와 파리가 있다는 사실을 알게 되었다. 엄마는 '벌'이라고 하는 노란색을 띤 파리를 무서워하는 것 같았는데, 벌이 가까이 오기라도 하면 손을 마구 휘저으며 벌을 쫓아 보내곤 했다. 엄마의 이러한 행동을 본 켈리는 노란 파리가 더 무서워지기 시작했다. 주변에 윙윙거리는 소리만 들려도 겁에 질려 집 안으로 뛰어 들어갔다. 가끔 엄마가 "그건 파리야"라고 말했지만, 켈리의 눈에는 파리나 벌이나 똑같게 보였다.

공원이나 동물원에 가는 것도 더는 재미있지 않았다. 시끄러운 오리 떼가 입을 크게 벌리고는 켈리에게 다가왔다. 켈리는 오리가 자신을 잡아먹을 것 같은 공포에 사로잡혀 비명을 질렀다. 오리는 무리를 지어 다녔으므로, 켈리는 놀이터에서 제대로 놀지도 못하고 오리 떼를 늘 주시했다. 공원 도처에 있는 화난 오리 떼 때문에, 재미있게 놀고 휴식을 취하기가 너무나 힘들었다. 동물원도 마찬가지였다. 화가 난 배고픈 새들이 켈리에게 달려들어 켈리의 과자를 먹으려고 했다. 게다가 동물원에는 나무도 너무 많아서 새가 어디에 숨어 있다가 언제 달려들지 파악하기가 너무 어려웠다.

켈리는 집도 무서웠다. 어둠과 그림자가 두려웠다. 그리고 바닥에서 벌레가 기어 나올까 봐 걱정되어 온종일 엄마를 졸졸 따라다녔다. 엄마를 찾을 수 없거나 엄마가 다른 방으로 가버리면, 겁에 질려 어쩔 줄 몰랐다. 엄마가 없다면, 결코 안전하지 않다! 엄마가 "걱정하지 마. 내가 널 지켜줄 거야"라고 말했으므로, 켈리는 곧이곧대로 그 말을 받아들였다. 엄마와 함께 있는 한 자신은 안전하다고 믿었다.

켈리는 사람이 많이 모여 있는 곳을 싫어했다. 낯선 사람이 무서웠다. 사람들은 켈리를 만나면 머리를 쓰다듬거나 말을 걸려고 했다. 그때마다 켈리는 무슨 말을 해야 할지 몰랐기 때문에 얼굴을 가리고 다른 곳을 쳐다보았다. 낯선 사람이 쳐다보기라도 하면 켈리는 그 사람이 말을 걸어올까 봐 걱정했다. 켈리는 일요일마다 온 가족이 함께 가는 곳도 좋아하지 않았다. 그곳에는 낯선 사람이 정말 많았기 때문이다. 그들은 모두 미소를 지어 보이며 켈리의 머리를 쓰다듬어주었다. 그때마다 당황하여 울음을 터뜨리며 엄마나 아빠에게 안아달라고 졸라댔다. 엄마 품에 꼭 안겨 있으면 사람들이 나를 가만 놔둘 텐데.

엄마 아빠가 켈리를 데리고 어디론가 놀러 갈 때마다 켈리는 힘든 시간을 보내야 했다. 엄마 아빠는 탈것들로 가득한 번잡한 곳을 누비고 다녔다. 영화나 TV에서 보았던 공주와 캐릭터들이 이곳저곳을 걸어 다녔다. 어떤 캐릭터는 사람의 얼굴을 하고 있지도 않았고, 엄마 아빠보다 팔과 다리가 훨씬 더 길었다. 자꾸 켈리에게 다가와서 말을 걸려고 했다. 이상하게 생긴 캐릭터를 앞으로 더 많이 볼지도 모른다는 생각에 점점 불안해져서 켈리는 내내 엄마 아빠에게 안겨 있으려고 했다. 엄마 아빠가 왜 점점 화를 내는지 알 수 없다. 엄마 아빠 눈에는 저 이상한 캐릭터들이 무서워 보이지 않는 걸까?

날씨가 추워지기 시작할 때쯤이면 사람들이 집 앞에 호박을 놓아 두곤 했다. 켈리는 매년 이맘때가 싫었다. 정체불명의 괴물이 가게나 이웃집 할 것 없이 여러 군데서 모습을 드러냈다. 어느 날 밤에는 괴물과 요괴들이 실제로 집 앞에 몰려왔다. 엄마 아빠가 진짜 괴물이 아니라고 말해줬지만, 켈리 눈에는 분명 진짜처럼 보였다.

두려움에 맞서는 적응 기술 키우기

영아기에서 유아기로 접어들면서, 아이는 주변 환경에 대한 인지력을 더 강하게 발달시킨다. 인지 수준이 높아질수록, 아이가 느끼는 두려움과 불안 수준도 함께 높아질 수 있다. 보통의 유아기 아동이 그림자와 괴물, 동물을 무서워하는 것은 정상이다. 보통 아이와 예민한 아이가 느끼는 공포의 차이는 바로 강도와 빈도에 있다. 보통 아이는 단지 몇 가지의 두려움과 씨름하지만, 예민한 아이는 아주 다양한 두려움과 염려거리가 있다.

아이가 유아기에서는 대응 기제를 개발하지 못할 거라고 생각할 수도 있겠지만, 사실은 오히려 그 정반대이다. 아이가 자신의 두려움과 염려를 이해하고 그것에 맞서는 법을 터득하는 것은, 가능한 한 빨리 배워야 하는 평생의 기술이다. 아이에게 이러한 대응 기제를 더 빨리 가르칠수록, 아이가 두려움을 극복할 가능성은 더 커진다. 당신이 아이의 걱정거리를 모른 척하거나 반대로 이에 동조하는 태도를 보인다면, 아이의 두려움은 더욱 심해지고 커질 것이다. 아이는 두려움과 걱정거리로 인해 상황을 피하려 들 것이고, 더 나쁘게는 구원을 요청하기 위해 당신을 찾아다닐 것이다. 두려운 상황을 피해 다닌다면, 아이는 두려움 때문에 평생 못하는 일들이 늘어날 수밖에 없다. 부모의 도움 없이는 두려움을 이겨내지 못한다는 메시지를 아이에게 전달한다면, 부모 자식 간에 건강하지 못한 상호의존적 관계를 형성하여 향후 아이의 상태를 더 악화시킬 수 있다.

대개 부모는 아이에게 타인의 도움 없이도 스스로 두려움에 맞설 능력이 있다는 메시지를 주고 싶어 한다. 아이가 스스로 품고 있는 두려움에 의문을 느끼고, 그것을 이기도록 가르치고 싶은 것이다. 그리고 마침내 아이가 스스로 불안을 다스리고 의연해지는 방법을 터득할 수 있기를 바랄 것이다.

'꼬마 스토커'에 대처하는 법

유아기 아동은 종종 자신의 불안에 대처하기 위해 당신만 졸졸 따라다닌다. 이는 내가 상담하면서 부모들에게서 가장 흔히 듣는 불평이기도 하다. 아이가 이 방 저 방 당신만 졸졸 따라다니는가? 온종일 울면서 안아달라고 보채는가? 만약 그렇다면, 이미 아이는 불안감을 처리하는 성숙한 대응 기제가 있다는 말이다. 다만, 당신이 바라는 대응 기제가 아닐 뿐이다! 보통 이와 같은 행동 패턴을 보이는 아이는 부모가 곁에 없으면 안전하지 않다는 비합리적인 믿음을 지닌다. 이들은 잠을 잘 때도 부모 침대에서 자거나, 부모나 다른 사람이 옆에 누워 있어야 한다. 이러한 행동은 두 가지 다른 원인으로 나타날 수 있다. 첫 번째는 바로 두려움이다. 이런 아이들은 혼자 있는 것을 싫어하므로 누군가가 방 안에 함께 있어야 자신이 안전하다고 느낀다. 두 번째는 부모 자식 간의 관계 문제로, 엄마와 떨어져 있을 때 불안을 느끼는 것과 관련이 있다. 이것을 분리 불안이라고 한다. 분리 불안에 관해서는 10장에서 더 자세히 다룰 예정이다. 이 장에서는 주로 혼자 있는 것을 두려워하는 아이에 대해 다루려고 한다.

당신은 아이에게 당신과 같은 방 안에 함께 있지 않아도 안전하다는 사실을 가르쳐줄 필요가 있다. 우선 아이가 집에서도 당신을 '그림자처럼 졸졸 따라다니게' 만드는 근본 불안을 해결하는 방법을 살펴보자. 부모를 그림자처럼 졸졸 따라다니는 아이는 일반적으로 어둠, 괴물, 그림자, 벌레, 커다란 소음 등을 무서워한다. 더 복잡하고 수준 높은 두려움은 대개 아이가 좀 더 자랄 때까지 발달하지 않는다.

아이와 대화를 나눌 때는 말조심을 하자. 부모들은 자주 "내가 너를 안전하게 지켜줄게"라거나, "엄마가 절대로 네게 아무 일도 일어나지 않게 할 거야"라는 말로 아이를 안심시킨다. 이러한 메시지는 보통 안심시키기 위한 말들이지만, 불안해하는 아이에게는 "너는 엄마가 없으면 안전하지 않아"라는 뜻으로 잘못 해석될 수도 있다. 뜻은 비슷하지만 아이가 오해하지 않도록 "너는 안전해. 여기서는 그 어떤 것도 널 다치게 하지 않을 거야"라고 명확하게 전달하자.

앞에서 설명한 모든 접근법을 이용해서 한 걸음 나아가보자. 아이가 스스로 안전하다고 느끼며 자신에게 두려움을 극복할 충분한 힘이 있다는 사실을 깨닫게 해주어야 한다. 아이가 압박감이나 초조함을 느껴서는 안 된다. 아이가 느끼는 두려움 정도를 가늠하여, 그것에 맞춰 당신의 속도를 조절하자. 아이를 두려움에서 해방시키는 것이 궁극적인 목표지만, 그러한 기술은 하룻밤 새 습득되지는 않는다.

반대로 당신이 가진 두려움 때문에 아이의 발달을 지연시키지 말자. 아이의 능력을 과소평가하지 말자. 어떤 부모는 아이가 느낄 두려움을 미리 예상하여, 고충을 야기할 상황과 환경에 아이를 노출하지 않으려고 한다. 그러다가 아이가 도전에 잘 대처하고 어려움을 극복하는 모습을 보면 그 능력에 놀라 기뻐하기도 한다. 아이를 어려움에 노출하지 않는다면, 아이가 어떤 어려움을 극복할 수 있는지 전혀 알 수 없다. 불편은 힘을 키우는 과정에서 나타나는 부분일 뿐이다. 두려움에 맞서 극복할 때 아이는 자신감으로 충만하게 된다. 이러한 도전은 자신감과 자존감을 높여준다.

일단 아이가 당신을 그림자처럼 졸졸 따라다니도록 만드는 두려움을 없애기로 마음먹었다면, 아이가 혼자서도 안전하다고 느낄 계기를 마련해주자. 당신과 떨어져 있는 상황을 만들어볼 수도 있다. 휴대용 무전기를 나눠 가진 다음 각자 다른 방에 들어가서 대화를 나눠보자. 대부분의 유아기 아동은 무전기의 개념을 잘 이해하지 못하므로, 어느 정도 연습이 필요할지도 모른다. 또 다른 방법으로, 아기 모니터를 이용해서 대화를 나눠보자. 아이가 당신을 볼 수는 없지만 당신이 계속 카메라를 통해 아이를 지켜보고 있다는 메시지를 전해보자.

간단한 숨바꼭질 놀이도 있다. 당신의 신체 일부가 확실히 아이 눈에 쉽게 띌 수 있는 장소에 숨도록 하자. 숨바꼭질 놀이를 하는 목적은 아이를 겁주려는 게 아니라, 당신을 찾는 동안 아이가 혼자서 집 안 곳곳을 돌아다니게 하려는 데 있다.

보물찾기 놀이도 해볼 수 있다. 조그마한 장난감이나 사탕을 집 안 곳곳에 숨겨두자. 처음에는 당신이 앉아 있을 곳 근처에만 물건을 숨겨두자. 그러다가 아이가 놀이에 더 적응하면, 물건을 숨기는 반경을 집 전체로까지 넓혀보자. 물건을 찾으면, 당신에게 가져오라고 하자. 아이에게 당신이 있는 곳을 알려주므로 은연중에 안도감을 준다. 도전을 마무리할 때는 혼자 방에 들어가는 두려움을 이겨냈다는 사실에 대해 꼭 칭찬해주자. 아이는 자신이 두려움을 이겨냈다는 사실과 도전의 의미를 절대 잊지 않을 것이다.

이제 예민한 아이들이 대체로 겪는 구체적인 두려움과 공포를 소개하고, 그 해결을 위한 접근법을 간략하게 살펴보자.

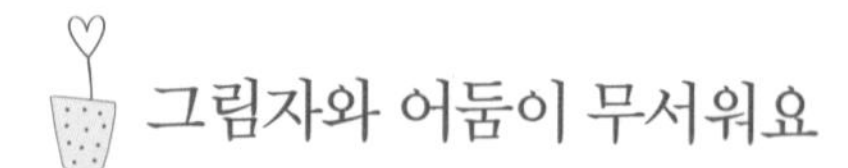

그림자와 어둠이 무서워요

아이들이 느끼는 가장 흔한 두려움은 바로 어둠에 대한 두려움이다. 어둠은 무섭고 불길하다. 어둠은 상상의 나래를 펴게 하여 모든 감각을 비상경계 상태에 돌입하게 한다. 아이가 이미 다양한 두려움을 겪고 있다면, 어둠도 당연히 그중 하나일 것이다. 그림자에 대한 두려움도 어둠과 관련이 있다. 유아기 아동의 활발한 상상이 단순하고 악의 없는 그림자를 무시무시한 괴물로 둔갑시키는 것이다.

어둠을 몹시 두려워하는 아이는 심지어 낮에도 어둠을 무서워한다. 그래서 햇빛이 은은하게 드는 방에는 잘 들어가려 하지 않는다. 아이가 한낮에 햇빛이 드는 방을 무서워하면 부모는 당황한다. 불안을 느끼는 이유는 대개 이치에 맞지 않으므로, 합리적으로 이해하려고 하면 더 혼란스럽기만 하다. 아이에게 논리적으로 이유를 따져 무서워할 필요가 없다고 설명하려고 애쓰지 말자. 아무 소용 없는 짓이다. 오히려 아이는 당신이 자기의 두려움을 이해하지 못한다고 느낄 것이다.

방 안에 들어갈 때 불을 켜는 법을 가르쳐주자. 만약 아이가 다른 방에 들어가는 것을 무서워한다면, "방에 불을 켜"라고 말해주자. 키가 작아 스위치에 손이 닿지 않는다면, 아이가 혼자서도 집 안을 자유롭게 돌아다니며 불을 켤 수 있도록 스위치 밑에 작은 의자를 놓아두자. 두려움을 극복하기 위한 '도전 보물 상자 놀이'를 하는 것도 좋은 방법이다. 다른 방에 들어가는 도전에 성공하면 보물을 얻을 수 있다고 말해주자. 처음에는 아이가 방에 들어가서 빨리 물건을 가지고 나올 수 있도록 쉬운 도전을 준비하자. 아이가 덜 두려워하는 것 같으면, 서서히 난도를 높여보자. 다른 방에 있는 물건을 가져다 달라고 요청하면, 그 일을 즉흥적으로 도전으로 만들어보자. "엄마가 같이 가줄 수도 있어. 하지만 네가 도전을 받아들여 혼자 한다면, 보물을 얻을 수 있을 거야"라고 말해주자.

아이가 어둠에 익숙해지도록 불빛 파티를 열어보자. 옷장이나 욕실,

작은 방에서 방을 어둡게 만든 다음 다들 흰색 티셔츠를 입고 야광 막대와 야광 장신구를 준비하자. 파티용 야광 스프레이를 준비하고, 야광 막대를 풍선에 넣어 야광 풍선을 만들 수도 있다. 지금 당신이 아이에게 보내려는 메시지는 바로 어둠이 재미있을 수도 있다는 것이다. 어둠 속에서 더 많은 재밋거리를 마련할수록 아이는 어둠을 덜 무서워하게 될 것이다. 불빛 파티를 하는 동안, 아이 주변에 가격이 저렴한 전등을 놓아두자. 무서움을 느끼면 아이는 불을 켤 수 있다. 일반적으로 이러한 전등을 아이 눈높이에 맞춰 집 안 곳곳에 설치해놓을 수도 있다. 벨크로 테이프를 사용하여 전등을 설치하면, 아이가 두려움을 극복하고 난 뒤 쉽게 전등을 제거할 수 있다.

그림자놀이에 관한 내용은 4장에서도 다룬 바 있지만, 다시 한 번 살펴볼 가치가 있다. 인형에 손전등을 비춰 벽에 형태와 그림을 만들어내는 그림자놀이는 어둠에 대한 두려움도 떨쳐버릴 수 있는 재미있는 방법이다. 만약 아이가 집 안 곳곳에 생기는 그림자를 무서워한다면, 어디에 있는 그림자가 무서운지 물어보자. 물체들을 이리저리 옮겨 보여주며, 그림자를 만드는 물체가 무엇인지 알려주자. 만약 아이가 집 안에서 특정한 장소에 가는 것을 꺼려 한다면, 무엇 때문에 그곳에 가지 않으려고 하는지 물어보자. 아이가 그림자 때문에 무서워서 피하고 있다면, 탐정 놀이를 하는 방법과 그림자를 만드는 물체가 무엇인지 알아내는 방법을 아이에게 보여주자. 아이가 직접 물체를 약간씩 움직이게 하여 그림자 모양을 바꿔보자. 그리고 두려움도 줄여주자.

괴물이 나타나요

우리는 4장에서 이미 괴물에 대한 두려움을 다루었다. 하지만 괴물에 대한 두려움은 취침 시간에만 한정되어 나타나지 않는다. 밤이든 낮이든 상관없이 괴물을 무서워하는 아이도 있다. 이러한 아이는 갑자기 괴물이 나타나서 자기를 잡아먹을까 봐 두려워서 다른 방에 들어가기를 꺼린다.

만약 아이가 혼자 방에 들어가는 것을 무서워한다면, 아이에게 무엇이 무서운지를 물어보자. 아이와 함께 들어가서 괴물이 어디에도 없다는 사실을 보여주자. 아이가 지닌 문제를 지나치게 합리적으로 따져도 안 되지만, 아이가 가진 환상에 동조해서도 안 된다. 집을 둘러보면서 어느 곳에도 괴물이 없다는 사실을 있는 그대로 아이에게 말해주자. 당신이 한 번도 괴물을 본 적이 없을 뿐 아니라, 아이도 안전하다고 말해주자. 당신은 괴물로부터 아이를 안전하게 지켜주겠다고 말해서는 안 된다. 이러한 말은 아이에게 부모의 보호가 필요하다는 믿음을 굳히기 때문이다. 왜 괴물이 실제로 존재하지 않는지 장황하게 설명하지 말자. 유아기에 있는 아이는 이러한 설명을 귀 기울여 듣지 않는다.

아이가 슈퍼 히어로에 푹 빠져 있다면, 아이가 자신만의 슈퍼 히어로를 창조하게 도와주자. 아이가 두려움에 맞설 수 있는 이야기를 아이와 함께 지어낼 수 있다. 예를 들면 이런 식으로 말이다.

옛날 옛날에 '자크'라는 소년이 있었대요. 자크는 평범한 아이였지만 슈퍼 파워를 가지고 있었어요. 두려움을 느낄 때면 슈퍼 자크로 짜잔 변신했어요! 슈퍼 자크는 두려워하지 않고 항상 맞섰답니다. 슈퍼 자크는 강하고 영리했대요. 자크는 자신이 두려워할 이유가 어디에도 없다는 사실을 알았답니다. 두려움과 싸울 때마다 점점 더 강해졌어요. 가끔 '걱정맨'이라는 나쁜 놈이 슈퍼 자크를 물리치려고 했어요. 걱정맨은 자크가 겁을 집어먹기를 바랐어요. 걱정맨이 자크에게 어둠을 무서워하라고 말했어요. 괴물도 무서워하라고 말했지만, 슈퍼 자크는 걱정맨을 믿지 않았죠. 슈퍼 자크는 걱정맨이 자신에게 더는 이래라저래라 하지 않길 바랐어요. 걱정맨의 말을 듣지 않고 괴물을 무서워하지 않았죠. 걱정맨은 슈퍼 자크를 물리칠 수 없었기 때문에, 다른 사람을 괴롭히기로 결심했답니다. 우와! 슈퍼 자크가 이겼어요!

아이가 슈퍼 히어로 이야기를 좋아하면 아이에게 힘을 부여하고자 할 때 이러한 대화 기술을 사용할 수 있다. 아이가 다른 방에 들어가는 것을 무서워한다면, 다음과 같은 대화를 시도해볼 수 있다.

아이 기차 갖다 줘. 놀이방에 있어.

부모 넌 용감하잖아. 혼자 할 수 있어.

아이 안 돼, 싫어. 깜깜해!

부모 걱정맨 말을 들을 거야, 아니면 슈퍼 자크가 될 거야?

아이 난 슈퍼 히어로 자크다!

부모 그러면 용감해져야지. 무서워하지 마.

아이 으응. 알았어.

만약 슈퍼 히어로 이야기를 이용해 즐거운 놀이를 하고 싶다면, 아이에게 망토와 가면을 사주어 아이 스스로 자신을 꾸미도록 해주자. 아이가 집에서 두려움을 느낄 때면 아이에게 망토를 입히고 가면을 쓰라고 독려할 수 있다. 히어로 놀이를 통해 아이는 두려움에 맞서는 일을 재미있고 흥미진진한 일로 여길 뿐 아니라, 판타지 놀이에 흥미를 가질 수 있다. 괴물이 진짜로 존재하는 걱정거리라는 생각을 더는 하지 않도록, 괴물 대신 '걱정맨'을 무찌르게 하자. 두려움과 맞서는 전쟁에서 '걱정맨'이라는 개념은 향후 여러 다양한 두려움을 처리하는 데 폭넓게 사용될 수 있다.

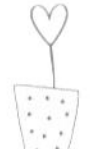

벌레, 새, 동물이 무서워요

입이 있고 움직이는 것들은 예민한 아이에게 무섭게 느껴질 수 있다. 아이는 "입이 있으면 나를 잡아먹을 수 있을 거야. 다리나 날개가 있으면 나한테 올 수도 있어"라고 생각한다. 이것이 이러한 유형의 두려움에 뿌리가 되는 생각이다.

벌레

어떤 아이들은 벌레만 무서워하기도 한다. 이것은 벌레와 곤충을 보고 당신이 보인 반응 때문에 더 악화될 수 있다. 딱정벌레를 보고 의자 위로 펄쩍 뛰어올라 가거나, 벌레나 벌을 보고 기겁하여 도망치는 모습을 아이에게 보여준다면, 지금 아이에게 벌레와 곤충이 위험하다는 메시지를 보내고 있는 것이다. 아이가 직접 무서운 경험을 했을 수도 있다. 귓가에서 벌레가 크게 윙윙거리는 소리를 들었거나 벌에 쏘이고 개미에게 물려서 고통을 느껴보았다면, 이 경험에 근거하여 두려움을 키웠을 수도 있다. 예민한 아이가 잠재적인 공포심을 갖기까지는 단 하나의 사건만으로 충분하다.

집 안에서 벌레를 잡아야 할 경우가 생긴다면 가능한 한 침착하도록 노력하자. 어떤 부모에게는 매우 어려운 일이라는 것을 잘 안다. 당신이 침착하게 벌레를 잡을 수 없다면, 집 안에 있는 다른 사람에게 벌레를 처리하도록 부탁하자. 벌레를 잡은 후에는 절대 변기에 흘려보내서는 안 된다. 앞에서 화장실을 두려워하는 아이에 대해 이야기했듯이, 유아기 아동은 대부분의 벌레가 물속에서 살아남지 못한다는 사실을 이해하지 못한다. 아이가 변기에 앉아 있는 동안 흘려보낸 벌레가 다시 기어 나올 것이라는 두려움을 키우기를 원치 않을 것이다.

야외에 있을 때 아이에게 발이나 막대를 이용하여 벌레를 쫓는 방법을 보여주자. 작고 무해한 곤충의 경우, 함께 곤충을 살피며 이야기를 구성할 수도 있다. 당신은 이렇게 말할 수 있다. "이 조그마한 곤충을 봐. 엄청 바쁜 하루를 보내고 있네. 오늘 무슨 일을 하는 것 같아 보여?" 곤충을 의인화하여 생각하도록 도와준다면, 아이는 불안감을 줄이기 시작할 것이다. 또한 당신이 쪼그리고 앉아 벌레를 가까이에서 관찰하는 모습을 보여준다면, 아이는 당신이 벌레를 무서워하지 않는다는 메시지를 얻게 된다. 만약 아이가 파리와 벌을 무서워한다면, 이 둘을 구별하는 방법을 설명해주자. 파리를 쫓아버릴 수 있도록 아이에게 파리채를 쥐여줘도 좋다. 아이는 야외에서도 더 안정감을 느끼고, 상황을 스스로 통제하고 있다고 여길 것이다.

만약 아이가 벌레를 무서워해서 외출하기를 꺼리면, 야외에 있는 시간을 점점 늘려나갈 도전거리를 만들어보자. 아이가 직접 도전할 내용을 정하게 하여, 스스로 상황을 통제하고 있다고 느끼게 하자. 도전을 하는 동안, 아이가 재미를 느낄 수 있도록 기분이 전환되는 야외 활동을 준비해보자. 아이가 재미있게 놀 만한 거품이나, 분필, 모래 테이블을 이용할 수도 있다. 두려움에 맞서고 있는 아이를 칭찬해주자. 야외 활동이 안전하고 재미있다는 느낌을 키워주자.

만약 아이가 야외에서 도전할 준비가 되지 않았다면, 플라스틱 벌레를 사서 실내에서 다뤄보게 하자. 벌레를 아주 무서워하는 아이들은 플라스틱 벌레도 보고 싶어 하지 않을 것이다. 플라스틱 곤충을 테이블 위에 놓고 재미있는 이야기를 만들어보자. 벌레를 재미있고 매력적인 것으로 만든다면, 아이는 벌레를 더 편하게 여기게 될 것이다. 아이가 벌레를 소재로 자신만의 이야기를 만들어내고, 벌레를 만질 수 있도록 용기를 북돋우자. 실내에서 플라스틱 벌레를 가지고 노는 일을 성공적으로 해낸다면, 야외 도전으로 옮겨가도록 시도해보자.

아이에게 벌레를 주제로 한 TV 프로그램과 영화를 보여줄 수도 있다. 〈미스 스파이더Miss Spider〉는 모든 캐릭터가 다양한 종류의 벌레들로 구성된 귀여운 TV시리즈이다. 이 밖에도 〈개미Antz〉, 〈벅스 라이프A Bug's Life〉, 〈꿀벌 대소동Bee Movie〉과 같은 귀여운 곤충 영화가 있다.

새

새는 자연에서 사는 또 하나의 무서운 존재일 수 있다. 당신이 어디에 거주하며 마을 사람들이 새에게 얼마나 자주 먹이를 주느냐에 따라 새는 사람에게 매우 친근하게 다가올 수 있다. 특히 동물원과 공원에 있는 새들은 사람과 마주치는 일에 익숙해져 있으며, 빵 부스러기를 던져주기를 기다린다. 새들은 당신 바로 옆으로 와서는 발 주변을 부리로 쫄 수도 있다. 대수롭지 않게 여길 수도 있지만, 당신보다 키가 작은 아이는 더 가까운 거리에서 날카로운 부리를 가진 야생동물을 보는 셈이다.

새가 해치지 않을 것이라고 말해주기보다는 새가 아이 가까이 못 오게 하는 방법을 가르쳐주자. 이 방법이 훨씬 더 아이에게 힘을 부여할 수 있다. 유아기 아동에게는 자주 설명해주는 것보다 한 번 보여주는 것이 더 낫다. 아이에게 당신이 새를 무서워하지 않는다는 사실을 보여주자. 새에게 곧장 이렇게 말하자. "안녕! 음식을 찾고 있다는 걸 알지만, 내 딸이 너를 무서워해. 그러니까 우리는 네가 가줬으면 좋겠구나."

그런 다음 손뼉을 치거나 발을 굴러서 새를 멀리 쫓는 방법을 보여주도록 하자.

고양이와 개

동물들, 특히 개와 고양이는 아이의 불안감을 고조시킬 수 있다. 아이의 눈에 커다란 소리로 자주 짖어대는 개가 자신을 겁주는 것처럼 보일 수 있다. 애완동물은 아이 위로 펄쩍 뛰어오르기도 하는데, 아이는 자신을 공격하는 것으로 잘못 해석할 수도 있다. 또한 애완동물은 장난치다가 실수로 아이를 할퀴고 물 수도 있다. 만약 애완동물을 기르지 않는다면, 애완동물과 우연히 마주쳤을 때 더 불안감을 드러낼 가능성이 크다.

아이에게 동물이 보내는 신호를 읽는 법을 가르치자. 동물에게 겁을 주지 않으려면 천천히 다가가야 한다고 말해주자. 어떤 동물은 사람을 무서워하므로, 동물 또한 자기가 안전한지 자꾸 확인한다는 사실을 설명해주자. 애완동물과 만났을 때는 손을 내밀라고 가르쳐주자. 애완동물은 냄새 맡는 것을 좋아하며, 이러한 방법으로 사람과 친숙해진다고 이야기해주자. 동물이 냄새를 맡은 후에는 쓰다듬어 달라는 뜻으로 사람에게 다가올 수도 있다고 말해주자. 개가 꼬리를 흔들고 있다면, 기분이 좋아서 장난치고 싶다는 뜻이라고 알려줄 수 있다. 고양이가 가르랑거리는 것도 마찬가지라고 이야기해주자.

만약 아이가 애완동물을 너무 무서워해서 다른 사람의 집을 방문하기 힘들다면, 당신은 아이의 공포심을 해결하기 위해 적극적으로 애쓰고 싶을 것이다. 얌전한 개나 고양이를 키우는 친구나 친척이 있다면, 그곳이 작업을 시작할 멋진 장소가 될 것이다. 아이가 애완동물과 함께 놀 수 있는 자리를 마련해보자. 아이가 두려워하는 정도에 따라 아이를 안은 상태에서 시작할 수도 있다. 아이가 애완동물과 같은 방에 있는 것을 목표로 천천히 단계를 밟아가자.

처음에는 애완동물에게 줄을 채우는 것이 좋다. 그래야 아이는 자신에게 더 통제권이 있다고 느낄 것이다. 아이를 재촉하면 안 된다. 누군가가 개나 고양이를 잡고 있는 동안 아이가 손을 내밀어보게 하자. 그리고 개나 고양이를 쓰다듬어보도록 용기를 북돋워주자. 궁극적인 목표는 애완동물이 자유롭게 어슬렁거리는 방에 아이를 함께 두는 것이다. 애완동물이 있는 친척집을 몇 번 방문하는 것으로도 목표를 성취할 수 있다. 하지만 지속적으로 자주 경험하게 하는 것이 핵심이다. 두려움을 극복하는 데는 시간이 걸리는 법이니 허둥대지 말자. 천천히, 꾸준히 하는 자가 승리할 것이다. 정기적으로 애완동물이 있는 곳을 방문하자. 그래야 이때껏 만들어놓은 가속도를 놓치지 않을 수 있다.

일단 아이가 친척집에 있는 순한 애완동물을 더는 무서워하지 않게 되었다면, 새로운 동물을 만날 기회를 주자. 동물과 인사할 때는 손을 내밀라고 다시 한 번 상기시켜주자. 새로운 동물에 익숙해지는 데에도 비슷한 시간이 들 것이다. 아이가 동물과 가까이 있어도 충분히 안심할 때까지 아이를 편안하게 만드는 일에 어느 정도 에너지를 쏟아야 한다.

만약 공원이나 길거리에서 줄에 묶여 있는 동물을 본다면, 줄에 묶여 있으니 달려들지 못한다는 사실을 알려주자.

만약 아이가 앞서 말한 도전을 받아들일 준비가 전혀 되어 있지 않다면, 가짜 개나 고양이를 아이에게 주는 것으로 시작할 수도 있다. 진짜 같지만 건전지로 작동되는 동물 장난감들이 아주 많다. 어떤 장난감은 쓰다듬으면 진짜 동물처럼 가르랑거리거나 짖으면서 아이와 상호작용한다. 영화도 아이가 애완동물에 대한 시각을 재구성하는 데 유용한 도구가 된다. 〈클리포드Clifford〉나 〈가필드Garfield〉 같은 TV 프로그램이나 말하는 애완동물이 나오는 영화는 동물을 바라보는 아이의 관점을 변화시킬 수 있다.

에어바운스 놀이터와 구름다리가 무서워요

공간에 대한 감각 문제가 있는 아이는 탁 트인 비어 있는 공간에서 신체를 움직이는 것에 두려움을 느낄 수 있다. 이것은 아이가 가끔 경험하는 두려움으로 보일 수도 있지만, 아이가 사는 세상은 에어바운스 놀이터와 에어미끄럼틀, 트램펄린, 판자로 연결된 놀이터 구름다리들로 가득하다. 아이의 두려움은 기구의 높낮이보다 자기 움직임을 스스로 통제할 수 없는 문제와 더 크게 관련된다. 몸을 움직이는 데 두려움이 있는 아이는 놀이터에서 놀 때, 그리고 놀이 모임과 생일 파티에 참여했을 때 어떻게 행동해야 할지 모른다. 이것은 아이에게나 아이를 지켜보는 당신에게나 매우 속상한 일이다.

에어바운스 놀이터에서 놀다가 제멋대로 심하게 위아래로 튕기는 것을 경험하면, 스스로 몸을 가눌 수 없다는 무력감에 아이는 겁을 집어먹을 수 있다. 아이는 다른 아이가 에어바운스에 올라타서 바닥을 출렁이면 바로 화를 낼 것이다. 트램펄린은 에어바운스 놀이터와 유사하나, 덜 힘들 수 있다. 바닥도 약간 더 단단해서 에어바운스만큼 움푹 파이지는 않는다. 놀이터에 있는 판자 구름다리와 그물망 정글짐도 비슷한 효과를 낸다. 아이는 그것을 보고 올라갈 수 있다는 시각적인 느낌과 안전하지 않다는 신체적인 단서도 얻는다. 이러한 놀이기구는 전정계가 지나치게 예민한 아이에게는 아주 위압적인 놀이기구일 수 있다. 전정계 문제는 감각 통합 문제를 다루는 11장에서 더 자세히 다룰 예정이다.

아이가 이러한 두려움을 이겨내도록 도우려면 무엇보다 당신의 인내심이 필요하다. 아직 준비가 안 된 아이를 자꾸 몰아붙이면, 아이는 두 번 다시 그런 활동을 시도할 용기를 내지 못한다. 놀이기구를 탈 때 아이의 손이나 몸을 붙잡아줘서 스스로 용기를 낼 수 있게 도와주자. 가능하면, 처음에는 에어바운스나 트램펄린에 아이를 앉혀놓았다가, 다른 아이들이 없을 때 일어서게 도와주자. 아무도 없는 에어바운스 놀이터나 트램펄린을 찾는 일은 어려울 수도 있지만, 가끔 한가한 시간대에는 꽤 한산한 실내 놀이터도 있다. 에어바운스 놀이터나 트램펄린에서 아이가 혼자 놀아볼 수 있는 시간을 마련해주자. 아이는 신체 움직임을 견디는 능력을 익힐 뿐 아니라, 점프 동작에 뒤이은 기구의 흔들림에도 익숙해질 수 있다. 꽤 시간이 걸리겠지만 일단 아이가 자신의 움직임에 완전히 익숙해지면, 당신이 옆에서 천천히 움직여보자. 이렇게 하면 아이는 또다시 자신이 통제할 수 없는 움직임에 대한 경험을 하게 된다. 아이가 원하면 언제든지 움직임을 멈추겠다고 말해주자. 점차로 더 많은 움직임을 경험하게 하여 아이가 두려움을 정복하게 하자.

아이가 놀이터에 있는 판자 구름다리를 건너가려고 할 때는 팔을 잡아주자. 그러면 아이가 판자 사이로 발이 빠져 떨어질까 봐 두려워하지 않고도 구름다리의 움직임을 느낄 수 있다. 함께 천천히 다리를 건너는 동안 손잡는 일을 줄여보자. 어떤 아이는 기어서 다리를 건너면 덜 무섭고 덜 힘들 거라고 여겨, 처음에는 다리 위에서 기기도 한다. 에어바운스 놀이터와 트램펄린처럼 시간을 들여서 구름다리를 계속 접할 수 있게 하면, 아이는 이러한 두려움을 정복할 것이다. 한산한 시간에 공원에 가서 구름다리를 이용하면, 다른 아이들에게 치일 염려 없이 연습할 수 있다.

다른 두려움도 마찬가지로 끊임없이 접하고 도전한다면, 아이는 두려움을 극복할 것이다. 아이마다 두려움에 맞서는 속도도 다르고 편안함의 정도도 다르다. 아이가 두려움에 맞서 결국 극복해내기 위해서는 지속적인 기회를 제공하는 동시에 인내심을 갖고 기다려주어야 한다.

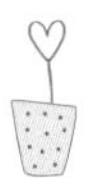

병원이나 치과에 가기 싫어요

병원이나 치과에 가는 것을 두려워하는 현상은 대개 유아기가 지난 이후에 시작되지만, 관찰력 있는 똑똑한 아이는 유아기에도 그럴 수 있다. 남들보다 피부 통각에 민감한 아이는 병원을 주사와 연관 지어 생각할 가능성이 더 크다. 구강 감각에 예민한 아이는 어릴 때부터 치과 치료 문제로 부모와 다툼을 벌일 가능성이 있다.

아이가 병원이나 치과에 가는 일을 극도로 무서워한다면, 의사나 치과의사에게 이런 사실을 미리 알리도록 하자. 소아과 의사나 아동 전문 치과의사는 어린이를 능숙하게 다루기는 하나, 바쁜 일정 탓에 아이가 불안해한다는 사실을 알지 못하면 충분히 아이를 진정시키려고 노력하지 않을 수도 있다.

병원 진료를 예약해놓은 사실을 너무 빨리 알리지 않도록 하자. 아이가 병원 진료 때문에 여러 날을 걱정하며 지내기를 바라지는 않을 것이다. 집을 나서기 한 시간이나 두 시간 전에 사실을 알려주면, 아이가 기분 상해하지 않으면서도 상황을 받아들일 시간을 줄 수 있다. 솔직해야 한다. 아이가 주사를 맞아야 하느냐고 물으면 사실대로 이야기해줘야 한다. 아이가 주사가 아프냐고 묻는다면, "잠깐 따끔거릴 거야. 그러고는 끝이야. 금방 괜찮아질 거야"라고 대답해주자. 결국 아이는 주사를 맞을 것이고, 주사가 정말 아프다는 사실을 알게 될 것이므로, 거짓말을 하는 것은 당신을 믿는 마음만 손상시킬 뿐이다.

진료가 끝난 후 재미있는 활동을 계획하자. 아이에게 "진료가 끝나자마자, 정말 재미있는 놀이를 할 거야!"라고 말한다면, 아이는 재미있는 활동을 생각하며 병원 진료를 견뎌낼 수 있다. 또한 '병원 진료'라는 부정적 경험을 '재미있는 활동'이라는 긍정적 경험과 연관시키므로, 다음번에는 병원 진료에 대한 부담을 없앨 수 있다. 집에서 의사 놀이나 치과의사 놀이를 하는 것도 도움이 된다. 인형을 환자로 두거나 당신이 직접 환자가 되어보자. 아이와 번갈아가며 의사와 환자 역할을 해보자. 아이를 진료해주는 의사 선생님과 치과의사 선생님이 진료 중 했던 행동을 흉내 내보자.

가면이 무서워요

앞서 소개한 사례에서 보듯이, 어떤 아이는 가면을 쓰고 분장한 모습을 보고 무섬증을 느끼기도 하는데, 특히 어린아이일수록 더욱 그렇다. 유아기의 어린아이는 진짜와 가짜를 구분하는 것을 어려워한다. 분장과 가면이 진짜처럼 보일 수 있으므로, 아이는 가면을 쓰고 있는 '존재'가 평범한 사람이라는 사실을 깨닫지 못한다.

이런 두려움은 대개 아이가 자라면서 사라진다. 하지만 아이가 극심한 두려움을 보인다면 문제를 고쳐보려 시도할 수 있다. 쓰레기통 모양의 의상을 만들어서 아이에게 입혀주자. 쓰레기통으로 분장한 모습이 어떤지 거울을 보여주고 사진도 찍어 보여주자. 아이가 이것에 편안해지면 당신도 분장해 보자. 분장을 하기 전에 당신이 입으려고 하는 의상이 무엇인지 보여주자. 아이들이 가장 무서워하는 것이 바로 가면이므로, 가면은 마지막에 쓰는 것을 잊지 말자.

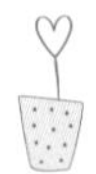

폭풍우와 날씨에 대한 두려움

의사를 무서워하는 것과 마찬가지로, 날씨를 무서워하는 것도 대개 아이가 좀 더 컸을 때 나타난다. 하지만 몹시 예민한 아이는 남들보다 비교적 어린 나이에 날씨에 대한 두려움을 보이기도 한다. 이런 시기에는 대개 폭풍우의 광경과 소리에 대한 두려움을 보인다. 이것을 다루는 방법은 취침 시간에 일어나는 문제를 다룬 4장에서 설명한 바 있다. 이것은 일반적인 날씨를 향한 두려움을 다룰 때도 유용하다.

수집하는 행동도 불안감의 다른 표현

아이가 수집하는 것을 좋아하는가? 아마 당신이 원하는 그런 수집가의 모습은 아닐 것이다. 불안해하는 아이는 물건 모으기를 좋아한다. 돌멩이, 씨앗, 반짝반짝 빛나는 쓰레기 조각, 음식점에서 받은 색깔 종이를 좋아하며, 절대 버리려고 하지 않는다. 어떤 아이는 자신이 찾아낸 보물을 며칠 동안이나 손에 꼭 쥐고 돌아다니기도 한다. 잘 때도 옆에 두고 자고, 어딜 가든지 가져가겠다고 고집부린다. 특히 아이가 그렇게 고집하는 물건이 다 먹은 껌 포장 종이 같은 것일 때, 부모는 적잖이 당황할 수 있다.

대개 이러한 수집 행동은 아이에게 어느 정도 안도감을 주는데, 일반적으로 아이가 자라면서 사라진다. 하지만 드물게 물건을 강박적으로 비축하는 등 더 심각한 행동으로 이어지기도 한다. 아이가 수집한 보물을 중요하게 여기는 마음을 무시하지 않는 태도가 중요하다. 아이가 소중하게 여기는 물건을 버리지 말자. 안전이나 위생 문제와 관련되지 않는 한, 그것이 쓰레기라느니 버려야 한다느니 하는 말은 전혀 도움이 되지 않는다. 이런 수집 행동에 관해 아이와 이성적인 대화는 나눌 수 없을 것이다. 대화를 시도하더라도 아이는 당신이 그것을 버릴까 봐 염려하며 방어적인 자세를 취할 것이다. 이런 습관이 더 심해지지 않도록 하면서도, 아이를 존중하고 있다는 태도를 보여주는 것이 좋다. 문제를 지적한다거나, 오히려 아이를 거들고 나서서 아이의 수집 행동을 조장하지 않도록 하자. 수집하는 행동이 깜찍하게 여겨질 수도 있겠지만, 통제를 벗어나 허용하게 된다면 그 문제가 지속될 수 있다.

아예 상자 하나를 마련하여 '보물 상자'라고 지정해주자. 보물 상자를 이 방 저 방 끌고 다니는 것을 좋아하는 아이도 있으므로, 이동 가능한 것이면 더 멋질 것이다. 보물 상자에 아이의 수집품을 모아두자. 아이가 심각한 수집벽을 보인다면, 물건을 그 상자 안에 딱 들어갈 정도로만 제한할 수 있다. 이미 상자가 꽉 찼는데도 더 담고 싶어 하면, 상자에 들어 있는 수집물을 몇 개 버려서 공간을 마련해야 한다고 말하자. 아이에게 물건 버리는 법을 가르칠 수 있을 뿐 아니라, 아이의 수집 행동도 제한하고 비축 행동도 방지할 수 있다.

어느 날은 보물을 몹시 탐내다가도 다음 날이면 그 보물에 대해 까맣게 잊어버리는 아이도 있다. 당신 아이가 만약 이렇다면, 부부 침실에 있는 서랍 하나를 비워서 아이에게서 잊힌 보물을 보관하자. 보물이 쌓이지 않게 하면, 아이의 수집 행동을 억제할 수 있다. 며칠이 지났는데도 아이가 그 물건이 없어진 사실을 깨닫지 못한다면, 그 물건은 완전히 버려도 괜찮을 것이다.

당신은 위에 있는 방법을 모두 사용해야 할지도 모른다. 아이에게 보물 상자를 마련해주는 한편, 오래되었거나 아이에게 잊힌 보물을 보관하는 서랍을 마련하자. 아이가 잊은 물건을 기억해내면, 다시 꺼내줄 수 있다. 잊힌 물건은 대개 잊힌 채로 남겨지지만, 혹시 모르니까 아이가 찾지 않으리라는 확신이 들 때까지 보관하도록 하자.

수집을 좋아하는 아이는 부모가 집에 있는 물건을 새것으로 바꾸거나 없애버릴 때도 힘들어한다. 불안해하는 아이는 주변에 있는 물건에 애착을 느끼기 때문에, 집 안 환경이 변하는 것을 싫어하는 경우가 많다. 가구나 바닥, 벽지가 바뀌는 것에도 매우 화를 낼 수 있다. 어떤 아이는 새로 산 소파에 앉기를 거부하며 옛날 소파를 가져오라고 완강하게 고집부릴지도 모른다. 아이가 그 상황을 통제해보려는 시도는 존중하되, 새로운 상황에 적응하지 못하는 것을 용납해서는 안 된다. 아이에게, 새로 산 소파에 앉지 않고 불편하게 지내는 것은 본인의 선택이므로 그렇게 할 수 있지만, 옛날 소파를 다시 들이는 일은 없을 것이라고 말해주자. 아이에게 변화를 이야기하자. 대화는 다음과 같이 이어질 수 있다.

아이 옛날 소파 다시 가져와!

부모 그 소파가 그립구나. 새 소파에 익숙해지기 쉽지 않지?

아이 응! 이 갈색 소파 싫어!

부모 알아. 하지만 옛날 소파는 더럽고 불편해.

아이 아니야! 나는 그게 더 좋아!

부모 네가 기분이 안 좋다는 건 알아. 하지만 더는 옛날 소파를 여기에 둘 수 없어.

아이 다시 가져오라고!

부모 한동안은 기분이 안 좋을 거야. 하지만 괜찮아질 거야.

상황을 설명하기에 앞서, 우선 아이의 감정을 인정하고 아이가 자신의 감정을 표현할 수 있게 해주자. 일반적으로 이러한 대화법은 아이와 소통하는 훌륭한 방법이다. 아이의 고통을 빨리 누그러뜨리려 하기보다는 아이가 한동안 자신의 감정을 그대로 느낄 수 있게 해주자. 불쾌한 감정을 갖는 것도 괜찮다. 부모가 항상 아이의 문제에 뛰어들어 고통을 없애줄 수는 없다. 고통과 불편은 삶을 배우는 과정의 한 부분이다.

버린 가구를 다시 가져온다든지, 옛날 카펫 조각을 아이에게 준다든지, 또는 창고에 옛날 물건을 보관하면서 아이가 수시로 드나들 수 있게 해준다든지 하는 방법들을 들으면 솔깃할 수 있다. 하지만 아이를 편드는 행동은 말리고 싶다. 아이가 건강한 대응 기제를 개발하고 순응할 수 있도록 돕는 것이 좋다. 버리려고 하는 낡은 물건을 붙들고 있게 내버려둔다면, 아이는 건강치 못한 대응 기제를 배울 뿐 아니라, 향후에 강박적 비축 행동을 보일 수도 있다.

차 타기가 무서워요

어떤 아이는 차에 탈 때 부정적인 반응을 보이기도 한다. 여기에는 여러 가지 이유가 있을 수 있다. 예민한 아이는 변화나 이 행동에서 저 행동으로 옮겨가는 이행 과정을 싫어하는데, 차에 타는 행위는 이 모두에 해당되기 때문이다. 더군다나 감각 문제까지 있다면 좌석에 몸이 매여 있는 것도 싫어한다. 아이가 안전벨트를 잡아당긴다면 아이에게 감각 문제가 있을 가능성이 크다.

차를 타게 되면 어디에 가고 있으며, 무슨 일을 하게 될지 항상 아이에게 알려주자. 이전에 한 번도 가보지 않은 생소한 곳이 아니라면, 미지의 세계에 대한 불안감을 없앨 수 있다. 곧 차가 출발할 것이라는 경고를 충분히 주어, 아이를 갑자기 차에 태우는 일이 없도록 하자. 아이가 안전벨트를 매는 것을 싫어한다면, 당신이 할 수 있는 일은 그리 많지 않을지도 모른다. 안전벨트가 불필요하게 아이의 가슴을 꽉 조이지 않고 맨살에 닿지 않도록 조심하자. 아이가 특히 예민하다면, 두툼한 유아용 안전벨트 커버를 사서 안전벨트에 씌우자.

차 타는 일을 더 재미있게 만들고 아이의 주의를 분산시키기 위해서는 '자동차 장난감'과 자동차에서 할 수 있는 오락거리를 이용할 수 있다. 차를 생각할 때마다 재미를 함께 떠올리게 하면, 승차에 대한 거부감을 줄일 수 있다. 창문에 붙일 수 있는 젤리 스티커를 준비하자. 겔 타입의 스티커로, 기념일 무렵 대형 마트에서 쉽게 찾을 수 있다. 당신이 운전하는 동안 아이는 창문을 예쁘게 장식할 것이다. 젤리 스티커는 쉽게 떨어지며 재사용도 가능하다. 그리고 차에 탈 때만 아이에게 주는 장난감 한두 개도 준비하자. 차 타는 시간만이 이 장난감들과 놀 수 있는 유일한 시간이므로, 아이는 기꺼이 차에 타려 할 것이다.

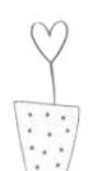

물에 대한 두려움

물에 대한 두려움은 유아기 때 생기는 보편적인 공포심이다. 대부분의 유아기 아동은 결국 이러한 두려움을 극복한다. 목욕을 두려워하는 현상은 6장에서 이미 살펴보았다. 아이가 물을 무서워하거나 불안해한다면 자주 물을 접하게 하는 것이 가장 좋다. 아이를 억지로 물에 들어가게 하지 말고, 가능한 한 자주 아이가 물을 접할 기회를 주는 것이 좋다. 아이가 물을 회피하는 시간이 길면 길수록, 아이의 두려움은 점점 더 커질 것이다.

아이가 덜 무서워하는 환경을 조성해주고 그곳에서 서서히 물에 익숙해질 수 있게 하자. 뒷마당에 플라스틱 욕조나 발을 담글 수 있는 작은 튜브 풀장을 설치하자. 여름에 욕조나 풀장에 10~20센티미터 정도만 물을 채워 경험할 기회를 주자. 재미있는 장난감이나 목욕 놀이용 물감을 준비하여 아이가 더 오랫동안 물에서 놀 수 있게 하자. 10~20센티미터밖에 안 되는 물이지만, 항상 아이 주위에 머물도록 하자. 아이가 점점 자신 있어 하면, 물의 양을 조금씩 늘려가자.

엄마 아빠와 함께하는 수영 수업 또한 도움이 될 수 있다. 대개 이러한 수업들은 아이가 흥미를 느낄 수 있도록 프로그램도 잘 짜여 있어서, 아이가 물에 대한 기초 감각을 익히도록 해준다. '가라앉지 않으려면 수영하라'는 식으로 교육하는 수영 교실에는 절대 등록하지 않도록 하자. 불안해하는 아이에게 엄하고 무서운 방법은 역효과가 날 수도 있다. 수영 교사가 윽박지르며 아이 머리를 억지로 물속에 넣게 하면, 아이는 절대로 다시는 수영하고 싶어 하지 않을 것이다. 급히 서두르면 망친다. 아이를 제대로 훈육하고 지지하는 수영 수업을 찾아보자.

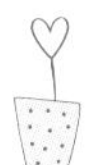

자동 장난감 무섬증

어린아이는 스스로 움직이는 장난감을 보고 무섬증을 느낄 수 있다. 전혀 예측하지 못한 일은 아이에게 잠재적인 위협으로 느껴질 수 있다. 아이에게 장난감 조작 스위치가 어디에 있는지 보여주자. 무섬증을 느낄 때 장난감을 어떻게 끌 수 있는지 익히게끔 도와주자.

어떤 아이는 자동 장난감을 가지고 놀 준비가 안 되었을 수 있다. 특히 그 장난감이 진짜 같으면 더욱 그렇다. 아이가 움직이는 장난감을 보고 불안해하면, 눈앞에서 얼른 치우고 아이가 좀 더 컸을 때를 위해 보관하도록 하자. 아이가 얼마나 빠른 속도로 다음 발달 단계로 나아가는지 알면 깜짝 놀랄 것이다. 이전에 무서워하던 장난감이 불과 몇 달 후면 가장 좋아하는 장난감이 되어 있을 테니 말이다!

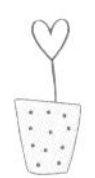

시끄러운 소리에 예민하다면

시끄러운 소리는 어느 아이에게나 아주 무서운 공포일 수 있다. 소리가 언제 날지 예측할 수 없고, 가끔은 어디서 나는지도 알지 못하면 아이는 무섬증을 느낀다. 유아기 아동은 주변 환경을 알아가기 시작한 단계이므로, 소리가 어디에서 나는지 잘 알아내지 못한다. 탐정 놀이를 통해, 어떤 소리가 아이를 무섭게 만드는지 발견하도록 도와주자. 아이가 쓰레기차 소리를 무서워한다면, 쓰레기차가 집 앞에 왔을 때 아이를 창가로 데려가자. 쓰레기차가 어떤 소리를 내고 있는지, 길에서 무슨 일을 하고 있는지 볼 수 있게 하자. 다음번에 쓰레기차 소리가 들릴 때 스스로 창가로 가서 쓰레기차를 관찰할 수 있도록 용기를 북돋우자. 아이가 쓰레기차 소리와 쓰레기차가 하는 일에 익숙해질수록 그 소리에 대한 두려움도 줄어들 것이다.

소리를 둘러싼 불안의 핵심 요소는 청각 과민증과 관련이 있다. 청각 과민증을 비롯한 감각 처리 문제는 11장에서 좀 더 자세하게 다룰 예정이다. 소리에 더욱 민감한 아이는 남들보다 소리를 더 크게 듣는다. 진공청소기 소리가 아이에게는 천둥소리만큼 크게 들릴 수 있다. 이 때문에 청소기와 음식물 처리기를 돌리는 일, 심지어 세탁기를 돌리는 일까지 힘들 수 있다. 아이에게 무엇 때문에 그러한 소리가 나는지 보여주자. 소리 강도를 줄여주는 어린이용 헤드폰을 쓰게 하면 도움이 된다. 아이가 직접 진공청소기, 음식물 처리기, 세탁기를 켜고 꺼볼 수 있게 하자. 아이는 자기에게 소리를 통제할 힘이 있다고 느끼게 될 것이다. 아이를 당황하게 할 수 있는 집안일을 할 때는 미리 알려주자. 당신이 일하는 동안 헤드폰을 쓰든지 다른 방에 가든지 아이가 직접 선택하게 하자. 아이가 소리에 익숙해지길 원한다면, 아이에게 맞춰서 당신의 활동을 바꾸어서는 안 된다. 대개 아이들은 커가면서 집 안 소음을 대수롭지 않게 여기게 된다.

불꽃놀이 구경을 가거나, 몬스터 트럭 쇼, 음악 축제처럼 시끄러운 행사에 갈 때는 미리 왁스 귀마개를 챙겨 가서 아이 귀에 들리는 소리 강도를 줄여주자. 왁스 귀마개가 고무 귀마개보다 아이의 작은 귀에 맞게 모양이 쉽게 잡히므로 더 낫다. 헤드폰도 효과가 비슷하겠지만, 아이가 감각 문제가 있다면 장시간 머리에 무언가를 쓰고 있는 것 자체를 힘들어할 수 있다. 게다가 당신은 지금 아이가 커가면서 처하게 될 다양한 환경에서도 활용 가능한 대응 기제를 발달시키려고 하고 있다. 취학 연령이 되면 아이는 아마 헤드폰이 너무 눈에 띈다고 생각할 것이므로, 왁스 귀마개와 같이 눈에 잘 띄지 않는 물건을 사용하는 방식을 더 선호하게 될 것이다.

낯선 사람을 힘들어한다면

유아기 아동은 대개 커가면서 주변 사람을 믿으며 다정하게 대하기 시작한다. 하지만 직계가족 외의 사람을 여전히 무서워하는 아이를 둔 가족에게는 간단한 놀이 모임이나 파티, 공원 나들이도 끔찍한 경험이 될 수 있다.

아이가 낯선 사람을 보고 힘들어한다면, 아이가 유치원에 들어갈 나이가 되기 전에 이 문제를 해결하는 것이 좋다. 유아기 아동은 대부분 자라면서 낯선 사람에 대한 두려움을 자연스럽게 극복한다. 하지만 직계가족 이외의 사람과는 대화하지 않으려 하는, '선택적 함구증'이라 부르는 심각한 문제가 있는 아이도 소수 존재한다. 선택적 함구증은 12장에서 더 자세하게 다루려고 한다.

아이가 모르는 사람들과 함께 있어도 편안히 느끼게 하기 위해 각 단계를 차근차근 밟아갈 수 있게 도와 주자. 지금껏 아이에게 낯선 사람이 위험하다는 말을 계속해왔다면, 이제는 그 말을 잠시 멈출 때일 수도 있다. 아이가 낯선 사람을 만났을 때 당신의 다리 뒤나 품속으로 숨으려 한다면, 아이가 다른 사람과 억지로 대화하도록 다그쳐서도 안 되고, 아이를 대변해주면서 숨는 행동을 더 조장해서도 안 된다. 아이가 작은 첫걸음을 뗄 수 있게 하자. 아이가 숨을 때 이렇게 말해주자. "다른 사람과 말할 필요는 없어, 하지만 이제 그만 숨자. 알았지?" 이렇게 말하면, 아이는 다른 사람이 자기에게 기대하는 것이 없다는 사실을 알게 되므로 안전함을 느낀다. 일단 아이가 숨지 않아도 편안하게 느끼기 시작했다면, "어떤 사람이 말을 걸어도 대답할 필요는 없어. 그래도 웃거나 손은 흔들어주자"라고 말해줌으로써, 한 단계 더 나아가보자. 아이가 다른 사람에게 우호적으로 대할 수 있게 단계를 계속 밟아나가도록 용기를 북돋우자. 아이가 낯선 사람과 말을 많이 섞지 않거나 완전히 편하게 느끼지 않을 수도 있다. 하지만 아이가 낯선 사람과 있을 때 불안해하지 않고 공손하게 대하는 모습을 기대할 수 있다. 또래와의 상호작용은 8장에서 자세히 다룰 것이다.

사람 많은 곳을 싫어한다면

사람들로 북적거리는 상황은 예민한 아이에게 지나친 자극을 주어 혼란스럽게 할 수 있다. 시끄러운 소리, 북새통의 광경, 뒤죽박죽 섞인 음식 냄새는 예민한 아이에게 감각 과부하를 일으킬 수도 있다. 유아기 아동은 놀이공원이나 워터파크, 전시장, 축제, 콘서트 같은 장소에서 감각 과부하를 경험할 수 있다.

어떤 부모는 아이를 곤경에 빠뜨리는 그런 곳에는 갈 필요가 없다고 여긴다. 나도 동의한다. 모든 사람이 북적이는 곳을 좋아하지는 않으며, 아이가 편안히 여기는 것도 아니다. 아이는 사람이 많이 모인 곳을 결코 좋아하지 않을 수도 있다. 하지만 언젠가는 사람이 북적대는 곳에 가야 하거나 가고 싶을 때가 있기 마련이다. 가족 중 다른 아이가 재미있는 활동을 원할 때, 한 아이 때문에 다른 식구가 이런 재미를 놓치는 것은 불공평하다.

이럴 때는 유모차를 챙겨 가자. 유아기에 있는 아이는 유모차 안에 있을 때 더 편안함을 느끼는 경향이 있다. 유모차에 앉아 있으면 주위 사람들에게서 방해받지 않고, 다른 사람에게 치인다거나 떠밀린다는 느낌을 받지 않는다. 게다가 부모가 유모차를 밀고 있다는 사실을 알고 있으므로, 당신을 잃어버릴 염려를 하지 않아도 된다. 만약 아이가 시각적으로 보이는 광경에 불안해한다면, 책을 꺼내 보여주자. 아이의 시선을 책에 고정시킴으로써 시각적인 자극을 제한하여 불안감을 줄여줄 수 있다. 만약 아이가 소리에 민감하다면, 소리 강도를 줄여주는 왁스 귀마개를 챙겨 가자. 아이가 고요한 음악을 좋아하면, 헤드폰을 씌운 다음 음악을 틀어주자. 아이가 낯선 사람들에 둘러싸였다는 느낌이 들지 않게, 군중을 한편에 두고 걷자. 군중에서 떨어진 곳에 잠시 아이를 데려가 이따금 마음을 진정할 수 있게 도와주자.

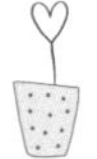

완벽주의 성향과 좌절감

아이가 취학 연령이 될 때까지 완벽주의 성향은 나타나지 않을 것이라고 생각할 수도 있다. 하지만 조금만 세심하게 주의를 기울이면, 이러한 행동이 유아기 때 시작된다는 사실을 알 수 있다. 어떤 아이는 당연한 듯 엄마 배 속에서 나오자마자 모든 것을 알기를 기대한다. 이런 아이는 어떤 일을 빨리 익히지 못하거나 몇 단계 내에 완전하게 습득하지 못하면 쉽게 좌절한다. 이때가 바로 아이에게 '연습이 완벽을 만든다'라는 개념을 알려줄 중요한 시기이다. 아이를 위한답시고 당신이 개입하여 그 일을 끝내준다면, "괜찮아, 너는 지금 그 일을 할 수 없어. 내 도움이 필요해"라는 메시지를 무심코 던지고 있는 것이다. 이런 일이 반복되면, 아이는 '포기하는' 태도를 지닐 가능성이 커지며, 자신의 일을 끝내야 할 때 주변에 있는 사람을 물색하는 방법을 터득하게 된다.

아이는 이러한 교훈을 옷을 입거나 신발을 신는 것과 같은 간단한 일을 하면서도 배울 수 있다. 당신은 아이가 반대쪽 바지 자락에 다리를 잘못 끼워 넣고 낑낑대거나 펜 뚜껑을 거꾸로 쥔 채 닫으려고 끙끙대는 모습을 얼마나 많이 지켜보았는가? 그럴 때마다 "너는 할 수 있어", "좋아, 거의 다 했어. 다시 한 번 해봐"라며 아이의 용기를 북돋우자. 아이가 다시 시도하려 하지 않으면, 그 행동을 처음부터 시작하게 해보자. 절대로 아이 대신 그 일을 끝내주어서는 안 된다.

예를 들어, 발을 바지 자락에 맞게 넣어준 다음 "좋아, 다시 해봐. 난 네가 할 수 있다는 걸 알아!"라고 하거나, 펜 뚜껑을 펜 위에 똑바로 맞춰 올려놓고는 완전히 닫지 않은 채, "좋아, 이제 눌러봐. 우와! 해냈네. 봐, 넌 혼자서도 할 수 있어!"라고 말해주자. 만약 아이가 어려운 일을 하다가 좌절한다면, "사람은 누구나 어떤 일을 잘하려면 연습을 해서 익혀야 한단다. 엄마도 처음에 어떻게 하는지 몰랐었지만, 절대로 포기하지 않고 연습했어! 너도 할 수 있어!"라고 설명해주자.

아이가 항상 모든 것을 완벽하게 하려고 한다면, 가끔은 덜 완벽한 것을 만들어보게 하자. 아이가 당신에게 그림 그리는 법을 가르쳐주려고 하거나 당신이 뭔가를 '잘못'하고 있다고 지적한다면, 그 순간을 기회 삼아, '모든 사람은 각기 다른 방식으로 일을 하며 거기에는 옳거나 그른 방식은 없다'는 사실을 알려주자. 모든 일을 완벽하게 할 필요는 없으며, 실수도 배움의 일부라는 사실을 반복해서 말해주자. 당신이 아이와 만들기 놀이를 하고 있다면, 가능한 한 완벽하게 만들려고 너무 애쓰지 말자. 엄마나 아빠가 만든 것이 늘 흠잡을 데 없어 보이면, 아이는 의욕을 잃을 수도 있다. 아이가 그림을 그릴 때는 지지해주는 일에 집중하자. 그림 그리는 모습을 관찰하면서 의견을 덧붙여주자. "그 색을 칠하다니 정말 멋지구나" 또는 "정말 아름다운 그림인걸!"이라고 말이다. 만약 아이가 자기가 그린 그림에 실망한 것 같으면 이렇게 말해줄 수 있다. "음, 난 마음에 쏙 드는걸. 벽에 걸어놓아야겠구나!"

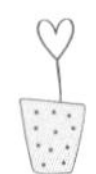

먼지가 무서워요

만약 집 바닥이 타일이나 나무로 되어 있다면, 당신은 아마 먼지 뭉치에 친숙할 것이다. 짜증스러운 먼지와 머리카락이 바닥 구석구석과 가구 밑 여기저기에 뭉쳐 있을 테니 말이다. 먼지 뭉치는 부모에게는 그저 청소해야 할 것일 뿐이지만, 불안해하는 아이에게는 완전한 공포를 불러일으키는 털북숭이의 무시무시한 생명체가 될 수 있다!

아이가 먼지 뭉치를 무서워한다면, 먼지 따위와 다시 접촉할 일은 없을 거라고 아이를 안심시키며 아이의 반응에 동조해서는 안 된다. 앞에서 살펴본 다른 두려움과 마찬가지로, 당신이 원하는 것은 아이가 두려움에 맞서서 결국 먼지 뭉치를 아무렇지 않게 여기는 것이다. 먼지 뭉치 하나를 집어서 그것이 무엇으로 이루어져 있는지 설명해주자. 한 부분을 당겨서 먼지 뭉치가 먼지와 머리카락이 가득 엉켜 있는 물질일 뿐이라는 사실을 확인시켜주자. 아이에게 먼지 뭉치를 손으로 잡아보라고 용기를 북돋워주고 직접 분리하게 해보자. 청소할 때 아이가 먼지를 집어 쓰레기통 안에 넣게 하자. 아이가 심하게 무서워하면, 그 일을 도전으로 만들어 해냈을 때 상을 탈 수 있다고 말하자. 먼지 뭉치에 대한 두려움을 없애지 않아도 아이가 인생을 사는 데는 아무런 지장이 없다. 하지만 당신은 아이가 두려움을 잘 극복하도록 용기를 불어넣어 주고, 그 결과 아이가 자라나면서 새로운 공포와 두려움의 목록을 늘려가지 않게 돕고 싶을 것이다.

계단에서 넘어질까 봐 두려운 아이

조심성 많고 불안해하는 아이 중에서는 계단에서 넘어질까 봐 두려워하는 아이도 있다. 예전에 굴러떨어졌던 경험 때문일 수도 있고, 단지 추락하는 것에 대한 두려움 때문일 수도 있다. 아이는 정신적으로 충격적인 사건을 겪어야만 두려움을 갖는 것은 아니다. 이러한 두려움은 감지하기 어려우므로, 어떤 부모는 아이에게 이런 문제가 있다는 사실조차 알지 못한다. 아이가 계단을 올라갈 때 안아달라고 조르거나 계단을 오르내릴 때 엉덩이를 사용한다면, 계단에 대한 두려움의 암시일 수 있다.

이럴 때는 아이의 두려움에 동조하지 않는 게 중요하다. 아이의 요구에 굴복하여 안아주는 일을 해서는 안 된다. 아이가 계단을 엉덩이로 오르내린다면, 당신이 안아서 옮겨주는 것보다 걷는 데에 한 발짝 더 가까워진 것이다. 가능한 언제나 아이의 독립성을 북돋워주는 노력을 하자. 당신은 아이에게 "넘어질까 봐 두려운 것 같구나. 무서우면 지금부터 엉덩이로 내려갈 수 있어. 하지만 엄마가 안아주지는 않을 거야" 라고 말하며, 스스로 두려움을 다스리도록 도울 수 있다. 벽이나 난간을 잡고 오르내리는 방법을 가르쳐주자. 아이가 엉덩이로 계단을 오르내리는 동안 계단을 더는 무서워하지 않게 되면 일어서서 오르내려 보라고 격려해주자.

 트라우마 때문에 생기는 두려움

예민한 아이는 놀라운 기억력으로 용서하지 못할 기억을 간직하기도 한다. 할머니 집에 가는 방법을 기억하고, 엄마가 자신에게 한 약속을 기억하며, 충격적인 경험들을 모조리 기억하고 있다. 불안해하는 아이는 작은 트라우마를 경험하면, 미래에 그 상황을 피하려고 애쓸 가능성이 훨씬 커진다.

아이가 그네를 타다가 발을 헛디뎌 떨어지는 등 작은 트라우마를 경험한 적이 있다면, 아이를 다시 같은 상황에 노출시켜보자. 아이가 그러한 상황을 더 오래 회피하면 할수록, 두려움은 점점 더 깊숙이 몸에 밸 것이다. 예를 들어, 아이가 미끄럼틀에서 너무 빨리 미끄러져 내려와 끝에서 넘어졌다면, 당신이 할 일은 아이가 다시 미끄럼틀을 타고 내려오게 용기를 북돋워주는 것이다. 아이가 안전하다고 느끼기 위해서는 당신이 미끄럼틀 끝에 서 있다가 붙잡아주겠다고 말해줄 수 있다. 어쩌면 조금 아이를 어르고 달래야 할지 모른다. 하지만 아이가 트라우마 없이 미끄럼틀을 '다시' 탈 수 있다면, 향후 트라우마가 지속될 가능성은 더 적어진다.

아이가 넘어지거나 다쳤다면, 찢어지고 긁힌 상처를 잘 치료한 다음 다시 같은 활동을 경험할 수 있게 하자. 당신은 아이에게 "되감기 버튼을 눌러 처음부터 다시 한 번 해보자! 이번에는 다치지 않을 거야!"라고 재미있는 놀이를 제안할 수 있다. 아이의 마지막 기억이 긍정적이어야 좋다. 이렇게 하면, 아이는 앞으로 계속 따라다닐지도 모를 나쁜 기억을 무력화시킬 수 있다.

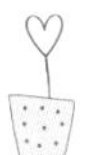

아이의 두려움을 다스리는 방법

두려움의 근원을 알아내자

당연한 말처럼 들리겠지만, 아이가 두려움을 극복하도록 돕기 위해서는 우선 무엇이 아이를 두렵게 만드는지 알아야 한다. 나는 상담을 하면서, "아이가 차를 타면 비명을 질러요"라든지, "혼자서는 잠을 자지 못해요"라며 아이의 회피성 행동은 자세히 설명하면서 아이가 왜 그런 행동을 하는지는 제대로 설명하지 못하는 부모를 많이 만나왔다. 아이가 차에 탈 때 무엇 때문에 고래고래 소리를 지르는지 모른다면 소리 지르지 않게 할 해결책을 찾아낼 수가 없다. 안전벨트 매는 것을 싫어하나? 아니면 병원에 데리고 갈까 봐 두려워하는 걸까? 그 누가 알겠는가? 아이가 두려워하는 것이 무엇인지 당신이 알고 있을 것이라고 장담하지 말자. 아이의 대답을 들으면 깜짝 놀랄 테니 말이다.

무엇이 아이를 두렵게 하는지 알아내려면, 아이가 어떤 유형의 질문을 하는지에 관심을 기울여야 한다. 아이가 반복해서 당신에게 안심시켜줄 대답을 유도한다면, 이는 대개 아이의 불안과 관련되었다고 볼 수 있다. 아이가 "차 타러 가는 거야? 차 싫어!"라는 말을 했다면, 이는 아이에게 승차와 관련한 두려움이 있음을 암시한다. 아이의 질문을 묵살하지 말고, "왜 차 타기가 싫을까?" 또는 "차에서 뭐가 제일 싫어?"와 같은 개방형의 질문을 던져보자. 아이가 차와 관련해 느끼는 두려움을 미리 주도적으로 살펴본다면 아이가 차에 타기만 하면 떼쓰고 난동 부리는 상황을 피할 수 있을 것이다. 일단 아이가 울고 보채기 시작하면 아이가 떼쓰며 자지러지는 상황을 속수무책으로 지켜볼 수밖에 없다.

놀이를 관찰하자

아이의 놀이 주제를 관찰하자. 아이가 하는 놀이는 저마다 주제를 담고 있는데, 그 주제는 아이의 마음이 온통 무엇에 사로잡혀 있는지 알려준다. 아이의 놀이를 그냥 놀이로만 받아들이지 말자. 대부분의 놀이는 아이가 실생활에서 느끼는 주제와 감정을 과장하여 표현하고 있기 때문이다. 어떤 놀이는 꽤 충격적일 수도 있다. 예를 들어, 아이가 화장실에 가는 것과 같은 특정한 행동을 회피한다면, 그 주제를 놀이에 포함시켜보자. 아이에게 인형과 장난감 화장실을 주고 아이가 어떻게 행동하는지 관찰하자. 무엇이 아이를 두렵게 하는지 알고 싶다면, 놀이에 개입하지 말고 지켜보자.

아이가 무엇을 보는지 살펴보자

아이가 TV에서 무엇을 보는지 관찰하자. TV 프로그램과 영화는 부모가 방심하는 사이 아이에게 갑작스러운 공포를 유발할 수 있다. 만약 아이가 TV를 본 후 원인 모를 공포를 갖게 되었다면, 직접적으로 물어보자. "TV에서 무서운 거 봤니?"라고 말이다. 가끔 전혀 위험하지 않을 것 같은 TV 프로그램이 생각지도 않게 아이를 불안하게 만들 때가 있다. 〈니모를 찾아서〉나 〈겨울 왕국〉 같은 영화는 하나도 해로울 것 같지 않다. 하지만 예민한 아이는 주인공 부모가 죽었다는 사실에 집착하여 부모를 잃을 수 있다는 두려움에 빠질지도 모른다. 그렇다고 아이를 이 모든 것들과 차단시킬 수도 없고, 무엇에 불안감을 느끼게 될지 항상 예측할 수도 없는 노릇이다. 〈세서미 스트리트Sesame Street〉(미국의 인기 어린이 프로그램 · 옮긴이) 같은 프로그램은 아이가 시청하기 전에 부모가 미리 에피소드를 확인할 필요는 없다. 하지만 조금이라도 공포를 유발할 소지가 있는 프로그램은 주의해야 한다. 만약 아이가 프로그램을 보면서 자주 눈을 가리거나 예민한 모습을 보인다면, 그 프로그램이 아이에게 너무 무섭다는 뜻일 수 있다.

만약 아이가 쉽게 미디어의 영향을 받아 불안해 한다면, 어린이용 TV 프로그램 외에 다른 프로그램은 시청하지 못하게 하자. 아이는 심지어 다른 놀이를 하는 와중에도 당신이 켜놓은 TV에서 무서운 장면이 나오는 성인 프로그램이나 뉴스, 광고를 흘낏 볼 수 있다. 나는 상담을 하면서, 뉴스나 공포 영화 예고편을 봤을 뿐인데도 강렬한 공포에 사로잡힌 아이들을 많이 보았다. 영화 예고편은 꽤 무서울 수 있다!

육아 태도에 균형감을 찾자

일단 아이가 느끼는 두려움의 원천을 파악했다면, 이제는 소매를 걷어붙이고 아이를 도와줘야 한다. 아이의 두려움을 다룰 때, 부모는 두 가지 극단에 빠질 위험이 있다. 하나는 아이의 두려움을 이해한다면서 과도하게 포용하는 태도를 보이는 것이며, 또 하나는 이와 정반대로 가혹하고 냉담한 태도를 보이는 것이다. 가장 좋은 육아 태도는 아이가 두려움을 이겨낼 수 있게 적극적으로 도와주다가도, 아이가 너무 힘들어할 때는 기다려주는 것이다. 이것은 어느 쪽에도 치우치지 않는 균형잡힌 태도인데, 어느 부모라도 어렵다고 느낄 만하다. 두려움에 떠는 아이에게 지나치게 포용적인 자신의 모습을 발견하고 책망하지는 말자. 아이들도 지치고 부모도 지친다.

힘든 하루를 보낸 어떤 날은 아이를 도울 만한 에너지가 없다가도,

어떤 날은 슈퍼맘 슈퍼대디가 되고픈 열정에 사로잡혀 아이가 공포에 맞서기를 바랄 때도 있다. 불행하게도 당신이 들이는 노력에 비해 아이가 열성적으로 따라오지 않을 때도 있을 것이며, 모르는 사이에 아이를 지나치게 몰아붙이고 있는 자기 모습을 발견하는 때도 있을 것이다. 나는 완벽한 부모를 본 적이 없다. 나 자신을 포함해서 말이다. 우리는 모두 실수투성이이다. 때로는 강도를 낮추어야 하며, 때로는 아이의 두려움을 그대로 수용하지 않도록 자신을 몰아붙이기도 해야 할 것이다. 이러한 끊임없는 조정이 육아의 과정인 것이다!

놀이를 통해 힘 북돋워주기

아이가 무엇을 무서워하는지 알았다면, 놀이를 통해 두려움을 다루는 법을 가르칠 수 있다. 아이가 놀이를 하면서 자신의 불안을 주제로 다루고 있다면, 당신이 직접 놀이에 참여하여 용기를 북돋울 수 있다. 혼란스럽게 들릴 수도 있지만 실상은 정말 간단하다. 아이가 변기를 무서워한다면, 아이에게 인형과 장난감 변기를 쥐여주고 놀아보게 하자. 당신이 인형 역할을 맡고, 아이가 인형의 부모 역할을 맡게 하자. "화장실에 가기 싫어요! 너무 무서워요!"라고 하며 인형이 말하는 것처럼 말해보자. 아이는 통제하는 입장을 취하며, 대개 "할 수 있어!"와 같은 말로 인형에게 용기를 북돋우기 시작할 것이다. 가끔 아이는 당신이 평상시 하던 말을 그대로 흉내 낼 것이다. 역할 바꾸기를 통한 권한 이행은 아이가 어떤 이유에서 두려움이 생겨났는지 표현할 수 있게 해준다. 아이의 두려움을 완전히 해소하지는 못하겠지만, 유용한 도구로서 아이가 다른 관점에서 자신의 두려움을 처리하도록 돕는다.

스토리텔링을 이용하기

또 다른 접근법으로 스토리텔링을 이용하는 방법도 있다. 유아기에 있는 아이는 이야기를 좋아하는데, 특히 자신이 이야기의 주인공일 때 더욱 그렇다! 아이는 삶에 대한 교훈이 이야기 형태로 되어 있을 때 더 빨리 배운다. 아이가 어려움을 겪고 있을 때는 문제를 과도하게 진행하기보다는 이야기를 만들어 들려주는 편이 더 낫다. 예를 들어, 아이가 수영 교실에 가는 것을 무서워한다고 가정하자. 수영에 관해 이야기하는 대신, 다음과 같이 말해줄 수 있다.

이야기 하나 해줄까? 옛날에 '존'이라는 소년이 있었대. (당신 아이의 이름을 넣어주자) 존은 수영을 배우고 싶었지만 물이 너무 무서웠어. 수영 선생님도 아주 멋지고, 함께 수영을 배우는 친구들도 너무너무 착한 아이들이었지. 존은 겁이 났지만, 수영을 배우고 싶은 마음이 간절했어. 여름에 수영장에서 노는 것을 좋아했거든. 미끄럼틀을 타고 내려올 수 있다면 훨씬 더 재미있을 거야. 존은 스스로에게 '두려움이 나를 지배하게 놔두지 않을 거야!'라고 다짐했어. 존은 멋진 선생님이 자신에게 나쁜 일이 생기게 내버려두지 않을 것이라고 생각했지. 엄마도 수영장 바로 옆에서 지켜보고 있다는 사실을 떠올렸어. 존은 두려움에 맞서기로 마음을 먹었단다. 멋진 수영 선수가 되기로 한 거야!

용기를 북돋워주는 이야기를 해준다고 해서 아이가 당장 이야기 속 주인공처럼 행동하지는 않는다. 그렇지만 이야기는 아이에게 동기를 부여해준다. 또한 아이의 감정을 인정해줄 뿐 아니라, 문제를 다르게 생각하는 방법도 제시해준다.

심호흡을 가르치자

일반적으로 아이에게 심호흡하는 법을 가르치면 도움이 된다. 아이는 불안할 때면 얕은 호흡을 하는 경향이 있고, 심각한 공황 상태에 빠지면 과호흡을 할 수도 있다. 어린아이에게 심호흡하는 법을 가르칠 때 비눗방울 불기는 멋진 도구가 된다. 아이는 비눗방울이 점점 커지는 것을 보면서 자신의 호흡을 시각적으로 가늠할 수 있다. 비눗방울을 제대로 날리려면 호흡을 다스려야 한다. 아이는 성공적으로 비눗방울을 날리려고 노력하면서 호흡을 통제하기 시작할 것이다.

아이의 작은 귀를 의식하자

분명 당신은 가끔 배우자나 친한 친구, 또는 친척들에게 예민한 아이를 키우면서 겪는 고충을 털어놓을 것이다. 주변 사람에게서 지지와 조언을 얻는 일은 아주 좋다. 하지만 아이에 대해 다른 사람과 이야기할 때 작은 귀가 당신 얘기를 듣고 있지는 않은지 꼭 확인하자. 부모들은 아이가 자신의 이야기를 얼마나 많이 경청하고 있는지 깨닫지 못한다. 아이는 놀면서도 당신의 이야기에 귀 기울일 수 있다. 아이가 노는 데 열중하고 있다고 해서 당신이 하는 대화 내용을 듣고 있지 않다는 뜻은 아니다. 예민한 아이라면 당신이 하는 말들이 아이의 발달과 자존감에 꽤 커다란 손상을 입힐 수도 있다. 당신은 아이가 자신의 문제로 어른들이 힘들어한다거나 스트레스를 받고 있다는 사실을 모르길 바랄 것이다. 함께 문제를 터놓고 의논하는 개방적 가족이라 할지라도, 아이가 듣고 있는 데서는 아이 문제를 어른들끼리 의논하지 말자.

일반적으로 아이가 있는 곳에서 이야기하는 일은 조심해야 한다. 부모는 자주 전화로 배우자나 친구에게 날씨나 오늘 일어난 일에 대해 이야기한다. 재정 문제나 결혼 생활의 어려움, 다른 고충들을 이야기할 수도 있다. 어린아이는 이런 대화 내용을 전부 이해하지 못하므로, 우연히 듣게 된 것에서 사실이 아닌 내용을 믿을 수도 있다. 예를 들어, 당신과 남편이 싸우는 것을 들었다면, 아이는 부모가 자기 때문에 싸우는 것이라 여기고 두려워할 수 있다. 유아기 아동은 매우 자기중심적이다.

놀이 시간과 사회 불안

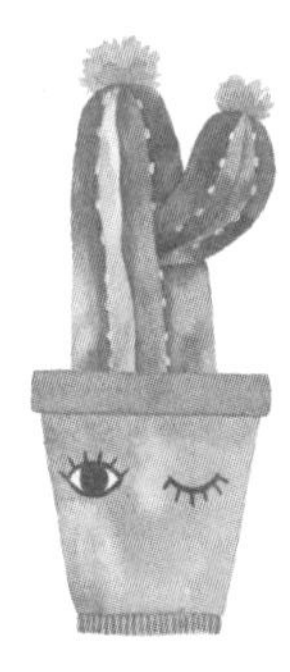

아이가 조심성이 너무 많아요

비키와 던은 항상 둘째 아들 제이크를 조심성이 많은 아이라고 설명했다. 제이크는 말도 늦게 뗐고 걸음마도 늦게 시작했는데, 넘어지지 않고 걸을 수 있다는 자신감을 충족하고 나서야 걷기 시작했다. 만 한 살이 되었을 때 제이크는 직계가족이 아닌 사람에게 불안을 드러내기 시작했다. 마트에서 사람들이 다가오면, 제이크는 고개를 숙이고 눈길을 피했다. 처음에 비키는 제이크가 곧 이 시기를 지나게 될 것이라고 여겼다. 첫째 아들도 어렸을 때 잠깐 동안 수줍음을 많이 탔지만, 결국에는 모든 사람에게 아주 친절한 아이가 되었기 때문이다. 하지만 제이크의 불안감은 계속 커져갔으므로, 비키는 결국 제이크의 불안감이 발달 과정에서 일어나는 일이 아니라 아이의 성격에서 비롯되었다는 사실을 받아들여야 했다. 다정다감하고 사람들과 잘 어울리는 성격인 비키는 제이크를 다루는 것이 힘들었다. 인정하기 싫었지만 비키는 제이크가 아무 이유 없이 불친절하고 무례하게 군다고 생각했고, 제이크의 행동은 비키를 난처하게 만들었다.

비키는 놀이 모임에 가는 일이 두려워지기 시작했다. 놀이 모임에 갈 때면 제이크는 비키의 다리에 찰싹 붙어 떨어지지 않으려고 했다. 만약 누가 말이라도 걸어오면 엄마에게 안아달라고 떼를 썼다. 비키는 제이크를 대변하는 데 익숙해졌다. "미안. 우리 애가 부끄럼을 많이 타!"라고 말이다.

비키는 온갖 말로 제이크를 달래서 친구에게 인사를 시켜보려 했다. 비키의 친구들도 "오, 제이크, 눈이 정말 예쁘네. 항상 숨기고 있어서 이렇게 예쁜 줄 몰랐는걸. 이리 와서 보여줄래?"라고 말하며 비키를 거들었다. 하지만 제이크는 엄마 어깨에 더 깊숙이 얼굴을 파묻을 뿐이었다. 결국 비키는 인사시키기를 포기하고, 제이크를 내내 안고 다니면서 아이를 대변했다. 비키의 친구들이 제이크에게 다가와서 "쿠키 좀 먹어볼래?"라고 물으면, 비키가 제이크 대신 "쿠키 좀 주세요"라며 대답했다. 비키는 제이크 때문에 난처했고, 정말 그러고 싶지 않았지만 제이크를 주위에 있는 사교적인 아이들과 비교하지 않을 수 없었다. '죽어라 내 다리를 붙들고 있는 이 작고 낯선 아이는 도대체 누구지?'라는 생각이 자주 들었다.

아빠 던은 엄마 비키보다 제이크를 훨씬 더 잘 이해했다. 어쨌든 던은 말수가 적고 조용한 성격이었기 때문이다. 비키는 남편 던이 며칠 동안 말하지 않고도 잘 지낼 수 있을 거라며 농담하곤 했다. 던은 웃으며, 무언가 중요하게 할 말이 없으면 말을 아예 안 하고 싶다며 농담을 되받아쳤다. 비키는 말하기를 좋아하고 던은 듣기를 좋아했기 때문에 둘은 더할 나위 없이 어울리는 한 쌍이었다. 비키와 던은 항상 그런 방식으로 서로를 보완한다고 여겼다. 던은 비키에게 "제이크는 단지 나 같은 성격일 뿐이야. 아무 문제 없어"라고 말하곤 했지만, 비키는 이 '문제'를 고치기 위해 어떤 조치를 해야 한다고 주장했다. 던은 아내 비키에게 때가 되면 제이크가 스스로 활기를 찾을 테니 내버려두라고 했지만, 비키는 그 말을 받아들이지 않았다. 이 문제로 부부는 끝없는 언쟁을 벌였다.

제이크를 마트에 데리고 갈 때면, 던은 친절하지만 단호한 어조로 아이에게 다가오는 낯선 사람을 처리했다. 한번은 마트 계산대에서 지나치게 친절한 부인이 제이크의 손을 잡으려 하자, 아들 제이크가 손으로 얼굴을 가렸다. 그 모습을 본 던은 그 부인이 아이들을 잘 이해하지 못한다고 생각했다. 부인이 "까꿍, 아가야!" 하고 말하자, 던은 "아이가 낯을 좀 가려요. 그냥 내버려두는 것이 좋을 것 같습니다"라며 정중하게 말했다. 그 부인은 얼른 손을 거둬들이며, 불쾌하고 당황스러운 얼굴을 하고선 "아!"라고 말했다. 던은 이런 일로 제이크를 괴롭히는 일이 없게 했다. 던은 제이크를 이해했으며, 마트에서 만난 낯선 사람들이 어떻게 생각할지 걱정하기보다 아들 제이크를 옹호하는 것이 더 중요하다고 생각했다. 던은 아내 비키도 그렇게 생각하기를 바랐다.

명절이나 휴일은 비키에게 악몽과도 같았다. 비키의 가족은 대가족으로 부모와 형제자매들이 모두 사람들과 잘 어울리는 활발한 성격이었다. 그들은 명절이나 휴일이면 부모님 댁에 모두 모여 시끌벅적하게 보냈다. 비키는 형제자매를 오랜만에 만나고 조카들과 함께 보낼 수 있는 가족 모임을 좋아했다. 하지만 제이크가 걸을 수 있을 만큼 크자, 가족 모임이 점차 거북해지기 시작했다. 비키는 가는 내내 차 안에서 제이크에게 주의를 주었다. "할머니, 할아버지께 친절하게 굴어야 해. 집에 들어가면 할머니, 할아버지한테 뽀뽀하고 안아드리도록 해. 알겠지? 무례하게 굴지 말고! 선물도 많이 받았잖아. 선물을 더 받고 싶으면 더 친절하게 행동해! 알았어?"라고 일렀다. 비키는 자신이 아이를 조금 혹독하게 대하고 있다고 생각하면서도, 제이크가 무례한 태도로 할머니와 할아버지의 마음을 상하게 하는 일을 지켜보는 게 너무 끔찍했다. 던은 넌지시 비키에게 제이크가 강압적으로 뽀뽀와 포옹을 하는 것이 좋은 생각 같지 않다고 말했다. "왜 제이크를 그냥 내버려두지 않는 거야?"라고 던은 말하곤 했다.

이윽고 제이크가 외가에 들어섰을 때, 역시나 다정하고 활기찬 친척들이 제이크를 둘러싸고 뽀뽀와 포옹을 요구했다. "어서 와, 제이크!", "이리 와서 뽀뽀해주련!" 가족들이 말했다. 제이크는 엄마를 꼭 끌어안은 채, 엄마 어깨에 매달려 있었다. 실망한 비키는 제이크를 내려놓으며 야단치곤 했다. 대개 이쯤 되면, 던이 나서서 조용히 제이크를 아무도 없는 방으로 데리고 가서는 노래를 불러주며 안아서 달래주었다. 마침내 제이크가 울음을 그치자, 던은 "할아버지가 토끼를 새로 사셨대. 우리 밖에 나가서 확인해볼까?"라고 말했다. 제이크는 좋다면서 고개를 크게 끄떡였다.

비키는 제이크가 사람들과 잘 어울리며 지낼 수 있게 돕기로 결심했다. 어쨌든 제이크는 이미 만 세 살이 지났다. 비키는 놀이 모임을 자신의 집에서 하면 더 성공적으로 할 수 있을 것이라 생각했다. 아이들은 대개 자기 집에 있을 때 더 편안해한다는 글을 읽은 적이 있었다. 아마 집에서 놀이 모임을 연다면 제이크가 사람들과 더 잘 어울리는 데 도움이 될 것이다. 비키의 친구들이 도착했을 때, 제이크는 자기 방으로 뛰어 들어갔다. 비키는 제이크에게 친구들과 놀이방에서 함께 놀지 않으면 안 된다고 말했다. 비키는 제이크가 자기 침실로 들어가지 못하게 문을 닫고는 제이크를 놀이방으로 돌려보냈다.

제이크는 놀이방 한쪽 구석에 앉아서 자기가 좋아하는 빨간 자동차를 가지고 놀았다. 다른 아이가 그 빨간 자동차를 보고선 제이크 손에서 자동차를 잡아챘다. "차! 부웅! 부웅!" 하며 그 아이가 외쳤다. 얼굴이 홍당무처럼 시뻘게진 제이크는 아주 큰 소리로 소리를 꽥 질렀다. 집에 있는 모든 사람이 놀이방으로 달려갔다. "무, 무슨 일이야?" 비키가 극도로 흥분하여 물었다. 그리고 제이크가 울고 있는 모습을 보았다. "왜 우는 거니, 제이크?"라며 비키가 물었다. 제이크의 손가락이 향한 곳에서는 한 아이가 빨간 자동차를 카펫 위에서 굴리며 놀고 있었다. 비키는 창피했다. 그리고 "제이크, 장난감을 함께 가지고 놀아야지" 하며 일러주었다. 제이크는 화가 머리끝까지 나서 손에 쥘 수 있을 만큼 다른 차들을 움켜쥐고는 자신의 방으로 돌아가려고 했다. 두말할 나위 없이, 비키는 절대 다시는 자신의 집에서 놀이 모임을 갖지 않으리라 다짐했다. 자신의 집에서 치른 놀이 모임이 오히려 다른 친구들 집에서 한 모임보다 훨씬 더 나빴다.

아이의 속마음

잘 모르는 사람을 만나면 불안하고 초조해요

제이크는 관찰하기를 좋아했다. 제이크는 어떤 상황에서도 재빨리 뛰어드는 그런 아이가 아니었다. 새로운 것을 배우는 데도 시간이 걸렸고, 새로운 환경에 마음이 편해지는 데도 오랜 시간이 필요했다. 잘 모르는 사람을 만나면 불안하고 초조했다. 낯선 사람들은 제이크의 얼굴 가까이 자기 얼굴을 들이밀거나 머리카락을 쓰다듬곤 했다. 엄마가 마트에 데리고 갈 때면 제이크는 두려워지기 시작했다. 그곳에 있는 사람들은 항상 제이크에게 말을 걸려고 했다. 제이크는 그들의 눈길을 피하려고 애썼지만, 제이크의 노력 따위는 신경 쓰지도 않는 듯 여전히 말을 붙이려고 했다. 사람들은 제이크의 머리카락을 만지며 귀여운 곱슬머리를 가졌다고 말하곤 했다. 제이크는 쇼핑 카트에 앉아서 불편한 듯 꿈틀꿈틀 움직이며 눈을 감았다. 눈을 감고 있으면 사람들이 사라질 거라고 생각했다. "아이가 부끄럼을 많이 타요." 제이크는 늘 엄마가 이렇게 말하는 것을 들었다. 부끄럼을 많이 탄다는 것이 무슨 뜻이지? 내가 부끄러워한다고? 아무도 엄마 머리카락은 만지지 않았다. 엄마도 누가 자기 머리카락을 만지면 분명히 싫어할 텐데……. 제이크는 엄마가 자기에게 '안녕하세요' 하며 인사하라고 시키는 것이 싫었다. 제이크는 아무 말도 하고 싶지 않았다. 말을 하면, 사람들이 자기에게 더 많은 질문을 퍼부으며 가버리지 않을지도 몰랐다. 엄마가 제이크를 달래면 달랠수록, 제이크는 엄마 품으로 파고들며 숨으려고 노력했다.

제이크는 놀이 모임이 싫었다. 제이크에게 놀이 모임이란 눈앞에 많은 사람이 모여 있고 엄마가 자기에게 화를 더 많이 내는 시간이었다. 놀이 모임이 끝나고 집으로 돌아올 때면 엄마는 항상 아무 말도 하지 않았다. 엄마가 자신에게 무척 화가 난 것처럼 느껴졌다. 제이크는 엄마 친구들과 말하는 것이 싫었다. 엄마 친구들은 마트에 있는 낯선 사람들보다 제이크를 더 불편하게 했다. 적어도 마트에 있는 사람들은 결국 제 갈 길을 갔다. 엄마 친구들은 결코 제이크를 가만히 혼자 내버려두지 않는 것 같았다. "눈 좀 보여줘"라며 끊임없이 말을 걸었다. '내 눈 좀 그냥 내버려두세요!'라며 제이크는 속으로 소리쳤다. 그나저나 왜 자꾸 내 눈을 보고 싶어 하지? 내 눈에 무슨 문제라도 있나? 엄마는 항상 제이크가 무례하게 군다고 말했다. 제이크는 혼란스러웠다. 무엇이 무례했다는 걸까? 나는 아무 말도 하지 않았는데……. 제이크는 엄마가 다시는 자신을 놀이 모임에 데려가지 않기를 바랐다. 어쨌든 가장 좋아하는 장난감들이 전부 다 집에 있으니 말이다.

제이크는 외갓집에 가는 것이 싫었다. 특히 사람들이 많이 모여 있을 때는 더 그랬다. 외갓집은 마트나 놀이 모임보다 상황이 더 나빴다. 모든 사람이 제이크의 얼굴에 뽀뽀하려고 했고 너무 세게 끌어안았다. 엄마는 모든 사람에게 뽀뽀하고 안아주라고 제이크에게 고함치곤 했다. 제이크는 사람들에게서 나는 입 냄새가 싫었는데, 그중 몇 명에게서는 이상한 냄새가 심하게 났다. 외갓집에 모인 사람들은 너무 수다스러웠고 강제로 제이크를 번쩍 안아 들어 올리기도 했다. 제이크는 외갓집에 들어가지 않으려고 무슨 일이든 했다. 대개 제이크는 울음을 터뜨리고, 엄마는 제이크에게 몹시 화를 냈다. 제이크는 엄마를 화나게 만들려고 했던 건 아니었다. 단지 숨을 쉴 수 없다고 느꼈을 뿐이다. 다행히 제이크가 이런 상황에 처하면 아빠가 그를 구해주었다. 아빠는 제이크를 조용한 방으로 데리고 가서 마음을 진정하게 도와주었다. 최소한 외갓집에는 새 토끼가 있었다! 새 토끼 덕분에 제이크는 외갓집에 오는 일이 조금 더 재미있어졌다.

어느 날, 엄마가 친구들을 초대했다고 말했다. 집에 온다고? 제이크는 왜 엄마 친구들이 우리 집에 오는지 혼란스러웠다. 이전에는 한 번도 친구들을 초대해 놀았던 적이 없었는데……. 엄마 친구들이 집에 도착하기 시작했을 때, 제이크는 덜컥 겁이 나기 시작했다. 아이들은 제이크에게 말을 걸어왔지만, 제이크는 무슨 말을 해야 할지 몰랐다. 제이크는 아이들을 무시하고 엄마 다리에 매달렸다. 엄마는 다정하게 제이크를 다리에서 떼어놓고선 친구들과 함께 놀라고 말했다. 결국 제이크는 자기 방으로 도망쳤다. 엄마가 그를 찾아내어 혼낼 때까지는 멋지고 조용한 장소였다. 엄마가 제이크의 방문을 잠그고선 거기에 다시 들어가서는 안 된다고 말했다. 그럼 난 어디서 자지? 장난감과 옷이 모두 방 안에 있는데? 왜 내 방에 들어가면 안 되는 걸까?

제이크는 할 수 없이 놀이방으로 돌아가서 가장 좋아하는 빨간 자동차를 가지고 놀기 시작했다. 최소한 제이크가 가장 좋아하는 차들은 놀이방에 있었다. 등을 돌리고 있으면, 아무도 제이크를 보지 못할 것이므로 아이들이 제이크를 내버려둘 것이다. 어떤 작은 남자아이가 등 뒤에서 불쑥 나타나 그의 장난감 자동차를 손에서 빼앗을 때까지 제이크는 성공적으로 '사라졌다'고 생각했다. 내 장난감을 절대 저 애한테 줄 순 없다! 제이크는 공황 상태에 빠지기 시작했고, 자신도 모르는 사이에 괴성의 고함 소리를 내고 있었다. 엄마가 처음에는 얼굴에 근심이 가득 찬 채 달려왔다. 오, 좋아! 제이크는 엄마가 자기만큼이나 화가 나 있다고 여겼다. 제이크는 마음을 진정시키고 상황을 설명하려 노력했으나, 말이 제대로 나오지 않았다. 제이크는 설명하는 대신 반짝거리는 빨간 자동차가 있는 곳을 가리켰다. 순간 엄마의 얼굴에 실망감이 어리더니, 걱정스러운 얼굴이 순식간에 화난 얼굴로 바뀌었다.

내가 무슨 행동을 했기에 엄마가 저렇게 화를 내는 걸까? 제이크는 차를 빼앗겼을 뿐이었다. 잘못한 일이 없었다. 그런데 엄마는 제이크에게 울음을 그치라고 고함치며, 장난감을 함께 가지고 놀라고 했다. 저게 함께 가지고 논다는 의미인가? 제이크는 혼란스러웠다. 만약 장난감을 빼앗기는 일이 엄마가 말하는 '함께 논다'는 뜻이라면 제이크는 조금도 그러고 싶지 않았다. 제이크는 남은 시간 슬퍼하며 조용히 있었고, 모든 사람이 집을 떠난 그때서야 비로소 안도감을 느꼈다. 엄마는 친구들을 더는 집에 초대하지 못하겠다고 제이크에게 고래고래 소리를 질렀다. 제이크는 전적으로 엄마 말에 동의했다!

사회 불안과 분리 불안 구분하기

사회 불안을 분리 불안과 구분하는 것은 중요하다. 두 가지 불안 모두 부모에게서 떨어지지 않는 아이를 양산한다는 점에서는 결과가 같지만, 그 문제의 원인은 우리가 앞으로 다룰 불안의 유형에 따라 다르다. 게다가 사회 불안과 분리 불안을 해결하는 접근법 또한 상당히 다르므로 불안이 어떤 유형인지 아는 것이 도움이 된다. 사회 불안이란 간단히 말해서, 타인과 함께 있는 것을 두려워하는 증상이다. 반면, 분리 불안은 환경에 상관없이 부모와 떨어지는 것을 두려워하는 증상이다. 이러한 두 가지 불안 유형을 구분하려면 집에서 아이가 어떻게 행동하는지 관찰하면 된다. 만약 아이가 당신을 이 방 저 방으로 졸졸 따라다니며 당신 옆에 꼭 붙어 있으려고 한다면, 분리 불안일 가능성이 크다.

만약 아이가 당신이 같은 공간에 있는 한 다른 사람이 있어도 괜찮다면, 이 또한 사회 불안이라기보다 분리 불안일 수 있다. 사회 불안이 있는 아이는 심지어 당신이 같은 방에 있어도 다른 사람 때문에 괴롭다는 기색을 드러낼 것이다. 분리 불안과 사회 불안은 상호 배타적이지 않으므로 아이는 두 가지 문제 모두 힘들어할 수도 있다. 10장에서 분리 불안에 대해 더 자세히 다룰 것이므로, 이 장에서는 사회 불안을 더 집중적으로 설명하고자 한다.

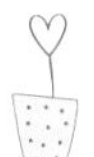

낯선 사람과 말하기가 싫어요

사회적으로 조심성이 많은 아이는 자신이 편하게 생각하지 않는 어른과 아이가 주변에 있으면 불안하고 괴롭다는 징후를 드러낸다. 만약 아이가 타인을 대하는 일을 조심스러워한다면, 당신은 이미 이 사실을 잘 알고 있을 것이다. 아이가 낯선 사람을 만나면 당신 다리에 얼굴을 파묻고는 그들과 이야기하지 않으려고 할 것이다. 타인에 대한 불안은 겉으로는 가벼워보여도 사실 심각할 수도 있다. 또래 친구나 어른들을 만날 때 불편한 기색을 보이며 내성적으로 행동할 수도 있지만, 완전히 공황 상태에 빠질 수도 있다. 어떤 아이는 어른한테만 심한 불안을 보이기도 하고, 또 어떤 아이는 또래 아이와 있을 때만 극심한 불안을 드러내기도 한다. 아이를 잘 관찰하면, 아이가 어떤 집단과 잘 지내는지 알아낼 수 있다. 사회 불안이 있는 아이들은 대개 모든 나이대의 사람들에게 불안감을 느낀다.

이 장 첫머리에 소개된 사례에서 봤듯이, 부모들은 아이의 사회 불안에 대해 서로 다른 접근법과 인내 수준을 보인다. 사례에서는 두 가지 서로 다른 육아법을 강조했다. 부모 모두 아이에게 좋은 의도였겠지만, 아이를 돕는 방법에서는 다른 의견을 보였다. 엄마인 비키는 아이의 문제를 고치기 위해 단호한 육아 태도를 보인 반면, 아빠인 던은 엄마에 비해 수동적인 육아 태도를 보였다. 나는 아이의 불안감에 대해 상반된 견해를 보이는 부부를 자주 만나봤는데, 완전히 정반대의 양육 스타일을 고수하는 부모들이 많았다. 부부의 상반된 양육 스타일은 아이를 혼란에 빠트려 역효과를 낳을 수 있다. 당신과 배우자가 모두 편안하게 여기는 중간 지점과 균형점을 찾는 것이야말로 육아를 성공적으로 하기 위한 비결이다.

외향적인 성격의 엄마는 내성적인 성격의 아이를 키우는 데 어려움을 겪을 수도 있다. 나는 자신의 아이가 얼마나 말수가 적은지 당혹감을 토로하는 부모를 많이 만나왔다. 어떤 부모는 심지어 자신이 뭔가를 잘못해서 아이가 내성적이 된 것은 아닌가 묻기도 한다. 성격에 여러 측면이 있는 것처럼, 사람은 특정 방식으로 행동하게끔 하는 특정 성향을 가지고 태어난다. 우리를 둘러싼 환경이 이러한 특성을 강화시킬 수도 있고, 혹은 다른 방향으로 발달시킬 수도 있다. 당신이 아이의 성격을 강제로 바꾸려 할 수는 없다. 오히려 당신이 바꾸려고 노력하는 그 행동을 실제로 강화할 수 있다. 하지만 사회적인 상황에서 아이를 자연스럽게 지도한다면, 아이는 사람과 어울리는 기술을 키울 수 있고, 향후에 느낄 수 있는 사회적 불안 정도도 낮출 수 있다.

수다스럽고 사람과 잘 어울리는 부모는 내성적인 아이의 '대변인'이 될 수 있는 위험에 처해 있다. 이러한 부모는 인내심이 부족할 수도 있고, 너무 당황한 나머지 아이에게 한 질문을 가로챌 수도 있다. 이런 부모들은 아이를 대변하는 일에 익숙해져 있을지도 모른다. 그리고 부모에게나 아이에게나 이 방법이 더 쉬울 수도 있다. 아이를 대변하는 일에서 위험한 단 한 가지는 바로, 아이가 지나치게 의존적인 사람으로 자랄 수 있다는 점이다. 아이는 '엄마가 대신 말해줄 거니까 나는 말할 필요가 없어'라고 생각할 수 있다. 특히 아이가 주변 사람에게 전혀 말을 하지 않는다면, 항상 아이를 대변해주는 것은 어려울 수 있다. 대변하는 빈도를 제한하도록 노력하자. 아이에게 시간을 주자. 아이의 침묵을 부모의 목소리로 메우지 않는다면, 이따금 아이는 자신의 목소리를 낼 것이다.

반대로 부모가 아이보다 더 말이 없는 편이라면, 부모가 무심코 아이에게 사회적 회피 행동을 보여주고 있는 셈일 수도 있다. 만약 부모가 주변 사람과 눈을 마주치지 않거나 낯선 사람과 이야기하는 것을 꺼리면, 아이도 그러한 부모 행동을 본받을 수 있다. 부모가 다른 사람과 스스럼없이 지내는 것을 어려워한다면, 아이에게 다른 사람과 잘 지내라고 용기를 북돋우는 일을 하고 싶지 않을 수 있다. 당신이 그러한 부모라면, 당신 스스로 만들어놓은 안전지대를 벗어나 다른 사람과 스스럼없이 어울리는 것을 보여주는 게 아이를 가장 잘 돕는 길이다. 길을 걷다가 만나는 사람들에게 '안녕하세요'라고 인사하거나 살짝 웃어 보이는 것처럼 간단한 일에서 시작해 보자.

비키와 던 부부가 서로의 양육 스타일을 잘 조합했다면, 아들 제이크에게 좋은 영향을 미칠 수 있었을 것이다. 제이크를 다른 사람 앞에 억지로 인사시키며 어울려 놀라고 다그치지 않았다면, 아이는 마음을 터놓고 사람들과 더 잘 어울릴 수도 있었을 것이다. 반대로 제이크가 제멋대로 굴어도 가만히 놔두었다면 아이는 결코 사람들과 어울리면서 편안하게 느끼는 기술을 발달시키지 못했을 수도 있다. 제이크는 이해받고 지지받고 있다는 느낌이 필요했다. 비키와 던 부부가 제이크에게 충분히 지지한다는 느낌을 줬다면, 제이크가 아이가 사람들과 어울리는 상황을 잘 헤쳐 나가도록 도울 수 있었을 것이다. 또한 어쩔 수 없이 아이를 당황하게 만드는 친구와 가족 앞에서 제이크를 더 잘 준비시키고 보호할 수 있었을 것이다.

낯선 사람은 대체로 아이들을 무척 좋아하며 능동적으로 그런 마음을 표현한다. 쇼핑몰이나 마트에서 별로 눈에 띄지 않고 다닐 수 있는 당신이나 나와는 다르게, 아이는 사람들의 시선을 끌며 온갖 찬사와 인사말을 건네받을 수 있다. 아이들 대부분은 다른 사람이 자신을 지나치게 귀여워하는 행동에 동요하지 않지만, 불안해하는 아이는 강한 공포를 느낄 수 있다. 아이를 도우려면, 당신이 그런 낯선 사람들에게서 아이를 지키는 보호 장벽이 되어주어야 한다. 어떤 사람은 목소리가 너무 크거나 감정 표현이 몹시 격할 수도 있다. 당신이 궁극적으로 이루고자 하는 목표는 아이에게 사람들과의 긍정적이고 성공적인 상호작용을 경험하게 하는 것이다. 긍정적인 상호작용을 자주 하면 할수록, 아이는 다음번에 훨씬 더 편안하게 느낄 것이다. 만약 아이의 공간을 침범하는 지나치게 활발한 어른을 만나면, 아이가 다음번에 자신에게 접근하는 어른을 볼 때 더 불안해할 가능성이 크다.

사람마다 다른 사람을 편안하게 느끼는 정도가 다르므로, 다른 사람의 접근을 허락하는 경계와 제한 정도도 다르게 나타난다. 사람과 어울리는 것을 불안해하는 아이의 많은 부모 또한 아이와 비슷한 증상을 보인다. 당신이 불안해하는 모습을 본 아이는 자신에게 접근하는 사람들에게 더 장벽을 세울 수도 있다. 가끔 사람들과 만나기 전에 당신이 할 말을 미리 생각해둔다면, 상황을 맞닥뜨렸을 때 도움이 된다. 다음은 과도하게 친절한 낯선 사람이 아이에게 접근하는 것을 제한할 때 쓸 수 있는 유용한 표현들이다.

- **우리 애는 호감을 보이는 데 시간이 좀 걸려요.** (아이를 쳐다보며) **그렇지? 아이에게 꼭 말을 안 걸어도 괜찮죠?**
- **죄송해요. 우리 애가 낯을 좀 가려요.**
- **우리 애는 말을 건네기 전에 그냥 관찰하는 걸 더 좋아해요.** (아이를 쳐다보며) **그렇지?**

당신이 이렇게 경계를 지었음에도 불구하고 어떤 사람이 계속해서 아이에게 말을 걸려고 한다면, 바쁘다고 정중하게 이야기하고 그 자리를 벗어나도록 하자. 세 가지 표현 중 두 예시에서 볼 수 있듯이, 다른 사람에게 아이의 행동을 설명하면서 당신이 아이에게 말을 걸어볼 수 있다. 아이를 대화에 참여시킴으로써, 아이가 직접 낯선 사람에게 말하지 않아도 대화의 한 주체라는 사실을 아이에게 알려주는 것이다.

다른 사람에게 말을 할 때는 아이가 대화를 듣고 있으므로 항상 조심하자. 당신이 아이 성격을 묘사하는 대로 아이는 서서히 자기 성격을 규정한다. 만약 당신이 사람들 앞에서 아이가 수줍어한다고 말한다면, 아이는 자기 자신을 수줍음이 많은 사람으로 규정할 것이다. 일단 아이가 특정한 방식으로 자신을 규정짓고 나면, 스스로 그 행동을 변화시키거나 바꾸려는 바람은 줄어든다. 내 상담실을 찾아온 많은 아이들이 "저는 그냥 부끄럼을 많이 타요"라고 말할 때마다, 나는 대개 "내가 볼 땐 그렇지 않은데? 너는 사람을 다정하게 대하고 이야기도 곧잘 하는구나"라고 대답한다. 아이는 그 순간에 자신의 언행이 불일치했다는 사실을 깨닫고서, "무슨 말을 해야 할지 모를 때 수줍어하는 거예요"와 같이 고쳐 말한다. 이러한 깨달음을 얻고 나면 아이는 자신의 행동 방식을 보는 관점을 확장시킬 뿐 아니라, 다른 상황에서는 다르게 행동할 수 있다는 사실을 받아들인다.

나는 아이에게 낯선 사람과 대화하기를 강요하는 태도를 크게 지지하지 않는다. 하지만 기본 예의를 서서히 주입시키는 일은 중요하다. 당신은 아이에게 이렇게 말할 수 있다. "모르는 사람에게 말할 필요는 없어. 심지어 그들이 원해도 말이야. 하지만 다른 사람이 너에게 말을 건넬 때 눈을 내리깔지 않는 것이 예의 바른 행동이란다. 그냥 눈을 마주쳐주거나 간단히 웃어주는 건 어떨까? 적어도 얼굴은 쳐다보려고 노력했으면 좋겠어. 알았지?" 낯선 사람이 보는 앞에서 아이와 이런 얘기를 하지는 말자. 아이를 데리고 마트에 갈 채비를 하거나 사람이 많이 모이는 장소로 외출하려고 할 때 해보자. 재미있는 도전을 마련하여 아이가 낯선 사람과 제대로 눈을 맞추면 보상으로 보물 상자에서 보물을 꺼내 주자. 아이가 아주 친절한 낯선 사람과 활발한 소통을 해야 하는 상황에 놓였더라도, 그 시간을 활용하여 아이의 행동을 바꿀 생각은 하지 않기를 바란다. 불안해하는 아이는 주변에 낯선 사람이 있다는 사실만으로도 충분히 압박받고 있으므로, 당신이 굳이 그 순간에 낯선 사람과 눈 맞춤을 해보라고 아이를 다그치며 스트레스를 더할 필요는 없다.

가족, 친지와 상호작용하기

다정다감한 가족과 친지를 대할 때 접근하는 방법은 우리가 낯선 사람에 대해 논의했던 접근법과 완전히 다르게 보일 것이다. 아이에게 가족 친지와 잘 어울리며 상호작용하는 법을 단계별로 가르쳐주는 일은 매우 중요하다.

첫 번째 단계에서 할 일은 가족과 친지에게 어떻게 하면 아이에게 잘 접근할 수 있는지 알려주는 것이다. 지금 상태로도 가족과 친지들은 어느 정도 아이를 만날 준비가 잘되어 있겠지만, 아이가 최대한 긍정적인 경험을 가질 수 있게 도와주자. 아이는 지금 평생을 갈고 닦아야 할 사회성 기술을 발달시키는 초기 단계에 있다. 당신은 아이의 사회성 기술을 형성해가는 요 몇 년의 경험이 가능한 한 긍정적이고 성공적이기를 바란다. 아이가 가족과 친지 가운데 가장 외향적이고 사교적인 사람은 되지 못할 수도 있지만 사람과의 관계 불안증이 아이 인생의 발목을 잡는 것은 결코 바라지 않을 것이다. 가족과 친지에게 아이에게 다가가는 방법을 가르쳐주자. 다음과 같이 말해볼 수 있다.

(당신 아이의 이름을 넣어서 이야기하자) ○○는 호감을 느끼기까지 시간이 좀 필요해. 아이 성격이 그런 거니까 감정적으로 받아들이지는 말아줘. 우리는 지금 ○○가 사람을 대할 때 불안해하지 않도록 도와주려고 노력하고 있어. 모든 사람에게 저렇게 행동해. 네가 한 말이나 행동 때문에 저러는 것은 절대 아니야. ○○를 편안하게 하는 최선의 방법은 ○○가 네게 다가가게 하는 거야. 큰 소리로 말하거나 지나치게 활력이 넘치는 사람들을 무서워해. 그러니까 네가 목소리를 낮추고 나긋나긋하게 대해주면, 더 좋을 거야. 안으려 하거나 뽀뽀하려고 하지 않았으면 해. 그리고 ○○가 당황할 수 있으니 먼저 질문하지도 말아줘. ○○에게 말은 건넬 수 있지만 대답을 기대하지는 않았으면 해. 아이가 네게 무언가를 부탁할 때도 정중하게 말하지 않고, 네가 부탁을 들어줬는데도 감사하다는 인사를 못 받을 수도 있어. 하지만 아이가 일부러 버릇없이 굴려고 그런 게 아니라는 걸 믿어줘. ○○가 집에서는 아주 공손한데, 낯선 사람에게 말 걸기를 두려워해서 예의를 잘 표현하지 못해. 일단 ○○가 너와 함께 있는 것을 편하게 여기면, ○○ 옆에 앉아서 병행 놀이(다른 어린이들과 비슷한 장난감을 가지고 놀지만, 같이 노는 것이 아니라, 제각기 마음대로 노는 장난 · 옮긴이)를 하는 것이 도움이 될 거야. 몇 번은 더 놀러 와야 ○○가 널 편안하게 여길 거야. 만약 한동안 못 보게

되면, 처음부터 다시 시작하는 것처럼 생각될 수도 있을 거야. 한동안 못 보면 그렇더라고. 하지만 조금만 시간이 흐르면 아이가 너를 다시 편안하게 여기기 시작할 거야. 내가 부탁하고 싶은 것은 조급하게 생각하지 않았으면 해. 나는 너와 ○○의 관계를 아주 소중하게 생각하기 때문에 네가 ○○와 친해질 수 있게 도와주고 싶어. 시간이 필요할 거야.

당신은 가족과 친지에게 어떻게 해야 당신의 아이를 도울 수 있는지를 주기적으로 상기해줘야 할지도 모른다. 가족과 친지가 내용을 잊어버릴 수도 있고 어떤 행동이 아이를 당황시키고 있는지 깨닫지 못할 수도 있다. 이러한 것들은 아이가 듣지 않는 데서 논의하도록 하자. 아이가 당신과 둘만 있을 때 했던 귀여운 짓을 가족과 친지가 보는 앞에서 해보라고 시켜서 아이를 당황시키지 말자. 만약 아이가 모든 사람이 모인 자리에서도 편안함을 느껴 뭔가 재미있는 행동을 하더라도, 그것을 보고 큰 소리로 웃거나 사람들의 이목을 집중시키지는 말자. 사람과 소통하는 데 경계심이 많은 아이는 원하지 않은 사람들의 관심에 민감한 경향이 있으며, 종종 사람들이 즐거워서 웃는 것이 아니라 자기를 비웃고 있다고 느낀다.

일반적으로 아이가 가족과 친지를 만날 때는 한꺼번에 많은 사람을 만나기보다 한 명씩 따로 만나는 것이 좋다. 아이가 많은 가족과 친지에게 둘러싸이면, 몹시 당황해하며 그들 속에서 살아남아야 한다는 생각에 사로잡힐 것이다. 만약 개인적인 친분을 쌓기를 바란다면 한 명씩 초대하는 모임을 자주 마련하는 것이 더 성공적이다.

분명 많은 가족 친지와 어울리는 가족 행사에 참석해야 하는 상황에 처할 때도 있다. 이러한 경우 모임 장소에 일찍 가면 훨씬 더 성공적으로 행사에 참여할 수 있다. 손님들이 도착하기 전에 아이가 파티 환경에 익숙해지면, 아이는 많은 사람과 씨름하기에 앞서 상황을 파악할 수 있다. 가능하다면 아이가 혼자 놀 수 있는 조용한 방이나 공간을 마련하여, 아이가 많은 사람에 둘러싸여 당황할 때 그곳에서 감정을 추스르게 하자. 아이가 혼자 가지고 놀 수 있는 장난감이나 색칠 공부 거리를 챙겨 갈 수도 있다.

만약 파티나 큰 사교 모임에 참석하게 되면, 그 이후에는 어떤 스케줄도 잡지 않는 것이 현명하다. 사교 모임은 사람과 어울리는 상황을 스트레스로 받아들이는 예민한 아이에게 심신을 지치게 만드는 행사일 수도 있다. 이러한 행사는 아이의 진을 빼놓을 가능성이 크므로 파티 후에는 집에 가서 조용한 시간을 보낼 수 있게 하자.

만약 아이가 파티에서 선물을 받았는데도 감사의 말을 전하지 않았다면, 나중에라도 감사 메시지를 녹음하여 사람들에게 전해주자. 아이에게 좋은 예절을 가르칠 뿐 아니라, 친구와 친지에게도 아이가 그 상황에서 고마움을 표현하기 어려워했다는 사실을 알릴 수 있다.

아이에게 다가가는 방법을 가족과 친지에게 알려주는 노력은 당신이 치러야 하는 전투의 절반에 불과하다. 방정식을 풀어가는 두 번째 단계는 아이와 직접 해야 하는 일이다. 앞서 설명한 대로 가족과 친구를 준비시키고 그들에게 아이와 친해지는 접근법을 조언했다면, 이제는 아이를 준비시킬 때이다.

사람을 만나면 어떤 일이 일어나게 될지 아이가 예측할 수 있도록 미리 정확히 알려주자. 만날 사람이 어떻게 생겼는지 묘사해주자. 아니면 사진을 보여주자. 만날 사람이 친척이면 아이에게 그 사람이 아이와 어떠한 관계에 있는 사람인지 설명해주자. "삼촌이 곧 오실 거야. 삼촌은 아빠의 형이란다. 존이 너한테는 형이잖아? 톰 삼촌은 아빠한테 형이란다"라고 말이다. 예상할 수 있는 것이 더 많을수록 아이는 덜 불안해할 것이다. "삼촌은 점심 식사를 하러 오실 거야. 식사를 하고 잠시 이야기를 나누다가 집으로 돌아갈 거란다"와 같이 앞으로 일어날 일을 정확하게 요약해주자.

만약 아이가 극심하게 불안해한다면, 삼촌에게 웃음을 지어 보이거나 간단하게 인사하는 정도로만 아이를 준비시키고 그 후에는 혼자 놀 수 있도록 방으로 들여보내자. 당신은 아이에게 "사람들과 이야기하는 것이 얼마나 힘든 일인지 잘 알아. 톰 삼촌은 너를 너무 사랑해. 그러니까 네 얼굴을 보면 정말 행복해할 거야. 삼촌에게 웃어주고 '안녕하세요'라고 말할 수 있겠니?"라고 말해보자. 만약 아이가 이러한 작은 단계를 밟아가는 것에도 강한 불안감을 보인다면, 보물 상자 도전을 마련하여 아이에게 용기를 북돋워주자. 이러한 행동을 독려하는 목적은 삼촌을 기쁘게 해주려는 것이 아니다. 그러한 부수적인 혜택이 따를지라도 말이다. 아이가 다른 사람과의 관계, 특히 인생에서 중요한 역할을 할 사람과의 인간관계를 구축해가는 데 있어서 작은 단계를 밟아가도록 돕는 것이 목표이다. 아이가 가족을 좋아하는 법을 알아갈수록 향후 친척들과 더 깊고 의미 있는 관계의 문을 쉽게 열 수 있을 것이다.

또래 친구와 어울리기

비교적 어린 유아기 아동은 대개 또래 아이 옆에서 각자의 장난감을 가지고 논다. 이것을 '병행 놀이'라고 한다. 아이가 조금 더 자라면 또래 아이와 간단한 상호작용을 할 것이다. 사회 불안이 있는 아이는 또래 아이를 모두 피하는 경향이 있다. 유아기 아동은 예측할 수가 없다. 사람을 할퀴고 물고 때리기도 한다. 아이는 당신에게서 장난감을 뺏을 수도, 당신을 밀어 넘어뜨릴 수도 있다. 갑자기 울음을 터뜨리거나 화를 내며 소리를 지를 수도 있다. 어떤 사회적 규칙이나 규범도 지키지 않는다. 이러한 이유로 사람과 어울리는 것을 불안해하는 아이는 차라리 또래와의 만남 자체를 피하고 싶어 한다.

만약 아이가 또래 친구와 함께 있는 것을 불안해한다면, 친구들이 지나갈 때 아예 무시할 수도 있다. 다른 아이가 어떤 질문을 해도 반응하지 않거나 당신 다리를 붙잡고 늘어지며 당신 뒤만 졸졸 따라다닐지도 모른다. 다른 아이가 놀이터나 공원에서 놀고 있으면, 그곳에서 놀려고 하지 않을 것이다. 놀이 모임에 가서도 아이는 대개 당신 주위를 맴돌면서, 친구 곁에 가서 놀라고 구슬려도 못 들은 척 무시할지도 모른다. 아이는 생일 파티에 가서도 어떠한 놀이에도 참여하지 않고 내내 당신 옆에만 붙어 있을 것이다. 아이의 이런 행동을 보면, 어느 부모라 할지라도 진이 빠지고 좌절하며 당황스러울 것이다.

어떻게 하면 아이가 친구와 편안하게 놀 수 있을까? 그것은 시간과 인내심이 필요한 느린 과정이다. 유아기 아동이 모두 처음부터 다른 사람과 잘 지내는 것은 아니므로, 아이가 사람을 편안하게 느끼는 수준도 아이가 커가면서 함께 성장할 것이다. 하지만 유아기에서도 또래 아이와 편안하게 지내는 기술을 길러줄 방법이 있다.

아이 몰래 또래 아이가 한두 명 있는 상황에 아이를 노출시키자. 첫 번째 목표는 아이가 또래 친구가 옆에 있는 상황에서도 편안하게 느끼도록 하는 것이다. 가능한 한 아이와 성격이 비슷한 친구를 찾아주는 것이 이상적일 것이다. 하지만 이것은 아주 무리한 바람일 수 있다. 당신은 당신 아이처럼 얌전하고 위협적이지 않은 아이를 찾으려고 노력할 것이다. 장난감을 빼앗거나 머리카락을 잡아당기려고 하는 친구를 만나 아이가 애를 먹기를 바라지는 않을 것이기 때문이다. 이러한 상황이 언젠가는 닥치겠지만, 처음에는 이런 일이 생기지 않도록 조심할 필요가 있다.

놀이 모임을 준비할 때 당분간은 놀이 친구를 한 명으로 제한하자. 만약 아이가 이전에 모르던 친구가 집에 온다면, 어떤 친구인지, 생김새는 어떠한지 알려주자. 당신이 그 친구를 어떻게 만났었는지 설명해주자. 가족이 방문할 때와 같은 방법으로 친구가 방문해서 일어날 일들을 자세하게 설명해주는 게 좋다. “친구가 오늘 집에 놀러 오면 놀이방에서 너와 함께 놀게 될 거야. 엄마는 친구 엄마와 거실에서 이야기를 나눌게. 엄마가 피자를 만들어주면, 친구와 작은 테이블에 같이 앉아서 먹도록 해. 그러고 나면 친구와 친구 엄마는 집에 돌아갈 거야.” 이렇게 설명하면 아이는 그날 일어날 일들을 순차적으로 잘 이해할 수 있다.

만약 이전에 친구가 집에 한 번도 놀러 온 적이 없었다면, 음식을 나눠 먹고 식탁을 함께 쓰며, 특히 장난감을 함께 가지고 놀아야 하는 상황에 아이가 매우 놀랄지도 모른다. 놀이 모임을 시작하기 전에 나눠 쓴다는 것이 무엇인지를 설명해주자. 나눠 쓰기와 차례 지키기에 관한 책을 읽어주면 도움이 된다. 아이가 외동일 때 이러한 노력을 들이는 것이 특히 중요하다. 혼자 커온 아이가 이전에 어떤 놀이 모임에도 가본 적이 없다면, 처음에 이러한 개념을 받아들이는 데 어려움을 겪을 수도 있다.

놀이 모임 전에 친구가 사용할 접시와 컵을 아이더러 직접 고르게 하자. 그리고 아이에게 친구가 집에 놀러 올 때는 장난감을 함께 가지고 놀아야 한다고 일러주자. 놀이 모임 전에 아이가 함께 나눠 쓰고 싶지 않은 장난감이 있는지 결정하게 하자. 아이가 ‘사용 금지’로 여기는 장난감들을 골라서 놀이방에서 치워놓자. 이렇게 했는데도 아이가 여전히 함께 나눠 쓰는 일을 힘들어해도 놀라지 말자. 이러한 조치는 아이의 소유욕에 대한 선제 조치일 뿐 완전한 해결책이 아니다. 아이들 사이에서 생길 수 있는 갈등의 소지를 더 줄이기 위해서는 두 아이 모두를 위한 새로운 만들기 놀이 세트를 사두는 것이 좋다. 함께 만들기 놀이를 하거나 상호작용이 필요한 활동을 한다면, 스트레스를 줄일 수 있을 뿐만 아니라 첫 놀이 모임을 성공적으로 이끌어낼 수 있을 것이다.

당신이 아이와 정기적으로 놀아주면서 사회성 기술을 길러줄 수도 있다. 아이가 다른 아이와 놀 때 하는대로 함께 놀아주도록 하자. 장난감을 함께 가지고 노는 법을 알려주고, 친구가 자신을 대하는 방식이 마음에 들지 않을 때 거리낌 없이 이야기하는 방법도 가르쳐주자. 상상의 시나리오를 만들어서 아이가 자신의 의견을 말하도록 연습시키자. 당신은 아이에게 "엄마는 장난감을 함께 가지고 노는 법을 모르는 아이가 될게. 일이 생기면 네가 어떻게 할 수 있는지 보여줘"라고 말할 수 있다. 인형극을 이용해 아이가 놀면서 생길 수 있는 갈등을 풀어내는 모습을 보여줄 수 있다. 실제 친구와 놀이를 할 때 쓸 수 있는 기본적인 대화문도 만들어볼 수 있다. 예를 들어, "넌 이름이 뭐야?"와 "나랑 같이 놀래?"와 같은 문장을 말하도록 연습시키자. 어떤 아이는 또래와 대화를 시작하는 법부터 배워야 한다. 친구가 장난감을 독점하여 놀거나 자신을 때린다면 당신에게 와서 도움을 청하라고 아이에게 알려주자.

아이 친구가 집에 오면 친구 엄마와 이야기를 나누기 전에 잠시 두 아이와 함께 시간을 보내도록 하자. 아이들을 바닥에 앉히고 대화를 시작할 수 있게 도와주자. 아이에게 친구 이름을 물어보라고 하자. 만약 아이가 너무나 내성적이어서 대화를 시작하지 않는다면, 아이 친구에게 당신 이름을 물어보게 하자. 당신이 다른 아이와 대화를 나누는 모습을 통해 아이는 배울 수 있다. 일단 아이가 어느 정도 편안해진 것처럼 보이면, 당신이 많이 개입하지 않는 가운데 친구와 놀게 하자. 당신이 상황을 너무 지배하려고 해서는 안 된다.

첫 번째 목표는 아이가 다른 아이와 함께 있어도 편안하게 여기는 것이다. 시간이 지날수록, 이러한 사전 장치 없이 더 자연스러운 놀이 모임을 마련해 보자. 아이가 즉흥적으로 일어나는 갈등과 그것을 해결해 가는 과정을 경험할 수 있게 말이다.

사람을 만날 때 불안해하는 아이들 중에는 다른 아이의 감정과 고통을 더 예리하게 인지하는 아이도 있다. 이러한 아이들은 가끔 다른 사람의 고통을 발견해내기 때문에 스트레스가 너무 많고, 스스로 그 감정에 휩싸일 수도 있다. 만약 아이가 다른 아이의 격한 감정을 눈여겨보고 있다면, 그 아이의 상황을 둘러싼 감정과 느낌을 설명해주자. "저기 울고 있는 아이를 보고 있는 거니? 쟤는 지금 집에 가기 싫어서 울고 있어. 너도 가끔 집에 가야 할 때 슬퍼지니? 걱정하지 마, 쟤는 곧 괜찮아질 거야"라고 말이다. 당신이 다른 아이의 감정에 이름표를 붙이고 설명해줄수록, 아이는 사회적 신호를 읽고 이해하는 일에 점점 능숙해질 것이다.

놀이 모임 외에도 공원 같은 자연스러운 환경에서 아이에게 사회성 기술을 가르칠 수 있다. 처음에는 아이를 다른 아이 옆에서 놀게 하는 것조차 힘들 수 있다. 공원에서 또래와 더 자주 상호작용하게 해준다면, 아이는 다른 아이들이 주위에 있는 환경에 더 빨리 적응할 것이다. 아이가 다른 친구와 놀려고 하지 않는다면, 아이들 근처에 서 있게만 해보자. 마침내 아이가 좀 더 편안해진 것처럼 보이면, 이제는 앉혀서 다른 아이들을 관찰하게 해보자. 필요한 상황이 아니면 아이 주변을 서성이지 않도록 하자. 아이는 당신에게 의존할 것이며, 당신이 옆에 있어야 자신이 편안하다고 생각할 것이다. 이러한 생각은 사회적으로 독립할 수 있는 능력을 방해하므로, 아이가 그러한 생각을 하지 않도록 주의하자.

아이가 조금 더 자라서 또래 아이들과 관계가 더 편안해졌다면, 아이를 공원에 데리고 가기 전에 대본을 줄 수 있다. 다른 아이에게 가서 "나랑 같이 놀래?"라고 물어보게 하자. 만약 용기를 내서 다른 아이에게 함께 놀자고 요청한다면 장난감을 상으로 받을 수 있다고 말해 도전 놀이를 구성할 수도 있다. 이 방법은 아이가 다른 아이들과 완전히 편안하게 놀 때까지는 쓰지 않도록 하자. 기억하자, 유아기에 있는 아이는 발달 과정상 사회성을 충분히 발달시키지 못하며, 그저 협동하는 놀이 기술 정도만 개발할 수 있다. 일반적으로 유아기 아동은 자연스럽게 다른 아이에게 가서 함께 놀자고 요청하지 못한다. 그러므로 아이가 유아기에서 거의 벗어나 다른 사람들이 주위에 있어도 편안함을 느낄 때 이러한 도전을 해보는 것이 좋다.

생일 파티에 초대받았다고 해서, 아이가 친구들과 활발히 활동할 것이라고 기대하지 말자. 생일 파티는 혼잡하고 시끄러우며 지나치게 활기차다. 아이를 일찍 생일 파티에 데리고 가서 덜 당황할 수 있게 도와주자. 다른 아이들이 모두 모이기 전에 파티 환경에 익숙해질 수 있게끔 시간을 주자. 아이는 아마도 불안해 당신 옆에 꼭 붙어 있고 싶어 할 것이다. 아이에게 가서 친구들과 함께 놀라고 다그치며 계속 압력을 주지 말자. 생일 파티에서 어떤 놀이가 이뤄지고 있는지 알려주고, 아이가 스스로 참여하고 싶어 하는 놀이를 선택할 수 있게 하자. 아이가 놀고 싶어 하지 않는다면, 친구들 옆에 서 있게 해주자. 그래도 여전히 참여하기를 원하지 않는다면, 그냥 내버려두자. 아이를 그런 혼란스럽고 떠들썩한 이벤트에 데리고 간다는 것만으로도 이미 전진하고 있는 것이다. 아이가 놀이에 잘 참여하지 않는다고 해서 생일 파티를 피하지는 말자. 이러한 상황에 더 많이 접할수록, 아이는 더 빨리 이러한 이벤트에 익숙해질 것이다.

타인에 대해 불안감을 나타내는 아이는 자신을 쳐다보며 웃는 사람에게 민감하다. 이러한 아이는 대부분의 시간을 남의 시선을 의식하거나 피해망상에 빠져서 보낸다. 사람은 늘 다른 사람들을 쳐다보게 되는데, 이는 전혀 이상할 것이 없다고 설명해주자. 가게나 공원에 있을 때 아이가 다른 사람을 어떻게 쳐다보는지 짚어주자. 사람들이 어떻게 웃는지 보여주고, 그것이 아이를 보고 비웃는 것이 아니라는 사실을 알려주자. 아이 근처에서 웃고 있는 사람을 가리키며, 그 사람이 비웃고 있는 것이 아니라는 사실을 보여주자. 재미있는 사람을 만났을 때 사람들이 그를 귀엽다고 여기며 웃는 것은 정상적인 일이라고 말해주자. 재미있는 사람을 보면서 웃는 것은 그 사람을 놀리는 것이 아니라는 사실을 설명하자.

아이가 어린이집에 다닌다면, 다른 아이들과 친하게 지내는 데 어려움을 겪을 수도 있다. 원장 선생님이나 선생님에게 직접 이야기해서 당신 아이를 기질이 비슷한 아이와 짝지어달라고 부탁하자. 성격이 비슷한 친구를 찾는 일은 아주 어려우므로 못 찾을지도 모른다. 선생님은 짝을 지어줄 수 있을 뿐 아니라, 같이 앉아 함께 활동하게 함으로써 교우 관계를 독려할 수 있다.

CHAPTER 09

부모의 양육 방식

부모의 고민

아이의 모든 것이 걱정스러워요

샤론은 어린 시절을 힘들게 보냈다. 어렸을 때 부모님이 이혼한 후로 샤론은 아버지를 다시 만나지 못했다. 샤론과 언니들은 정신적으로 불안정한 엄마와 살도록 내버려졌다. 샤론은 엄마와 살면서 늘 초조하고 조마조마했다. 엄마는 샤론을 평소에는 없는 사람처럼 대하다가도, 화가 날 때는 모든 분노를 샤론에게 퍼부었다. 샤론은 유년 시절 내내 자신이 버림받은 하찮은 존재라는 기분이 들었다. 샤론은 자신의 엄마 같은 엄마는 절대로 되지 않으리라 다짐하며 성장했다.

딸 마고를 낳았을 때, 샤론은 딸에게 자신이 겪었던 삶보다 훨씬 더 나은 삶을 주겠다고 결심했다. 마고는 허약하고 병약한 아기였기 때문에, 샤론은 밤낮을 가리지 않고 딸 마고를 안아 키웠다. 마고가 약간만 열이 나거나 콧물을 흘려도 샤론은 완전히 공포심에 사로잡혔다. 샤론은 만일 마고에게 무슨 일이라도 일어난다면 어찌해야 할지 몰라 쩔쩔맸다. 남편인 헨리는 샤론에게 느긋하게 마음을 먹고 즐거운 마음으로 아이를 돌보라고 말했지만, 샤론은 남편이 자기만큼 마고를 사랑하지 않는다고 느꼈다.

마고는 건강하고 활동적인 아이로 성장했지만, 샤론은 마고를 계속 보호해야만 할 것 같았다. 마고가 만 두 살이 될 때까지 샤론은 부부 침대에 마고를 재웠다. 헨리는 딸 마고를 이제는 자기 방에서 재워야 한다고 아내를 설득했다. 마고는 엄마와 떨어져 자는 것을 견디지 못했기에 울면서 부부 침실로 뛰어 들어오곤 했다. 샤론은 마고를 불안하게 만들었다고 헨리에게 화를 냈고, 결국은 자신이 마고의 침대로 가서 같이 자기로 결심했다. 샤론은 마고의 머리카락을 쓰다듬으며 마고가 잠들 때까지 노래를 불러주었다. 헨리는 자신이 눈에 보이지 않는 존재처럼 느껴졌다. 아내를 더는 자주 볼 수 없었다. 샤론은 자신의 옷가지들을 아예 마고 방에 가져다놓고 매일 그 방에서 잤다.

샤론은 하루 종일 딸 마고가 부리는 변덕을 다 들어주느라 전전긍긍했다. 샤론은 언제나 마고 옆을 떠나지 않았다. 비가 오고 아주 추운 날이라 할지라도 마고가 발레화에, 발레복만 입고 식료품 가게에 가겠다고 떼를 쓰면, 샤론은 그렇게 하게 해주었다. 샤론은 딸이 우는 것이 너무 싫었기 때문에 마고를 화나게 하고 싶지 않았다. 마고가 손에 끈적끈적하게 묻는 음식을 먹기 싫어하면, 샤론이 대신 음식을 집어서 마고의 입속에 넣어주었다. 헨리는 만 세 살이 다 되어가는 딸아이가 자기 손으로 음식을 먹지 않는 것이 걱정되었다.

마고는 무슨 일이든 혼자 힘으로 하는 것을 싫어했다. 배변 훈련은 잘 마쳤지만, 자기 손으로 엉덩이를 닦으려 하지 않았다. 샤론은 이런 마고에게 엉덩이 닦는 법을 알려주려고 시도조차 하지 않았으며, 자신이 대신 닦아주리라 결심했다. 헨리는 샤론이 딸아이 스스로 엉덩이를 닦을 수 있게 가르치지도 않는다고 걱정했다. "마고를 도와주는 건 좋아. 하지만 적어도 아이가 스스로 해볼 기회는 줘야지"라며 아내에게 말했다. 샤론은 헨리가 하는 육아 충고에 격분했다. "내게 마고를 이렇게 키워라 저렇게 키워라 간섭하지 말아요!"라며 남편에게 소리 질렀다.

샤론은 남편 헨리가 마고와 시간을 보내는 것이 싫었다. 샤론은 남편이 자기처럼 마고를 잘 다루지 못한다고 생각했다. 마고는 샤론에게 매우 의존한 채로 성장했다. 마고는 엄마가 자기 대신 모든 일을 해주는 데 익숙했다. 엄마가 옷을 골라서 입혀주었다. 마고는 옷을 입는 방법을 모를 뿐 아니라 어떻게 입는지 배운 적도 없었다. 아빠가 자기에게 어떤 일을 해주려고 하면, 소리 지르며 울었다. 이것이 바로 헨리가 샤론에게 마고의 양육을 전적으로 맡겨야 한다는 증거였다. 헨리는 아내와 딸에게서 이렇게 외면당하자, 상처받고 좌절감을 느꼈다. 헨리는 아내와 딸 모두에게 화가 치밀었다. 자신에게는 딸 양육에 대한 발언권이 전혀 없다고 느꼈다.

마고는 매우 예민한 아이로 자랐다. 낯가림이 아주 심해서 다른 사람을 만나면 엄마 팔 뒤로 숨곤 했다. 하지만 샤론은 이런 마고의 행동을 전혀 신경 쓰지 않았다. 샤론은 차라리 마고가 다른 사람을 너무 믿지 않는 것이 낫다고 생각했다. 어쨌든 믿음은 얻어야 하는 것이니 말이다. 그것 또한 마고가 자신을 얼마나 사랑하는지를 말해주는 증거였다. 샤론은 낯선 사람이 있는 상황에서 선뜻 마고를 대변해주었다. 마고는 엄마가 자신을 대신해 말해주는 것에 익숙해졌다. 이따금 마고가 엄마에게 귓속말로 속삭이면 엄마가 그 이야기를 다른 사람에게 전달하곤 했다.

샤론은 마고에게 스스로를 안전하게 지키는 법을 가르치는 것이 중요하다고 생각했다. 샤론은 세균에 대해서, 그리고 세균이 어떻게 마고를 아프게 할 수 있는지에 대해 이야기해주었다. 샤론은 자신이 하는 것처럼 마고도 하루에 여러 번 손을 씻게 했다. 샤론은 벌이 마고를 쏠 수 있다고 알려주며, 날아다니는 뭔가가 보일 때마다 마고를 집 안으로 서둘러 들여보냈다. 샤론은 마고에게 정글짐에서는 조심해야 한다고 말하며, 너무 무섭게 보이는 곳에는 절대 올라가지 못하게 했다. 마고가 정글짐에서 너무 큰 모험을 하는 것처럼 보이면, 샤론은 정글짐에서 떨어지면 병원에 실려 갈 수 있다고 상기시켰다. 축제나 놀이공원에 갈 때면, 길을 잃지 않도록 조심하라고 일렀다. 엄마 옆에 딱 붙어 있지 않으면, 낯선 사람이 마고를 데려가서 다시는 엄마를 볼 수 없게 될 것이라고 겁을 주었다.

마고는 엄마와 같은 공간에 없으면 겁에 질려 어쩔 줄 모르곤 했다. 엄마를 이 방 저 방으로 졸졸 따라다녔다. 샤론은 샤워를 할 때도, 화장실에 갈 때도 마고를 함께 데리고 들어갔다. 샤론은 마고 옆에 늘 머물면서, 인형 놀이도 하고 책도 읽어주고 만들기 놀이도 같이 하면서 하루 종일 즐겁게 해주었다. 마고는 혼자 놀 줄을 몰랐으므로, 엄마가 세심하게 준비한 놀이 도구와 끊임없이 제공하는 새 책으로 놀이 시간을 보냈다.

친할머니가 집에 오시면, 물론 점점 뜸해지고는 있지만, 마고는 할머니에게는 신경도 쓰지 않고 엄마 소맷자락을 붙잡고 함께 놀자고 졸랐다. 할머니가 마고에게 "마고, 할머니가 엄마랑 할 이야기가 있단다"라고 말하면, 샤론은 오히려 시어머니에게 역정을 내며, 마고를 무시하지 말라고 대들고는 이야기를 제대로 마치지도 못한 시어머니를 서둘러 돌려보냈다. 마고는 엄마 샤론의 시간을 온통 독차지하며 엄마가 자신이 아닌 다른 사람과는 이야기를 나누지도, 전화 통화를 하지도 못하게 만들었다. 샤론이 남편 헨리와 이야기를 나눌라치면 마고가 어김없이 부부 사이에 끼어들어 두 손으로 엄마의 얼굴을 붙들어 당기며 자신의 얼굴을 쳐다보게 했다. 그러고는 "나랑 놀아!"라며 엄마에게 소리치곤 했다. 그러면 샤론은 죄책감을 느꼈고, 마고를 무시한 채 다른 사람이 자신의 관심을 딸에게서 빼앗아가게 내버려두었다며 자신을 질책했다.

마고는 또래 아이들과 노는 데 어려움을 겪었다. 자신이 원하는 대로 놀아주던 엄마에게 익숙해 있었기 때문이다. 다른 아이들은 마고가 제멋대로 행동한다고 불평했다. 마고도 아이들이 자기가 원하는 대로 움직여주지 않자 화를 내며 자리를 박차고 일어나 울며 떼를 썼다. 샤론은 마고와 잘 놀아주지 않는 아이들을 메모해두었다가 그 아이를 다시는 놀이 모임에 끼워주지 않았다. 어쨌든 마고가 자기와는 잘 놀았으므로, 그 아이에게 문제가 있는 것이 틀림없었다.

마고는 또한 자신을 돌봐주려는 어떤 사람과도 잘 지내기 어려워했다. 마고는 보모에게 엄마가 하는 것과 똑같이 해달라고 고집했고, 보모가 자신이 원하는 대로 해주지 않으면 울고불고 소리를 질러댔다. 그러면 보모는 대개 샤론에게 집에 일찍 돌아와 달라고 전화를 했다. 샤론은 내심 아무도 자기만큼 마고를 잘 돌볼 수 없다는 사실에 자부심을 느꼈다. 딸이 자기 없이는 아무것도 할 수 없으므로, 서로가 서로를 필요로 한다는 사실이 강렬한 사랑을 증명한다고 생각했다.

아이의 속마음

엄마는 내가 원하는 걸 다 해줘요

마고는 엄마와 함께 지내는 것을 아주 좋아했다. 엄마는 종종 이 세상 그 어떤 누구도 엄마만큼 마고를 사랑하는 사람은 없다고 했다. 엄마는 잠을 자는 동안에도 마고를 안전하게 지켜주겠노라고 말했다. 아빠가 마고에게 자기 방에 가서 자라고 했을 때 엄마는 무척 화를 냈다. 마고가 얼마나 많이 엄마를 필요로 하는지 아빠가 잘 이해하지 못한다고 알려주었다.

마고는 자신이 원하는 것이면 무엇이든 할 수 있었다. 울거나 삐죽거리거나 아기 목소리로 칭얼거리기만 하면 엄마는 슬퍼하며 자기가 원하는 것을 다 들어준다는 사실을 잘 알고 있었다. 마고는 "안돼"라는 말을 듣기 싫어했고, 엄마는 마고를 화나게 하는 것을 싫어했다. 한번은 아빠가 마고에게 거실 한가운데 아무렇게나 어질러놓은 장난감들을 치우라고 말했다. 마고가 "싫어, 하기 싫어!"라고 대답하자, 아빠는 마고에게 장난감을 치우지 않으면 '타임아웃'을 주겠다고 말했다. 마고는 늘 하던 대로 울면서 입을 뿌루퉁하게 내밀었다. 하지만 이번에는 생각대로 되지 않았다. 아빠가 마고에게 '타임아웃'을 준 것이다. 마고는 너무 펑펑 울어서 구역질이 날 지경이었다. 그

때 엄마가 집에 도착했고, 엄마와 아빠는 싸우기 시작했다. 엄마는 마고에게 달려와 안아주며, 아빠가 마고에게 심하게 대한 것을 대신 사과했다. 엄마도 울기 시작했다. 마고는 자신이 어떻게 행동해야 할지 몰랐다. 왜 엄마가 우는 거지? 아빠가 나쁜 짓을 했었나? 마고는 아빠에게서 멀리 떨어져 있어야겠다고 생각했다.

마고는 손과 손가락에 찐득찐득한 것이 묻는 것을 싫어했다. 감자튀김을 케첩에 찍어 먹는 것을 아주 좋아했지만, 케첩이 손에 묻는 것이 싫었다. 마고는 불평하면서 엄마에게 "해줘!"라고 말했다. 엄마는 감자튀김을 케첩에 듬뿍 찍어서 마고 입속에 넣어주었다. "더 줘!"라며 엄마에게 소리쳤다. 왜 내 손을 더럽혀야 하지? 엄마가 나를 위해 무엇이든지 다 해주는데 말이다.

이뿐 아니라, 마고는 손에 똥이 묻는다는 생각만 해도 끔찍했다. 윽, 역겨워! 마고는 직접 엉덩이를 닦지 않고 엄마에게 대신 닦아달라고 요구했다. 마고는 여태까지 엉덩이를 스스로 닦아야 한다고 생각하지 못했다. 엄마는 심지어 마고에게 엉덩이를 닦는 것을 도와줄까라고 묻지도 않았다. 마고가 그냥 "나 똥 쌌어"라고 말하기만 하면, 엄마가 으레 휴지를 가져와서 엉덩이를 깨끗이 닦아주었다. 엄마가 없으면 누가 내 엉덩이를 닦아주지? 아빠는 우선 마고 혼자 힘으로 엉덩이를 닦도록 노력해야 한다고 말했다. 아빠는 왜 저렇게 냉정하게 말할까!

마고는 너무 어려워 보이는 일은 하기가 싫었다. 바지를 벗는 일도 어려워 보였으므로 그냥 누워 있었다. 그러면 엄마가 벗겨주곤 했다. TV 앞에서 만화를 보고 앉아 있으면, 엄마가 내 팔과 다리를 요리조리 움직여가며 새 옷으로 갈아 입혀주었다. 가끔 엄마가 TV를 가리기라도 하면 엄마에게 소리를 질렀다. 그러면 엄마는 미안하다고 사과하며 얼른 비켜주었다.

엄마는 마고에게 다른 사람과 이야기하지 말라고 주의를 주었다. 나쁜 사람도 있고 마고를 다치게 할 사람도 있다는 것이었다. 왜 사람들이 나를 다치게 할까? 낯선 사람이 마고에게 말을 걸려고 할 때마다 엄마는 마고의 손을 더 세게 잡는 듯했다. 마고는 두려워서 사람들에게 말을 할 수 없었다. 그러면 엄마가 흡족해하며 대신 말을 해주었다. 마고는 가끔 엄마에게 귓속말로 상대방에게 하고 싶은 말을 알려주었다. 심지어 할머니나 고모, 삼촌처럼 마고가 편안하게 여겨야 할 사람들에게도 이렇게 대했다.

엄마는 마고를 아프게 할 수 있는 것들을 모조리 이야기해주었다. 마고는 세균이 보이지는 않지만, 자신을 매우 아프게 할 수 있다는 사실을 알았다. 그래서 하루에 여러 번 눈에 보이지도 않는 세균을 씻어 없앴다. 마고는 손을 자세히 들여다보며 세균이 손에서 살금살금 기어 다니는 게 아닌지 궁금했다. 마고는 벌에게 쏘이면 심하게 아파서 병원에 가게 될 수도 있다는 사실을 알았다. 엄마도 벌을 몹시 무서워했으므로, 벌은 곧 마고의 두려움이 되었다! 놀이터에서 놀 때도 조심해야 한다. 엄마는 놀이터 기구에서 떨어지면 머리가 깨질 수도 있다고 말해주었다. 머리가 깨지는 것은 어떤 모습일까? 마고는 절대 알고 싶지 않았다. 엄마는 사람들이 붐비는 곳에 갈 때마다 엄마 옆에 꼭 붙어 있어야 길을 잃어버리지 않는다고 했다. 길을 잃어버리면 엄마를 다시는 볼 수 없을지도 모른다. 그것은 들던 중 가장 무서운 이야기였다. 이후로 마고는 언제나 엄마에게 자기를 데리고 다니라고 요구했다. 이 세상에는 위험한 것들이 너무나 많다!

엄마가 다른 사람과 이야기를 나누면 마고는 몹시 화가 났다. 나만의 엄마를 그 누구와도 공유하고 싶지 않았다. 마고는 혼자서는 심심함을 느꼈고, 엄마와 함께 놀기를 좋아했다. 할머니가 집에 오는 날에는 엄마가 할머니와 이야기를 하느라 마고와 잘 놀아주지 못했다. 마고는 화를 내며 놀아달라고 엄마 소맷자락을 잡아당기곤 했다. 그럴 때마다 엄마는 미안하다고 말해주었다. 엄마는 마고에게만 관심을 쏟아야 한다고 확신했다.

마고는 다른 아이와 함께 놀지 않는 것이 더 좋았다. 아이들은 엄마처럼 자기 말을 들어주지 않았다. 마고가 원하는 방식대로 행동하지 않고 자기 방식대로 놀려고 했다. 마고가 아이들에게 인형 놀이를 할 때 무슨 말을 해야 할지 알려줬지만, 아이들은 마고의 말을 듣지 않았다. 엄마는 항상 들어주는데 말이다. 마고가 떼를 써도 아이들은 미안하다는 말조차 잘 하지 않았다. 아이들과 노는 것은 재미가 없다. 마고는 다른 사람이 자기를 돌봐주는 것도 싫었다. 엄마는 왜 나를 두고 가버린 걸까? 보모들은 일을 제대로 하는 법을 몰랐다. 마고가 일을 제대로 하는 법을 가르쳐줘도 보모들은 자기가 알아서 한다고만 했다. '엄마에게 일러야지!' 마고는 혼자 생각했다. 보모들이 정말 나쁘게 굴면, 마고는 그들이 진절머리를 내며 결국 엄마에게 전화를 걸 때까지 울고 또 울곤 했다. 그러면 엄마가 집에 돌아와 늘 마고를 안아주며 외출해서 미안하다고 했다.

마고는 유치원에 가기가 싫었다. 유치원은 무시무시했다. 그리고 도움이 필요할 때 그 일을 도와줄 엄마도 없었다. 외투를 벗어야 할 때면 어떻게 하지? 화장실에 가야 하면 어쩌지? 엉덩이를 닦아줄 사람이 없는데? 마고는 다른 친구들과 놀고 싶지 않았다. 선생님과도 말하기 싫었다. 그들은 엄마가 자신을 사랑하는 방식대로 사랑해주지 않았다.

기질 대 환경, 문제는 양육 방식이다

이 책의 도입부에서 이미 살펴보았듯이, 어린아이의 성격과 기질 중 많은 부분은 선천적으로 타고난 것이다. 아이가 예민한 성향을 지니게 된 데는 강한 유전적인 요소가 작용하며, 필연적으로 양육과 관련이 없을 수도 있다. 하지만 그렇다고 하더라도, 양육 환경이 어떠한가에 따라 아이는 독립성을 키우며 대응 기제를 강화할 수도 있고, 반대로 의존성을 키우며 두려움을 강화할 수도 있다. 비록 아이가 예민한 성격이라도, 아이가 그 성격을 어떻게 다스리고 대처하는가에 관한 문제는 당신과 당신의 양육 방식에 달려 있다.

나는 본인의 경험에 기초하여 아이가 겪고 있는 불안감을 이해하는 부모를 많이 만나왔다. 부모는 불안감이 얼마나 심신을 약화하는지 체험적으로 알고 있으므로, 자신이 어릴 때 가지지 못했던 대응 기제로 아이를 무장시키고 싶어 한다. 자신의 불안감을 한 번도 완전하게 다스려보지 못한 부모와도 상담을 해왔다. 그러한 부모들은 자신에게 불안감이 있다는 사실조차 알지 못하거나, 그 사실을 알아도 자신의 불안한 신념 체계를 변명하고 합리화할 수도 있다. 심지어 이들은 불안해하고 걱정 많은 부모가 되면서, 자신의 불안감을 양육 방식에 접목시키기도 한다.

아이는 부모의 눈을 통해 세상에 대한 이해를 발달시킨다. 부모가 아이 주위를 맴돌면 아이는 혼자서는 안전할 수 없다는 메시지를 얻는다.

부모가 아이를 위해 모든 것을 해주면 아이는 자기 스스로 어떤 일을 해낼 것이라고 부모가 믿지 않는다는 메시지를 받는다. 선천적으로 예민한 성향을 갖고 태어나지 않은 아이에게는 이러한 양육 태도가 그다지 큰 영향을 미치지 않겠지만, 선천적으로 예민한 성향의 아이에게는 의도치 않게 아이 내면에 잠자고 있는 본성을 강화하고 불안감을 더 키워 완벽한 폭풍을 만들 수 있다.

자신의 공포심과 강박증을 아이에게 심어주는 부모도 있다. 일상에서 늘 도사리고 있는 위험과 세균을 지적하면서 아이에게 늘 손과 장난감, 옷을 깨끗이 하라고 지나치게 요구할 것이다. 아이가 집 밖에 있다가 들어오기만 하면 옷을 갈아입게 하거나, 벌레와 벌을 지나치게 무서워하는 모습을 보여줄 수도 있다. 아이가 음식을 먹는 동안에도 주위를 서성이며, "삼키기 전에 꼭꼭 씹어야 해. 조금씩 베어 물어. 질식하지 않게 조심해"라며 사소한 것까지 잔소리할 수도 있다. 이런 양육 태도는 아이 내면에서 휴식을 취하고 있는 불안의 씨앗을 터뜨리는 도화선이 될 수도 있다.

어린 시절에 받은 상처 회복하기

어떤 부모는 아이에게 유전적인 불안 성향에 더해서, 자기에게 머물러 있는 어린 시절의 감정적 짐까지 물려주기도 한다. 만약 당신이 죄책감이나 두려움을 느끼며 아이를 양육하고 있다면, 그것은 당신이 어린 시절에 겪은 경험에서 비롯되었을 수도 있다. 나와 상담한 많은 부모가 "부모님처럼 되고 싶지는 않았어요"라고 말한다. 안타깝게도 어떤 부모는 자신의 유년 경험과 정반대로 아이를 지나치게 과잉보호하여 의존적인 사람으로 키우기도 한다. 자기도 모르는 사이에 아이를 과보호하고, 아이를 위해서라면 무엇이든 해주려고 항상 아이 옆에 머무르려는 것이다. 이러한 부모는 어린 시절 혹독한 훈육을 받았으므로, 아이를 훈육하는 일을 두려워한다. 두렵기 때문에 아이가 넘어지고 다시 회복하는 것을 기다리지 못한다. 자신이 넘어졌을 때 아무도 자신을 일으켜주지 않았기 때문이다.

이러한 부모가 깨닫지 못한 것은 비록 자신에게는 그러한 본보기가 없었지만 훈육과 독립성에는 건강한 측면도 있다는 사실이다. 불안해하는 아이는 명확한 경계를 세울 필요가 있으며, 자신감과 자부심을 얻으려면 넘어졌다가도 스스로 추스르고 일어나는 것을 경험해볼 필요가 있다. 아이가 실수하도록 내버려두는 것은 아이를 고통받게 하려는 것이 아니라 성공을 위해 노력하는 과정을 배우게 하려는 것이다. 이는 힘들고 고통스러운 방법일 수 있다. 아이를 부모의 안전망 아래에 두고 실수를 피하고 어려운 난관이 없도록 앞길을 잘 닦아주는 편이 훨씬 쉽다. 불안해하는 아이는 보통 아이보다 난관을 잘 처신하는 방법을 배워야 한다. 난관을 피하기보다 헤쳐 나가 길을 찾는 방법을 배워야 하는 것이다.

만약 당신이 자라면서 부모에게 무시당하고 하찮은 존재로 대접받았다고 여긴다면, 당신은 아마 아이가 당신을 필요로 하는 상황을 한껏 즐기고 있는지도 모른다. 가끔 이러한 욕구는 병적인 욕망으로 변질되어, 아이를 독립적인 사람으로 자라지 못하게 할 수도 있다. 아이를 잃을까 봐, 그래서 아이 인생에서 당신이 맡고 있는 중요한 역할도 잃게 될까 봐 두려울 수 있다. 당신에게 딱 달라붙어 결코 떨어지지 않던 아이가 반대 방향으로 뛰어가며 절대 뒤돌아보지 않는다면, 겁이 날 수도 있다. 아이가 커가는 것을 보면서 불안해지면, 아이가 사람들 앞에서 담요를 들고 다녀도 내버려두거나 다 큰 아이가 여전히 젖병을 물고 다녀도 그 상황을 즐길 것이다. 기억해야 할 중요한 사실은 아이는 나이에 상관없이 언제나 부모를 필요로 한다는 것이다. 아이는 언제나 사랑하는 부모의 지지와 이해를 원한다.

힘든 유년 시절을 보냈다고 모든 부모가 육아에 문제를 보이는 것은 아니다. 학대를 당하거나 충격적인 훈육을 경험한 부모 중에는 자신의 경험 때문에라도 안정된 육아 태도를 보이며 아이를 제대로 이해해주는 부모도 많다. 어떤 부모는 아이를 낳기 오래전에 치료를 받기도 했을 것이다. 자신이 해결하지 못한 문제로 인해, 본인의 욕망 때문에 혹은 죄책감에서 벗어나기 위해 육아를 하고 있다고 생각된다면, 심리 치료사를 만나 치료받는 것이 좋다.

배우자가 유년의 나쁜 기억을 떠올려주기도 한다. 배우자가 무섭거나 아이를 너무 엄격하게 대하면, 당신은 어린 시절의 견디기 힘들었던 부모를 떠올릴 수 있다. 아이가 자신처럼 무서운 부모 밑에서 성장해야 한다는 사실에 죄책감이 들지도 모른다. 배우자의 엄격한 성격을 상쇄하기 위해, 배우자의 권위를 약화시키고 배우자가 훈육을 못 하도록 해서 아이를 편안하게 해주고 싶을 수도 있다. 하지만 이러한 육아법은 명확한 경계와 규칙을 필요로 하는 아이를 더 불안하고 혼란스럽게 할 뿐이다. 또한 필연적으로 결혼 생활에 마찰을 불러와서 부부 사이에 지속적인 갈등을 유발할 수도 있다.

독립심 길러주기

불안한 당신의 육아법이 어디에서 비롯되었는지 알았다고 할지라도, 아이에게 독립심과 자존감을 키워주는 방법을 알지 못해 막막할 수 있다. 육아 스타일은 몸 깊숙이 배어 있으므로 의미심장한 변화를 일으키기 위해서는 부모가 의식적으로 노력해야 한다. 어떤 부모는 자신의 육아 스타일을 맹렬히 옹호하며, 그것이 자기의 불안감이나 유년 시절 경험에서 비롯되었다는 사실을 부인할 것이다. 육아 태도를 바꾸는 것이 불편하며 무섭게 느껴질 수도 있다. 아이를 대하는 방식을 바꾸면 아이가 화를 내거나 당신을 좋아하지 않을까 봐 걱정할 수 있다. 첫 번째로 할 일은 당신이 아이의 자신감과 자기 효율성을 기르고 싶어 한다는 사실을 깨닫는 것이다.

독립심을 길러준다는 것은 아이를 못 본 척하고 신경 쓰지 않는다는 뜻이 아니다. 의존적이고 과잉보호를 받는 아이에게 쏟는 에너지만큼이나 독립적이고 자신감 넘치는 아이로 키워내는 데도 많은 에너지와 개입이 필요하다. 아이가 준비되었다는 신호를 보낼 때마다 당신은 아이가 스스로 무언가를 해보도록 놔두는 것이 좋다. 유아기에는 아이의 능력이 계속 변화하므로 이전에는 할 수 없었던 일을 다음번에는 가끔 할 수 있게 된다. 당신은 아이가 스스로 이 일을 할 수 있는지 없는지를 지속적으로 재평가해야 한다. 만약 '할 수 있다'라고 하더라도 어쨌든 당신은 아이 대신 그 일을 하려고 할 것이다. 그 이유는 다음과 같다.

- 아이가 하면 시간이 많이 든다.
- 아이가 완벽하게는 못 하기 때문이다.
- 아이가 물 같은 것을 엎지를지도 모른다.
- 아이가 제대로 못 할 수도 있다.
- 아이에게 너무 어려운 일이다.
- 아이가 실망할 수도 있다.
- 아이가 실패할 수도 있다.
- 아이가 성장해버릴 수도 있다.

하지만 걱정은 한편에 제쳐두고 어쨌든 아이가 그 일을 해보게 놔두자. 아이가 어떤 일을 스스로 할 때는 대개 매끄럽게 진행되지는 않는다. 아이 옆에 서서 용기를 북돋워주자. 일이 엉망이 되면, 괜찮다고 다시 시도해보라고 말해주자. 만약 아이가 그 일을 대신해달라고 조르면, 당신은 아이 스스로 할 수 있다는 사실을 잘 알고 있다고 말해주자. 아이가 그 일을 하다가 울음을 터뜨리며 실망한다면 처음 몇 단계는 대신해주도록 하자. 한쪽 바지 자락만 마저 당겨 올리면 되거나 마지막 똑딱단추만 누르면 되는 일일지라도, 항상 마무리는 아이가 스스로 끝낼 수 있게 해주자. 아이가 어떤 일을 스스로 끝내면서 성취감을 맛보게 도와주자. 아주 사소한 일일지라도 아이가 그 일을 해내면, "네가 해낼 줄 알았어!"라며 칭찬해주자. 아이는 스스로 동기를 부여할 뿐 아니라, 포기하지 않고 앞으로 나아갈 수 있는 능력도 향상시킬 수 있다. 아이가 능력 밖의 일을 하면서 당신에게 도움을 요청하면, 그 일을 대체할 수 있는 다른 일을 제공하자. "네가 사과를 자를 순 없어. 칼이 너무 날카롭잖니. 하지만 사과 껍질을 쓰레기통에 버려줄 수는 있겠다. 그렇지?"라고 말이다.

아이가 도움을 필요로 할 때는 얼른 그 일에 뛰어들어 대신 '해결'해주지 않도록 하자. 가능하면 대화를 통해 아이를 응원하자. 아이가 뚜껑을 열지 못해 끙끙대고 있다면, "뚜껑을 한번 돌려봐, 당기지 말고"와 같이 말하며 지시할 수 있다. 당신이 직접 손으로 뚜껑을 돌리는 방법을 보여주도록 하자. 당신이 뚜껑을 완전히 따버려 아이에게서 도전을 빼앗지 않도록 하자. 도움은 요청해도 괜찮지만 그것이 일을 대신해주겠다는 뜻은 아니라는 사실을 아이가 깨닫게 하자. 이것이 바로 아이를 도와주는 동시에 아이의 독립심을 길러줄 수 있는 균형 잡힌 행동이 될 수 있다. 아이를 대신해서 모든 일을 처음부터 끝까지 다 해준다면, 당신은 지금 아이에게 당신 도움 없이는 어떤 일도 혼자 할 수 없다는 메시지를 주고 있는 것이다.

만약 당신이 아이에게 어떤 일을 하는 방법을 알려주고 싶다면, 당신이 하는 그대로 따라 하게 해보자. 아이가 만들기 놀이를 한다면, 당신을 위한 재료와 아이를 위한 재료를 따로 준비하자. 그리고 아이가 따라 할 수 있게 본보기를 보여주자. 만약 아이가 어려워한다면, 아이의 놀이 재료를 낚아채서 대신해주지 말고, 당신의 놀이 재료를 이용하여 어떻게 하는지 다시 보여주도록 하자. 팀워크가 무엇인지 알려주기 위해서 어떤 일을 아이와 함께 해볼 수도 있다. 아이가 대부분의 일을 할 수 있도록 최대한 개입을 줄이고 한 발짝 뒤로 물러서 있는 태도를 취하는 것이 좋다.

삶은 분명 너무나 바쁘고 정신없이 흘러가기 때문에, 아이가 모든 일을 스스로 하도록 항상 지켜봐주고 기다려줄 수는 없다. 충분히 이해한다. 시간이 없거나 특히 너무 지치는 날에는 모든 부모가 아이를 대신해 일을 해줄 것이다. 하지만 시간과 인내심이 있는 날에는 아이가 스스로 문제를 헤쳐 나가도록 용기를 북돋우는 것이 아이가 일생을 살아가면서 필요한 문제 해결 능력을 발달시키는 데 도움이 된다는 사실을 깨닫자.

아이의 독립심을 길러주는 또 다른 방법은 아이가 스스로 작은 선택들을 해보도록 용기를 북돋워주는 것이다. 아이가 유아기를 벗어날 시기가 되었다면, 스스로 옷을 골라 입도록 독려하자. 상의와 하의 세트, 신발을 짝을 맞추어 여러 벌 준비하고, 그것들을 상자나 벽걸이용 주머니에 넣어두자. 상자나 옷걸이에 어울리는 상의와 하의를 한 벌씩 넣어두거나 걸어두도록 하자. 아이는 어떤 상의와 하의가 어울리는지 고민하는 부담감 없이 자유롭게 옷을 선택할 수 있다. 아이가 더 자라면, 셔츠 상자와 바지 상자를 마련하여 서로 잘 어울리는 상의와 하의를 담아둘 수 있다. 예를 들어, 노란색 상자를 두 개 준비하여 어울리는 셔츠와 바지들을 나눠 담아두자. 유아기 아동은 일반적으로 자신만의 스타일에 공들이는 것을 좋아하므로, 스스로 옷을 선택하고 싶어 한다. 만약 아이가 자신의 옷을 고르는 일을 힘들어하면 좀 더 자랄 때까지 기다리도록 하자.

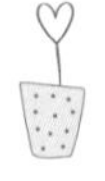

혼자 놀 수 있는 기술 가르치기

독립적으로 놀 수 있는 방법을 가르치면, 아이의 창의성을 발휘하고 상상력을 일깨우는 데 도움이 된다. 아이는 혼자 놀거나 형제자매와 놀 때, 어른 도움 없이 놀이를 지속하고 확장하는 방법을 배우게 된다. 혼자 놀지 못하는 아이는 오락거리를 만들 때 다른 사람에게 지나치게 의존하게 된다. 이런 아이들은 스스로 학습하고 노는 능력이 없으므로 학교생활에 어려움을 겪을 수도 있다.

어떤 부모는 아이와 놀아주는 일에 조금이라도 소홀하면 자신을 나쁜 부모라고 여긴다. 모든 일에는 균형이 중요하다. 아이와 함께 앉아 노는 일은 재미있고, 유대감을 형성할 수 있는 경험이지만 아이가 혼자 놀 수 있는 기술을 가르치는 일 또한 매우 중요하다. 특히 아이가 자라서 취학 연령에 가까워질수록 이는 더욱더 중요해진다. 아이를 항상 즐겁게 해주려고, 만들기 활동이나 재미있는 과학 놀이, 잘 구성된 티-파티 같은 것들을 매번 준비할 필요는 없다. 아이에게 한가한 시간을 보내는 방법을 가르쳐주는 것이 좋다. 지루한 시간을 보낼 때 아이는 자신만의 창조성을 발휘하기 시작한다. 아이가 스스로 자신의 창조성을 개발하도록 내버려두는 것이 인생 전반을 살폈을 때 더 도움이 될 것이다.

아이가 커가면서 불안을 물리칠 수 있는 중요한 대응 기제는 바로 기분을 전환하는 능력이다. 불안해하는 아이는 아무것도 하지 않는 시간에 부정적인 생각을 더 키울 수 있다. 상상력을 기르고 자신만의 오락거리를 개발하는 방법을 익히게 한다면, 아이는 한가한 시간을 다루는 방법을 알게 될 것이다. 이런 아이는 자라면서 기분을 전환하는 기술을 익힐 수 있다.

어떤 부모는 "아이가 제발 혼자 놀았으면 좋겠어요. 하루 종일 따라다니며 같이 놀자고 징징대요"라고 말할 것이다. 물론 아이는 하루 종일 당신이 가장 친한 친구이자 놀이 동무가 되어주길 바랄 것이다. 어쨌든 아이가 온종일 유치원에 있는 것도 아니고, 언제나 같이 놀 수 있는 친구가 있는 것도 아니니 말이다. 시간을 정하여 하루에 몇 차례 당신 없이 아이 혼자 놀게 하자. 아이는 자신만의 놀이 기술을 만들 수 있는 시간과 자유를 누릴 수 있다. 독립적으로 일을 수행하는 기술은 학교생활에 성공적으로 적응하는 데 꼭 필요하다. 학교에서는, 아이가 선생님의 완전한 관심과 주의를 받기 힘들다. 취학 연령에 가까워질수록, 어른의 지속적인 도움 없이도 환경에 대응할 수 있는 기술을 가르치는 것이 중요하다.

아이가 독립적으로 놀게 놔두라고 해서 아이에게 무관심하게 굴며 제멋대로 하도록 내버려두라는 뜻은 아니다. 오히려 아이에게 혼자 놀거나 형제자매와 함께 놀 수 있는 시간과 공간을 허락해주라는 뜻이다. 아이를 당신과 같은 공간에서 놀게 할 수도 있다. 독립적인 놀이란 그 놀이에 누가 관여하느냐에 관한 문제이지, 아이가 당신에게서 얼마나 가까이 있느냐에 관한 문제가 아니다. 일반적으로 아이를 당신 주변에서 놀게 하여 주기적으로 아이를 관찰하고 놀이 주제를 파악하는 것이 좋다. 아이가 상상 놀이를 하면서 자신만의 이야기를 만들어낼 때, 아이는 자기 마음의 작은 창문을 열고 그 속에 어떤 생각이 들어 있는지 들여다보게 해주는 것과 같다. 놀이 주제는 매우 과장되어 있으므로 아이의 놀이를 곧이곧대로 받아들이지 않는 것이 중요하다. 사실 아이의 놀이는 훨씬 더 상징적이다.

당신은 이제 아이에게 독립적인 놀이 기술을 가르쳐야 한다는 데는 동의할 것이다. 하지만 어떻게 해야 하는지 그 방법을 몰라서 여전히 어려울 것이다. 독립적인 놀이를 가르치는 일은 아이가 독립적으로 놀 수 있는 능력을 갖춘 시기에 가능하다. 이 육아법을 처음 시작하는 부모는 아이에게 명확한 제한을 두어야 한다는 사실을 명심하자. 아이와 함께 놀아주는 시간과 놀아주지 않는 시간을 구체적으로 설정해주어야 한다. 아이가 함께 놀아달라고 계속 조른다고 해서, 아이의 요구에 항복하는 행동을 반복하면 안 된다. 아이의 끈질긴 요구에 항복하는 태도는 일반적으로 좋은 양육 태도가 아니다. "안 돼"라는 말이 "좀 더 졸라봐"를 뜻한다는 메시지를 주고 싶지는 않을 것이다.

장난감이 잘 정돈되어 있을수록, 아이는 더 오랫동안 효과적으로 놀 수 있다. 불안해하는 아이는 무질서하고 정리 정돈되어 있지 않은 환경에 쉽게 당황할 수 있다. 장난감을 낮은 선반에 각각 잘 정리해놓는다면, 아이는 어떤 장난감을 가지고 놀 수 있는지 한눈에 볼 수 있다. 레고와 자동차, 기차와 같은 장난감을 종류별로 분류하여 통 안에 넣어두면 더 좋다. 장난감이 더 잘 정리되고 간소화되어 있을수록, 아이는 놀이에 더 집중할 수 있다. 아이의 장난감을 종류별로 분류하고, 한 번에 한 가지 종류의 장난감만을 꺼내어 놀게 하자. 다른 종류의 장난감은 창고에 넣어두고 교대로 꺼내주자. 이렇게 하면, 주기적으로 아이에게 흥미와 재미를 줄 수 있다. 장난감 수납과 놀이방 정돈 상태가 엉망진창이라면, 놀이는 무질서한 상태에서 빨리 끝나버릴 가능성이 크다.

전략을 세워 집 안 곳곳에 있는 선반과 서랍을 아이의 놀이 기구로 채우도록 하자. 어느 곳에 어떤 물건을 놓아둘지는 아이의 발달 정도와 장난감을 놓아둔 곳에 아이의 손이 충분히 닿는 정도에 달려 있다. 부엌에 있는 서랍에 가짜 냄비와 팬을 넣어두고 아이가 이용할 수 있게 하자. 아이가 자유롭게 접근할 수 있는 식료품 저장실에 작은 빗자루와 쓰레받기를 두자. 만약 공간이 있으면, 부엌에 작은 테이블과 의자를 두어 아이가 당신 도움 없이도 놀이를 하고 과자를 먹을 수 있게 하자.

낮은 서랍에 주로 아이 오락거리를 넣어두기로 했다면, 서랍 속을 퍼즐과 같은 놀이 재료들로 가득 채울 수 있다. 서랍이 있는 커피 테이블이 집에 있다면, 그곳에 종이와 색칠공부 스케치북, 크레파스를 넣어두고 아이가 그곳에서 색칠공부를 할 수 있도록 하자. 만들기 재료 보관함을 마련하여 아이가 혼자 사용해도 안전한 만들기 재료를 담아두고, 아이가 꺼내 쓰기 쉬운 서랍에 스티커와 종이를 넣어두자. 안심할 수 있다면 반죽놀이 통과 쿠키를 찍는 틀 상자도 아이의 손이 닿는 곳에 놓아두자. 통을 마련하여 모래놀이용 모래와 모래성 몰드를 가득 채워 둘 수도 있다. 공간이 있으면 드레스 룸에 낮은 전등이 설치된 아이 옷장을 둘 수 있다. 그곳에 멋진 옷들을 걸어두고, 아이가 자신의 모습을 볼 수 있도록 어린이용 거울도 달아주자. 보석을 넣어둘 수 있는 서랍을 마련해줄 수도 있다.

집의 바닥이 타일이나 나무로 되어 있고 당신도 괜찮다면, 작은 스쿠터를 마련하여 집 안에서 타고 다니게 해주자. 아이만의 놀이방이 있다면 놀이 주제에 따라 놀이 공간을 꾸며주자. 장난감 부엌 세트가 있다면 가끔 세트를 구성하여 모든 음식을 넣어두자. 아기 인형이 있다면

통에 담아두거나 아이 침대에 놓아두자. 정돈된 공간은 아이의 관심을 더 오랫동안 잡아둘 것이다.

만약 아이가 무엇을 가지고 놀지 잘 고르지 못하거나 이곳저곳을 돌아다니며 심심해하고 있다면, 잘 놀 수 있도록 이끌어주자. 아이에게 "내 생각엔 아기 인형이 배고픈 것 같아. 밥을 줘야 할 것 같지 않니?"라거나 "네가 가진 자동차 중 어떤 것이 가장 빠른지 궁금해. 우리 자동차 경주해볼까?"라고 말할 수 있다. 만약 아이가 당신의 제안에도 마음을 열지 않는다면, 아이가 할 만한 놀이에 이름을 붙일 수도 있다. "스티커 가지고 와서 '스티커 붙이기' 해볼까?"라고 말이다.

주기적으로 부모의 지도가 필요한 놀이를 마련한 후, 아이가 그 일을 혼자 해보게 하자. 하루 동안 할 수 있는 독립적인 놀이 몇 가지를 구성해준다면, 놀이의 단조로움을 깰 수 있을 뿐 아니라, 아이가 부모와 함께하는 놀이에서 벗어나 자유를 누릴 수 있다. 만약 당신이 해야 할 일이 있다면, 아이를 옆에 앉힌 후 각자의 일에 몰두하도록 하자. 다음은 아이가 혼자서도 재미있게 놀 수 있는 오락 목록이다.

- 종이에 스티커 붙이기
- 접착지를 이용한 붙이기 놀이 - 그 위에 아무거나 붙여보자(반짝이를 붙이면 예쁘게 완성할 수 있다)
- 색칠 놀이
- 공작용 점토 놀이

- 보물찾기 놀이(물건을 숨겨두고 아이가 주변을 돌아다니며 찾게 하자)
- 스탬프 놀이
- 점을 찍으며 그림 그리기(빙고 놀이할 때 쓰는 펜을 이용하자. 미술 재료를 구입하는 곳에서 살 수 있으며, 세탁기에 돌리면 색이 지워진다)
- 끈끈이 액체 놀이(집에서 점액 물질을 만드는 방법은 온라인에서 쉽게 찾을 수 있다)
- 식용색소를 넣은 생크림으로 손가락 그림 그리기
- 모래성 쌓기 놀이
- 무지개 빵 만들기(식용색소를 넣은 물을 플라스틱 스포이트로 흰 빵에 뿌려 다양한 색깔의 빵 만들기)
- 베이킹 소다와 백식초를 이용한 놀이(백식초와 식용색소를 베이킹 소다에 섞으면, 거품이 생긴다)
- 동물 놀이나 공룡 놀이
- 젤리 속에 들어 있는 공룡 가지고 놀기(젤리 속에서 공룡을 끄집어내어 재미있게 놀 수 있다)
- 옷 입기 놀이
- 인형 놀이
- 진짜 반창고를 사용하는 병원 놀이

건전한 경계선을 만들어주자

건전한 경계선을 세우는 일에는 이른 시기란 것이 없다. 특히 자신의 요구가 제한받는 데 힘들어하는 예민한 아이라면 더욱 그러하다. 부모들은 종종 아이가 자라면서 나름의 사고가 형성될 때까지 아이의 요구 행동에 제한을 두지 않으려고 한다. 아이에게 경계선을 설정해주었다고 해도 아이가 그것을 존중하지 않으면 계속 상기해주어야 할지도 모른다. 하지만 적어도 씨앗은 심은 셈이다.

아이는 부모를 포함한 어른들에게 우선해야 할 일이 있다는 사실을 이해해야 한다. 아이가 어떤 것을 원하거나 필요로 할 때 바로 해결해주지 않으면, 아이는 인내심을 기르고 만족이 지연되는 사태를 참아내는 법을 배운다. 만약 당신이 다른 일을 하고 있는데 세 살 난 아이가 과자를 달라고 조른다면, 아이에게 "엄마가 지금 일을 하고 있잖아. 잠깐만 기다리면 엄마가 줄게"라고 말할 수 있다. 아이는 모든 것을 언제나 당장에 얻을 수는 없으며, 가끔은 인내심을 두고 기다려야 한다는 사실을 이해할 수 있다.

당신은 아이의 손발 노릇을 하는 데 익숙해 있을 수도 있다. 하지만 아이가 커감에 따라, 당신이 해주는 일은 아이가 할 수 없는 일이 아니라, 단지 아이가 하기 싫은 일이 되어간다. 만약 아이가 꽤 컸는데도 여전히 소파에 앉아 놀면서 멀리 있는 당신에게 물을 갖다 달라고 한다면, 아이가 스스로 물을 가져다 먹도록 하는 것이 좋다. 당신이 게으르다거나 아이의 요구를 들어주기 싫어서가 아니다. 스스로 자신의 기본적인 욕구 정도는 충족시킬 수 있다는 사실을 아이에게 가르쳐주기 위해서이다. 아이에게 이렇게 설명할 수 있다. "엄마도 앉아 있잖아. 너도 엄마도 함께 쉬고 있어. 엄마가 네게 물을 갖다 주려고 일어서는 것이 공평할까? 둘 다 물이 들어 있는 컵에서 멀리 떨어져 있잖니. 그런데 엄마가 물을 원하니, 아니면 네가 원하니?"라고 말이다. 아이는 부모도 인간이라는 사실을 깨달을 뿐 아니라, 다른 사람의 처지를 이해하여 요구하는 일을 줄이는 방법도 배우게 된다. 시간이 흐르면 배려심 많은 당신이 자신을 위해 불필요한 일까지 해준다는 사실을 알게 될 것이며, 당신에게 더 감사하는 마음을 갖게 될 것이다. 아이가 감사에 대한 화답으로 당신을 도와주고 친절하게 행동하는 것을 보고 깜짝 놀랄지도 모른다!

부모는 대개 아이를 돌보는 외에도 다른 가사를 책임지고 있다. 그런데 끊임없이 반복되는 죄책감을 느끼며 살고 있는 부모가 많다. 아이와 노느라 집 안 청소를 못 해도 양심의 가책을 느끼고, 집 안 청소를 하느라 아이와 놀아주지 못해도 미안한 마음이 든다. 만약 당신만 졸졸 따라다니는 불안해하는 아이를 키운다면, 열 일을 제쳐놓고 아이와 시간을 보내는 일은 장기적으로 볼 때 아이에게 아무런 도움이 되지 않는다. 부모에게는 책임져야 할 다른 일도 있다는 사실을 아이가 깨닫는 것이 중요하다. 아이를 지나치게 배려하여 아이의 불안 행동을 강화하는 것도 당신이 원하는 바는 아닐 것이다. 아이에게 장난감 청소기나 대걸레, 손걸레를 쥐여주고 집안일을 돕게 하자. 어떤 아이는 이런 일을 무척 좋아한다. 이 무렵 아이들은 부모 흉내를 내면서 대부분 놀이 시간을 보내기 때문에 그리 놀랄 일도 아니다!

빨래를 할 때면 아이에게 옷을 하나 쥐여주고 당신을 돕게 하자. 요리를 할 때면 뭔가 섞어야 할 재료를 아이 앞에 놓아주거나 가짜 음식과 접시를 가지고 놀게 하자. 설거지를 할 때는 아이가 플라스틱으로 된 자신의 접시를 치우게 하여 당신을 돕게끔 하자. 집안일을 하는 데 약간 시간이 더 들지는 모르나, 알찬 시간이 될 것이다.

당신이 다른 사람과 이야기를 나눌 때, 불안해하는 아이는 인내심이 부족할 수도 있고, 실제 급하지도 않으면서 다급하게 말을 걸 수도 있다. 아이는 당신이 계속 자신에게 관심을 두기를 갈망하므로 당신이 다른 사람과 이야기를 하건 말건 처한 상황을 전혀 개의치 않을 수도 있다. 유치원에 들어가면 아이는 선생님이 다른 아이나 부모와 이야기하고 있을 때 인내하고 기다려야 할 것이다. 만 세 살이 되었을 때 이러한 경계를 가르친다면, 아이는 향후 상대방의 느린 반응에 잘 대처할 수 있다. 상대방이 느리게 반응하는 일은 언제든 생길 수 있으며, 언젠가는 대답을 들을 수 있다는 사실을 가르친다면, 아이는 상대방이 자신에게 바로 대답하지 않을 때도 덜 불안해할 것이다.

불안해하는 아이는 하고 싶은 말이 있거나 원하는 것이 있을 때, 큰 그림을 잘 보지 못한다. 아이는 실제 조급하지 않은 일에도 조급증을 느끼고 당장 자신의 요구가 충족되기를 바란다. 아이가 어리더라도 주변 상황도 존중해야 한다는 사실을 깨닫도록 가르치자. 부모도 때로는 다른 논의할 거리와 처리할 일이 있다는 사실을 아이가 알도록 돕는 것이 좋다. 이렇게 하면, 아이는 아이를 배려하지 않는 사람들 사이에서도 잘 적응할 수 있을 것이다. 또한 사회의식과 타인에 대한 배려, 즉 강화하고 키워야 할 모든 훌륭한 자질들을 발달시킬 수 있을 것이다.

인내심을 가르치려는 당신의 노력에도 아랑곳하지 않고 아이가 계속해서 대화에 끼어들거나 심한 요구를 해올 수 있다. 그래도 아이에게 화내거나 실망하지 말자. 유아기 아동을 가르친다는 일은 씨앗을 심는 일과 아주 비슷하다. 씨앗을 심는 일 외에도 물을 주는 등 많은 일들을 해야 비로소 모든 노력의 결실인 첫 새싹을 볼 수 있다.

 다른 사람과의 관계를 독려하자

예민한 성향이 있는 아이는 가족 외에 다른 사람과 친밀한 인간관계를 만드는 데 더 어려움을 겪는다. 불안해하는 아이는 주위에 있는 사람을 더 경계하고 덜 신뢰하는 경향이 있다. 아이가 다른 사람들과도 관계를 잘 맺을 수 있도록 독려해 주어야 한다.

이러한 문제는 가끔 집에서 시작된다. 불안해하는 아이는 한쪽 부모를 더 따르므로, 다른 쪽 부모가 자신을 위해 어떤 일을 해주는 것을 거절할 수도 있다. 어떤 부모는 아이가 한쪽 부모만을 선호하는 경향을 대수롭지 않게 여기며 아이의 성향을 그냥 받아들인다. 그러나 아이를 그들만의 안전지대에서 나오도록 돕지 않는다면, 이러한 불균형적인 인간관계는 지속될 것이다. 아이가 잘 따르지 않는 부모가 서서히 육아의 일부를 책임지도록 하자. 아이가 잘 따르는 부모가 외출했거나 아이를 돌보기 힘든 상황에서만 그렇게 해서는 안 된다. 만약 당신이 아이의 목욕 시간을 책임지고 있다면, 가끔은 배우자에게 이 일을 시키자. 아이가 강력하게 거부한다면, 한 번에 한 걸음씩 점진적으로 일상을 조절해나가자. 일단 아이가 부모의 육아 방식에 익숙해졌다면, 담당하는 육아 일을 부부끼리 계속 교대로 해보자. 아이는 양쪽 부모 모두와 진실한 인간관계를 유지하고 개발시킬 수 있을 것이다.

가능하다면, 아이가 다른 가족 구성원과도 인간관계를 돈독히 할 수 있도록 용기를 북돋워주자. 할머니와 함께 놀 수 있는 자리를 마련해보자. 당신 없이도 그들만의 멋진 시간을 보낼 수 있게 해주자. 이렇게 하면, 아이는 인생에서 부모가 아닌 다른 중요한 사람들에게도 애착을 느끼게 된다. 자신을 지지해주는 인간관계가 더 많을수록 아이에게는 더 좋다!

부모를 괴롭히는 분리 불안

부모의 고민

아이가 엄마와 떨어지려 하지 않아요

클로이와 잰더는 딸 알렉시스가 얼마나 순한 아이였었는지 늘 농담처럼 말했다. 만 두 돌이 되자, 알렉시스는 엄마와 떨어지는 데 심각한 문제를 드러내기 시작했다. 알렉시스는 엄마를 졸졸 쫓아다니느라 온 집 안을 돌아다녔다. 클로이는 최근에 딸아이가 자신의 발치를 떠난 적이 거의 없다는 사실을 깨달았다. 화장실이라도 가면, 알렉시스는 문 옆에 딱 붙어 빨리 나오라고 소리치며 울음을 터뜨렸다. 클로이가 위층에 올라갈 때면, 알렉시스가 뒤에서 종종걸음으로 따라 올라왔다.

문제는 남편 잰더가 알렉시스를 잠깐 돌보아주려고 했을 때 더 복잡해졌다. 클로이는 일주일에 두 번 야간근무를 했는데, 이전에는 남편이 딸을 돌봐도 아무런 문제가 없었다. 하지만 얼마 전부터 클로이가 일하러 갈 때마다 알렉시스가 소리를 지르며 울어대기 시작했다. 잰더는 딸아이가 갑자기 자신을 싫어하는 것을 노엽게 여기지 않으려고 애썼지만, 감정적으로 받아들이기가 힘들었다. 클로이는 자주 알렉시스에게 미안한 마음이 들었으므로, 아프다는 핑계를 대며 일하러 가지 않는 날이 많아졌다.

잰더와 클로이는 한 달에 한 번 저녁 데이트를 즐겼다. 부부는 딸 알렉시스가 태어날 때부터 쭉 같은 보모만 고용했었다. 그런데 왜 갑자기 잰더와 클로이가 외출하려고 할 때 알렉시스가 소리치며 우는 걸까? 이유를 몰랐기 때문에 셋 모두 쩔쩔맸다. 부부는 딸을 놔두고 집을 나가는 일에 점점 스트레스를 받게 되었고, 한 달에 한 번 있는 데이트도 취소하기 시작했다.

잰더와 클로이는 어떻게 해야 할지 몰랐다. 다른 두 아이들은 이렇게 힘든 분리 불안 시기를 거치지 않았다. 부모에게 딱 붙어 떨어지지 않으려는 시기를 거치는 것이 정상이라는 사실을 잘 알고 있었지만, 알렉시스는 해도 해도 너무했다!

아이의 속마음

엄마가 가끔씩 없어지면 불안해요

만 두 살이 되었을 때 알렉시스는 엄마가 자신과 같은 공간에 없을 때가 있다는 사실을 알게 되었다. 엄마가 가까이 있을 때는 안전하다고 느꼈지만, 엄마가 보이지 않을 때는 불안했다. 종종 장난감을 가지고 놀다가 엄마를 찾으려고 올려다보면 엄마는 없었다. 엄마가 어디에 있는지, 언제 돌아오는지 몰랐기 때문에 무서웠다. 이렇게 무서울 바에야 졸졸 쫓아다니는 것이 훨씬 나았다. 알렉시스는 온종일 엄마를 열심히 감시했다. 엄마가 방을 나가려는 기색만 보여도 엄마의 옷자락을 붙들고 뒤를 졸졸 따라다녔다. 엄마가 자신을 내버려두고 화장실에 들어갈 때면 매우 화가 났다. 울고불고 난리 치면 엄마는 곧 나갈 거라고 말하곤 했다.

알렉시스는 엄마가 아닌 다른 누구와도 함께 있기 싫었다. 엄마가 알렉시스를 가장 잘 돌봐줄 뿐 아니라, 자신도 엄마가 해주는 방식에 익숙했기 때문이다. 엄마가 알렉시스를 아빠와 남겨둘 때면, 엄마가 언제 돌아올지 알 수가 없었다. 알렉시스는 엄마가 다시 돌아올 수 없을지도 모른다고 걱정했다. 엄마가 '직장'이라는 곳에 간 줄은 알지만, 알렉시스는 직장이 무엇인지, 사람들이 그곳에서 돌아오기나 하는 건지 잘 알지 못했다. 알렉시스는 아빠와 노는 것도 무척 좋았지만, 엄마를 볼 수 없을까 봐 몹시 걱정되었다. 아빠가 엄마에게 전화를 걸 때까지 알렉시스는 계속 울어 보채곤 했다. 엄마 목소리를 듣고 나면 더 슬펐다. 엄마가 너무 보고 싶었다. 전화기에 대고 울면서 빨리 집에 오라고 애원하면, 엄마는 대개 그렇게 해주었다.

알렉시스는 보모를 무척 좋아했다. 하지만 보모가 집에 오면, 아빠와 엄마는 항상 어디론가 외출했다. 이제는 엄마와 아빠를 둘 다 걱정해야 했다. 엄마와 아빠를 못 보는 것이 정말 싫었다. 가끔 알렉시스가 보모와 놀고 있으면, 엄마와 아빠는 알렉시스가 지켜보지 않는 때를 틈타 슬쩍 집을 나가곤 했다. 이럴 때면 알렉시스는 화가 머리끝까지 치솟았고, 다음번에는 더 바짝 경계했다. 보모가 다시 왔을 때, 엄마의 다리에 찰싹 매달렸기 때문에 엄마는 저번처럼 사라질 수 없었다. 이렇게 되자 엄마와 아빠는 외출하기가 더 힘들어졌다. 운 좋게도 보모는 점점 뜸하게 오더니, 결국에는 아예 오지 않았다.

분리 불안에도 대응 기제가 필요하다

분리 불안은 정상적인 발달 단계에 나타나는 현상이다. 아이는 대개 생후 8개월에서 생후 10개월 사이에 사람과 물건이 보이지 않을 때도 여전히 존재한다는 사실을 이해한다. 이러한 인지는 가끔 분리 불안의 초기 증상을 야기할 수도 있다. 어떤 아이는 생후 12개월에서 24개월쯤 되었을 때 2차 분리 불안기를 겪는다. 분리 불안은 아이에 따라 나이를 막론하고 갑자기 나타날 수 있다. 대부분 아이들의 경우, 분리 불안은 아무 문제 없이 지나가는 건강하고 정상적인 발달 단계이다. 하지만 예민한 아이는 분리 불안이 지속할 위험이 더 크므로, 아이가 대응 기제를 개발할 수 있도록 부모가 노력하는 것이 중요하다.

이 장 첫머리에 소개한 사례에서 보듯이, 분리 불안을 겪는 아이는 항상 부모 가까이에 머물려고 하며, 특히 엄마 곁에서 떨어지려 하지 않는다. 부모를 졸졸 따라다니고 부모와 분리되면 정신적인 공황 상태에 빠질 것이다. 분리 불안이 더 심각한 아이는 부모가 방에서 나가기만 해도 어쩔 줄 몰라 한다. 어떤 아이는 부모가 아닌 사람 손에 맡겨질 때 공포심에 사로잡히기도 한다.

집 안에서도 그림자처럼 따라다니는 행동

당신의 작은 꼬마가 끊임없이 당신을 따라다니며 그림자처럼 군다면, 아이는 당신과 분리되는 일에 두려움을 경험했을 수 있다. 7장에서 살펴보았듯이 아이들은 두 가지 이유에서 부모를 그림자처럼 따라다닌다. 첫 번째 이유는 주변에서 느끼는 두려움과 관련이 있다. 이런 아이는 혼자 있는 것을 싫어하므로 누구라도 같은 공간에 함께 있어주면 안심한다. 두 번째 이유는 부모를 향한 애착과 더 관련이 있다. 이러한 아이는 부모와 분리되었을 때 자신의 안전이나 엄마의 안전을 지나치게 염려한다. 두 가지 행동의 기원은 크게 다르지만, 아이를 돕는 방법은 유사하다. 사라진 것이 다시 나타날 것이라는 믿음을 강화하도록 아이를 도울 수 있다. 이미 7장에서 이러한 접근법 몇 가지를 논의했지만, 여기서는 몇 가지 아이디어를 다시 살피고자 한다.

까꿍 놀이는 비교적 어린 유아기 아동과 시작해볼 수 있는 좋은 놀이이다. 좀 더 큰 아이에게는 숨바꼭질이 분리 불안에 대비한 완벽한 놀이가 된다. 처음에는 아이가 찾기 어려운 장소에는 숨지 않도록 하자. 아이가 자신감을 얻으면, 놀이 장소를 두 곳으로 확장시키자. 불안 정도가 줄어들수록 장소를 늘려갈 수 있다. 아이가 두려움 없이 숨바꼭질을 재미있게 한다면, 보물찾기 놀이도 알려주자. 보물을 이곳저곳에 숨겨두고 아이에게 찾아보라고 하자. 아이는 당신 없이도 다른 방을 들락날락할 수 있으므로, 공포를 느끼지 않은 채 분리를 경험할 수 있다.

무전기 놀이도 좋다. 무전기로 대화를 나누려면 버튼을 누르며 말해야 한다는 개념을 받아들일 수 있어야 하므로, 발달 과정상 모든 유아기 아동에게 적합하지는 않다. 무전기 놀이를 하면 당신과 아이는 각기 다른 방으로 들어가서 대화를 나눌 수 있다. 만약 무전기 놀이가 너무 어렵다면, 카메라와 대화 장치가 달린 아기 모니터 놀이도 괜찮다. 아이를 자기 방에 들여보낸 뒤 재미있는 행동을 해보게 하자. 아이가 재미있는 행동을 하면 아이가 무슨 행동을 하는지 맞춰보자. 역할을 바꿔서 당신이 행동을 하고 아이가 맞춰보게 할 수도 있다. 이 놀이들은 아이가 엄마와 재미있게 노는 동안 자연스럽게 분리될 수 있게 독려한다.

이러한 놀이 방법 외에도, 당신이 아이에게 항상 당신의 행방을 습관처럼 알려준다면 아이는 과민성 경계 수준을 낮출 수 있다. 예를 들어, 아이가 거실에 있는데 당신이 위층에 올라갈 일이 있다면, "엄마 세탁물 가지러 위층에 올라갈 건데 금방 내려올게"라고 알려주자. 아이가 당신 뒤를 곧장 따라올 것이라는 사실을 알지언정 자리를 뜨기 전에 미리 아이에게 말해준다면, 아이의 불안감을 줄일 수 있다. 아이는 엄마가 자리를 뜰 때마다 자신에게 알려준다는 사실을 알게 될 것이므로, 엄마를 주의 깊게 감시할 필요가 없게 된다. 조만간 아이의 분리 불안 정도가 줄어들어 집에 있는 동안 당신의 행방을 알려줄 필요도 곧 없어질 것이다.

아이가 좀 더 자라면, 당신이 화장실에 갈 때 문을 닫아 보자. 문밖으로 소리가 들리게 해서 당신이 곧 나갈 것이라는 사실을 알려주자. 아이가 불안해한다면 아이에게 손가락을 문 밑으로 넣어보라고 해보자. 아이의 손가락이 보일 때마다 당신이 손가락을 보고 있다고 알려주자. 이렇게 하면 아이는 당신과 연결되어 있다고 느낄 것이다. 당신이 화장실에 갈 때 문을 닫는 것은 매우 중요하다. 아이는 곧 유치원에 다니게 될 것이므로, 화장실에서 하는 활동은 남의 눈길을 받지 않는 곳에서 혼자 있을 때 하는 활동이라는 개념을 심어주어야 한다.

아이가 이런 놀이를 편하게 여기기 시작했다면, 한 걸음 더 나가보자. 아이가 혼자 놀 수 있게 준비해준 다음, 당신은 옆방에서 집안일을 하겠다고 말해주자. 아이가 와서 당신이 있는지 확인한다면, 다정한 말투로 돌아가서 계속 놀라고 말하자. 아이가 혼자서도 방에서 잘 놀 수 있도록 활동을 구성해준다면, 아이는 당신이 바로 옆에 없어도 안전하다는 사실을 배울 것이다.

유아기를 지나는 많은 아이가 담요나 봉제 동물 인형과 같은 자신에게 위안을 주는 대상물을 가지고 있다. '이행 대상'이라고 일컬어지는 이러한 물건들은 부모가 없을 때 아이에게 위안을 줄 수 있다. 아이에게 이행 대상이 없다면, 아이가 아플 때 담요로 아이를 감싸 안아주자. 아이는 자신을 안심시켜주는 부모 품과 담요 사이에 어떠한 연결 고리를 찾을 것이다. 담요와 봉제 동물 인형은 특히 취침 시간이나 부모와 떨어져 있는 시간에 큰 도움이 된다.

부모의 외출을 받아들일 수 있게

배우자와 단둘만의 시간을 보내는 일은 중요하다. 아이의 분리 불안은 부부가 둘만의 시간을 갖는 데 커다란 장벽이 될 수 있다. 아이가 극심한 분리 불안을 겪고 있다고 할지라도, 부모 외에 믿을 만한 다른 보호자와 함께 정기적으로 시간을 보내는 일은 아이에게 도움이 된다. 외출하는 동안 아이에게 당신은 항상 돌아올 것이며 잠시 떨어져 있는 일은 전혀 무서운 일이 아니라고 가르쳐줄 수 있다.

만약 아이가 심각한 분리 불안을 겪고 있다면, 먼저 아이가 보모와 친해질 수 있도록 배려한다. 오랜 시간 동안 아이를 보모에게 남겨두기 전에, 아이가 보모를 알아갈 수 있게 해야 한다. 당신이 있는 동안 아이와 보모가 함께 시간을 보낼 수 있게 해주자. 아이는 당신이 없다는 사실에 불안해하지 않고 보모와 친해질 기회를 가질 수 있다.

일단 아이가 보모와 친해졌다면, 외출 후 한 시간이나 두 시간 이내에 돌아오도록 하자. 아이를 보모에게 장시간 맡기기 전에, 여러 번 짧은 외출을 계획해보자. 아이는 오랜 시간 부모와 떨어져 있기에 앞서 보모와 여러 차례 긍정적인 경험을 할 수 있다. 아이에게 당신의 외출 계획을 미리 알려주자. 있는 사실 그대로 이야기해주자. 장황하게 설명하거나 꾸미려고 하지 말자. "캐럴, 널 잠시 돌봐줄 보모가 올 거야. 엄마와 아빠는 외출해서 함께 저녁 먹고 이야기 좀 나누다가 들어올 계획이야. 집에 돌아와서 침대에 눕혀줄게"라고 말이다. 당신이 언제 돌아오는지도 꼭 말해주자. 유아기 아동은 시간 개념이 없으므로, 구체적인 시간보다는 귀가 시간쯤에 아이가 하고 있을 활동을 알려주자.

당신이 외출한 동안 보모와 아이가 함께할 수 있는 새로운 활동을 마련해주거나 활동 준비물을 사두면 더 좋다. 활동이 더 재미있고 즐거울수록, 아이가 당신이 없다는 사실에 집중할 가능성이 줄어들 것이다. 집을 나설 때는 아이 몰래 슬쩍 빠져나가지 말자. 그러면 아이에게 공포심만 불어넣을 뿐이며, 다음에 보모가 오게 될 때는 더 불안해할 것이다. 보모에게 현관문에서 멀찍이 떨어져서 아이와 놀라고 하자.

일단 보모와 아이가 놀이에 열중했다면, 아이에게 작별인사를 하자. 작별인사는 되도록 간단히 하고, 가능한 한 재빨리 집을 나서자. 시작과 끝이 명확한 귀여운 작별인사 의식을 만들어보자. 예를 들면, 두 번 뺨에 뽀뽀하고 난 후 한 번 손으로 키스를 날려 보내 아이가 그 행운의 키스를 붙잡게 하는 것처럼 말이다. 만약 아이가 운다면, 보모에게 아이를 달래게 하자. 아이의 우는 소리 때문에 망설인다거나 다시 집 안으로 들어온다면, 아이는 다음번에 더 극심한 행동을 보일 것이다. 머뭇거리는 행동은 당신도 아이만큼이나 불안하다는 메시지를 전하므로, 결국은 아이의 두려움을 더 키우는 셈이 된다. 아이에게 자신감을 심어주고 싶다면, 보모가 돌보고 있어도 안전하며, 당신이 잠시 외출하는 것은 큰일이 아니라는 메시지를 아이에게 전해주는 것이 좋다.

외출한 동안 아이와 통화하지 말자. 만약 보모와 통화할 일이 있다면, 보모에게 부탁해서 아이가 당신이 전화한 사실을 모르게 하자. 외출해서 아이와 통화를 한다면, 당신은 아이가 그냥 지나칠 수 있었던 슬픈 감정을 표면 위로 끌어올리게 된다. 아이에게 집에 돌아오겠다고 말한 시각을 어기지 말자. 아이의 믿음을 얻으려고 애쓰고 불신을 키우지 않기 위해 노력하자. 비록 아이는 시간을 잘 모르지만, 당신이 돌아오기로 한 때 자신이 하고 있을 활동은 기억하고 있다. 만약 당신이 몇 시에 돌아올지 확실치 않다면, 아이에게 당신이 돌아올 때쯤 특정 게임을 하고 있거나 특정 TV 프로그램을 보고 있으라고 일러두자. 집으로 돌아오는 길에 보모에게 전화를 걸어, 당신이 집에 올 때 하고 있으라고 일러둔 그 활동을 시작하게 하자. 집에 도착하면 야단법석 떨지 말고 조용히 들어오자. 마치 다시는 아이를 보지 못할 거라고 여겼던 것처럼 달려 들어와서 아이에게 팔을 와락 펼친다면, 아이는 잘못된 메시지를 전달받을 것이다.

어린이집에 가기 싫어요

아이가 분리 불안을 겪는 시기 동안은 어린이집에 내려주고 오는 일이 어려울 수 있다. 이것만 기억하자. 당신이 아무리 애를 써도 아이는 당신이 자기를 어린이집에 내려주고 돌아설 때 울음을 터뜨릴 것이다. 유아기에 있는 대부분의 아이들이 엄마나 아빠와 떨어질 때는 울다가도, 금방 언제 그랬냐는 듯이 재미있고 즐거운 하루를 보낸다.

아이를 일상적으로 어린이집에 맡기기 전에, 아이를 데리고 몇 차례 어린이집을 방문하도록 하자. 아이에게 어린이집을 방문하여 선생님과 다른 친구들을 만날 것이라는 사실을 미리 알려주자. 아이를 어린이집에 등원시킬 준비를 마쳤다면 아이에게 그날 있을 일정을 구체적으로 말해주자. "오늘은 어린이집에 갈 거야. 어린이집에 가면 엄마가 네 코트를 옷장에 걸어주고 네가 친구들과 함께 동그랗게 모여 앉을 수 있도록 도와줄 거야. 그리고 다른 엄마, 아빠들처럼 집에 가 있을게. 간식 시간이 끝나면 엄마가 다시 널 데리러 갈 거야. 그리고 함께 집에 오자. 알겠지?"라며 말이다. 아이는 당연히 저항하면서 울겠지만, 아이가 어린이집에서 이 모든 일을 속수무책으로 당하게 놔두는 것보다 미리 마음의 준비를 시키는 것이 더 낫다.

유아기 아동은 부모가 아닌 다른 어른에게 맡겨졌을 때 무엇이든지 더 잘한다. 아이를 잘 붙들어주고 편안하게 느낄 수 있게 해주는 배려심 넘치고 보육에 능숙한 선생님들이 있는 어린이집을 찾도록 하자. 담요나 봉제 동물 인형을 가져가서 아이의 다른 물건들과 함께 두도록 하자. 어떤 아이는 마음을 편히 하기 위해 자신의 담요나 봉제 동물 인형을 주기적으로 찾는다. 이렇게 간단한 '감정 환기 방법'으로 아이는 온종일 차분하게 지낼 수 있다. 어린이집마다 집에서 물건을 가지고 오는 것에 관해 나름대로 규칙이 있으므로, 등원을 시작하기 전에 규칙에 관해 선생님과 구체적인 이야기를 나누자. 어린이집은 대부분 아이가 담요나 봉제 동물 인형을 가져오는 것을 허용하고 있다.

아이를 데려다주고 어린이집을 나설 때, 당신과 아이만의 간단한 작별인사 의식을 치르도록 하자. 앞에서도 이야기했듯이, 인사의 처음과 끝을 귀엽게 구성한다면 간단하게 작별을 할 수 있다. 뽀뽀와 하이파이브를 할 수도 있고, 양손에 뽀뽀를 해줄 수도 있다. 일단 아이가 선생님의 팔에 안기면, 신속하게 나오되 몰래 빠져나오지는 말자. 작별인사를 질질 끌거나 아이를 계속 달래려고 하지 말자. 당신이 실제로 떠날 때까지 아이는 작별의 슬픔을 이겨내지 못할 것이다. 일단 어린이집을 나섰다면 아무리 다시 돌아가고 싶은 마음이 들어도 돌아가서는 안 된다. 당신이 문 앞에서 망설이고 우물쭈물한다면 아이는 당신의 불안을 감지하고는 안정을 찾는 데 더 힘든 시간을 보낼 것이다. 만약 아이가 걱정된다면, 한 시간 후쯤 어린이집에 전화를 걸어 아이가 잘 지내고 있는지 확인해보자.

직관에 반하는 것처럼 들리겠지만, 아이가 분리 불안을 겪고 있는 중이라면 자진해서 어린이집을 들러보거나 점심시간 때 방문하지 않도록 하자. 아이는 당신을 볼 때마다 다시 감정을 진정시켜야 하며 다시 어린이집에 적응해야 한다. 하루에 아이가 여러 번 작별인사를 경험하는 것은 도움이 되지 않는다. 그리고 어린이집 환경에 적응하는 능력을 키우는 데에도 부정적인 영향을 미칠 수 있다.

아이가 어쩌지 못하는 감각 문제

부모의 고민

아이가 늘 자기 식대로만 하려고 해요

에밀리와 잭은 아들 라이언 문제로 어려움을 겪었다. 라이언은 끊임없이 칭얼대며, 늘 자기 식대로 해야 직성이 풀리는 아이였다. 라이언은 에밀리와 잭이 사주는 옷을 거의 입으려 하지 않았다. 에밀리는 라이언이 입겠다고 할 만한 옷을 사느라 얼마나 많은 돈을 썼는지를 생각하며 좌절했다. 라이언은 청바지를 싫어했다. 그리고 자기 멋대로 대부분의 시간을 속옷 차림으로 지내곤 했다. 바지를 입어야만 할 때는 아무리 날씨가 추워도 면 반바지만 입으려고 했다. 라이언이 솔기가 있는 양말을 싫어했으므로, 에밀리와 잭은 각기 다른 브랜드에서 양말 다섯 켤레를 구매하고 나서야 겨우 라이언이 마음에 들어 하는 양말을 찾을 수 있었다. 라이언은 신발을 고르는 데도 비슷한 문제를 보였다. 신발 가게에서 신어봤을 때는 분명 마음에 들어 했다가도, 며칠 후에는 신발을 벗어 던지며 새로 산 신을 다시는 신지 않겠다고 했다. 이러한 행동은 잭을 화나게 했다. 잭은 라이언이 점점 기고만장하고 버릇없어지고 있다고 생각했다. 라이언은 심지어 겨울에도 크록스 신발이나 슬리퍼를 신겠다고 우겼다.

라이언을 단순히 식성이 까다로운 아이로 묘사하는 것은 충분치 않다. 라이언은 초지일관 마카로니 치즈, 치킨 너깃, 피자, 달걀, 와플, 이렇게 딱 다섯 가지 음식만 먹었다. 새로운 음식은 입에도 대지 않았고, 이 다섯 가지 음식들도 항상 같은 브랜드에서 나온 제품만 먹겠다고 고집을 부렸다.

라이언은 청각도 매우 예민했으므로, 에밀리와 잭이 미처 쓰레기차 소리를 듣기도 전에 갑자기 울면서 몸을 숨겼다. 라이언은 에밀리가 진공청소기를 돌리면 귀를 틀어막았고, 음식물 처리기를 가동하면 비명을 질러댔다. 에밀리와 잭은 라이언이 불꽃놀이를 무서워한다는 사실을 일찌감치 알았기 때문에, 불꽃놀이 행사에 아예 가지 않기로 결정했다. 에밀리와 잭은 아들 라이언에게 좌절감을 느꼈다. 아이가 왜 이렇게 까다로운 행동을 보이는지 도무지 이해할 수가 없었다.

아이의 속마음

따끔거리고 가려운 느낌을 참을 수가 없어요

라이언은 다른 아이들보다 후각과 청각, 촉각이 훨씬 더 민감했다. 옷을 입을 때마다 라이언은 자주 피부가 가렵고 따끔거렸다. 엄마와 아빠가 사주는 옷을 입어보려고 노력했지만, 결국 따끔거리고 가려운 느낌을 참을 수 없어서 벗어 던져야만 했다. 라이언은 엄마와 아빠가 버럭 화내는 것이 싫었다. 어떤 양말을 신으면 발가락 끝에 커다랗게 볼록 튀어나온 부분이 느껴졌다. 볼록 튀어나온 부분이 걸을 때마다 신발 안쪽 부분에 닿았기 때문에 라이언은 미칠 것만 같았다. 온종일 신발 속에 돌멩이가 있는 것 같은데 어떻게 다른 사람들은 서 있을 수 있는 걸까?

아빠는 라이언에게 "괜찮으니까 그냥 신어!"라고 말했지만, 라이언은 전혀 괜찮지 않았다. 가끔 라이언은 신발 가게에서 정말 괜찮은 신발을 신어보기도 했다. 한번은 슈퍼 영웅이 그려진 신발을 너무 간절히 갖고 싶어서 그 신발이 괜찮다고 엄마 아빠 앞에서 자신 있게 말했다. 하지만 며칠 후 발이 온통 욱신거리며 아파오기 시작했다. 신발 옆면이 너무 죄어서 더는 신기 힘들다는 사실을 알았다. 아빠는 라이언을 '응석받이'라고 불렀다. 그 말뜻을 정확히 알지는 못했지만, 좋은 뜻이 아니라는 것을 느낄 수 있었다. 그 후 라이언은 며칠 동안 울었다. 엄마와 아빠는 왜 우느냐고 물었다. 하지만 라이언은 자신이 슈퍼 영웅 신발을 몹시 그리워하기 때문에 우는 것이라고 차마 말할 수가 없었다.

라이언은 입속에서 느끼는 감각에도 매우 예민했다. 맥도널드의 치킨 너깃과 웬디스의 치킨 너깃의 맛을 구별할 수 있었는데, 엄마와 아빠는 맛이 똑같다고 우겼다. 하지만 라이언은 식감이 더 좋게 느껴지는 맥도널드 치킨 너깃만 먹었다. 엄마와 아빠는 편식이 심하다며 라이언을 나무랐다. 하지만 라이언은 편식을 하는 것이 아니었다. 오돌토돌한 식감이나 아주 이상한 맛이 나는 음식을 싫어할 뿐이었다. 어떤 맛은 구역질 날 것 같았기 때문에 라이언은 자신에게 맞는 음식만 고집했다.

라이언은 왜 자신이 듣는 소리가 다른 사람에게는 안 들리는지 궁금했다. 라이언은 성난 듯한 쓰레기차가 낮은 소리를 내며 툴툴거리는 것이 싫었다. 쓰레기차의 '끼-익' 하는 브레이크 소리를 들으면 몸을 숨겼다. 라이언이 쓰레기차 소리 때문에 숨었다고 엄마에게 말하면, 엄마는 항상 "무슨 차라고?"라며 되묻곤 했다. 엄마에게는 저 소리가 안 들리는 걸까? 라이언은 엄마가 제발 음식물 처리기를 돌리기 전에 자기에게 미리 알려주기를 바랐다. 갑자기 큰 소리가 나면 심장이 뛰는 소리가 귀에까지 들릴 지경이었다.

라이언은 항상 자신이 부모님을 실망시키고 있으며, 뭔가 이해할 수는 없지만 계속해서 야단맞고 있다고 여겼다. 좋은 아이, 말 잘 듣는 아이가 되려고 노력했지만, 자신이 통제할 수 없는 것들이 있었다. 엄마와 아빠에게 그런 것들을 잘 설명할 수 있기를 진심으로 바랐다.

감각 문제는 불안감의 공통 요소

불안과 감각 처리 장애 사이에는 밀접한 연관성이 있다. 불안감으로 힘들어하는 아이는 감각 처리 장애가 있을 확률이 높다. 감각 문제는 불안감의 공통 요소일 수 있으므로, 적어도 감각 처리 장애(이전에는 감각 통합 장애로 불림)의 신호와 증상을 간략하게 이해하는 것이 매우 중요하다. 감각 처리 장애만을 주제로 다룬 책들도 많다. 만약 이 분야를 좀 더 깊이 알아보고 싶거나 감각 처리 장애가 있는 아이를 도울 수 있는 기술을 배우고자 한다면 그러한 자료를 찾아보는 것이 좋다.

간단히 말해서, 감각 처리 장애란 뇌가 메시지를 감각기관에 전달하는 데 어려움을 겪는 것을 의미한다. 이러한 증상을 겪고 있는 아이는 감각 입력에 과민하게 또는 둔감하게 반응한다. 아이는 냄새와 소리에는 지나치게 반응하면서도, 통증이나 접촉에는 아주 둔감하게 반응할 수도 있다. 과민 반응을 보이거나 둔감 반응을 보이는 것은 상호 배타적인 증상이 아니므로 두 증상을 한꺼번에 겪고 있는 아이들도 많다.

만약 당신이 내가 여태껏 상담해온 많은 부모와 비슷하다면, 내가 지금 무슨 말을 하고 있는지 알지 못해서 난처할 수도 있다. 감각 처리 장애에 대한 지식이 보편화되고는 있지만, 다른 아동기 문제보다는 여전히 미궁 속에 남아 있다. 감각 처리의 각기 다른 각 분야에서 감각 처리 장애를 겪고 있는 아이들이 처한 어려움도 자세히 알아보기로 하자.

시각이 과민한 아이

시각적으로 민감한 아이는 밝은 빛에 과민하게 반응한다. 아이는 햇빛에 아주 과민할 수 있으므로 선글라스를 쓰려고 하거나 그늘에 머무르려고 할 것이다. 그리고 밝은 빛을 피해 눈을 가늘게 뜨거나 얼굴을 찡그리며 머리를 돌리는 모습도 볼 수 있을 것이다. 아이는 시각적으로 산만해질 수 있고, 해가 바로 내리쬐는 곳에서 활동하는 것을 힘들어할 수도 있다. 사람이 많이 모여 있는 모습 또한 아이를 당황시키고 속을 메스껍게 만들 수 있다.

청각이 예민한 아이

청각이 예민한 아이는 변기의 물 내리는 소리나 드라이이기와 세탁기가 작동하는 소리, 멀리서 들리는 쓰레기차 소리처럼 가정에서 나는 일상적인 소리에도 당황할 수 있다. 사이렌이나 개 짖는 소리 같은 외부 소음에도 고통스러워한다. 이러한 아이들은 불꽃놀이나 콘서트 같은 이벤트를 견디기 힘들어한다. 청각이 몹시 예민하므로 소음을 무시하고 활동에 집중하는 데 어려움을 겪을 수 있다.

촉각이 예민하거나 둔감한 아이

촉각은 문제가 큰 사안일 수 있다. 촉각 방어 기제를 가진 아이는 촉감에 매우 과민하다. 옷을 입을 때마다 매일 전쟁을 치러야 할 수도 있다. 아이는 태그가 달려 있거나 솔기가 있는 옷을 잘 입지 못한다. 청바지처럼 거친 섬유도 견디기 힘들어한다. 아이는 속옷이 너무 조이거나 헐렁하다고 느껴 온종일 옷을 잡아당길지도 모른다. 대개 촉각 방어 기제가 있는 아이는 깃이 없는 옷을 좋아한다. 솔기가 없는 양말을 신고 크록스 신발이나 슬리퍼 신는 것을 좋아한다. 어떤 아이는 한 가지 종류의 옷만 입고 다른 옷들은 모두 입지 않으려고 할 것이다. 예를 들면, 겨울에도 짧은 반바지만 고집하는 아이가 있는가 하면, 여름에도 긴 바지만 입으려는 아이도 있다.

때때로 이러한 아이는 가능한 한 옷을 입지 않는 것을 좋아하므로, 집에 있을 때는 속옷 차림으로만 있기도 한다. 볼록 튀어나온 부분과 까칠까칠한 부분에 훨씬 더 과민하므로, 넘어지거나 상처가 생기면 마음을 가라앉히는 데 어려움을 겪는다. 아이의 머리를 감겨주거나 빗겨주는 일에 크게 애쓰지 말자. 이러한 아이는 누가 자기 머리를 만지면 싫어하고, 손톱이나 발톱을 자르려고 해도 소리를 질러댄다. 뽀뽀를 하다가 침이 조금이라도 묻으면 대개 입술이 빨갛게 될 때까지 과도하게 입을 닦아낼 것이다. 손이 더러워지는 것도 싫어하므로 아무리 재미있는 놀이라도 지저분한 놀이는 피하려고 할 것이다.

촉각에 둔감한 아이 또한 문제이다. 이러한 아이들은 보통 아이보다 감각을 덜 자극적으로 받아들여서 힘들어한다. 아이는 에너지가 넘치므로, 계속 뛰고 점프하고 뱅뱅 돌고 부딪히면서 감각을 주입시키려 한다. 돌아다니면서 물건을 핥으려고 할 수도 있으며, 흙이나 돌멩이처럼 먹을 수 없는 것들을 입속에 넣으려고 할 수도 있다. 세게 포옹하는 것을 아주 좋아할 수 있으므로, 다른 사람들을 너무 꽉 안아서 의도치 않게 다치게 할 수도 있다. 몸을 더럽히는 놀이를 찾아다니며, 자신의 손을 지저분하게 만드는 것을 좋아한다.

후각이 민감한 아이

후각이 과민한 아이는 특정 냄새를 맡았을 때 쉽게 구역질을 할 수 있다. 그리고 당신이 맡지 못하는 냄새를 맡을지도 모른다. 아이는 여러 가지 냄새를 더욱 또렷하게 기억할 뿐 아니라, 기억과 냄새를 아주 밀접하게 연관시킨다. 따라서 아이가 냄새 때문에 특정한 장소나 다른 사람의 집에 가지 않으려고 할 수도 있다. 향수나 로션 냄새를 맡고 힘들어할 수도 있고, 주변 사람이 오래전에 피운 유독한 담배 연기 냄새를 감지할 수도 있다.

미각이 예민하거나 둔감한 아이

미각은 감각 처리 문제 중 가장 염려스러운 것일 수 있다. 맛과 식감에 관한 문제는 심각한 식습관 문제로 이어질 수 있다. 구강이 과민하면, 체중 증가를 방해하여 아이의 전반적인 건강에 나쁜 영향을 미칠 수 있다. 구강 과민성이 있는 아이는 여러 가지 식감을 접할 때 문제를 보인다. 질긴 식감을 싫어하고 부드러운 식감을 좋아할 것이다. 마카로니 치즈처럼 먹기 부드러운 음식만 먹으려고 하거나, 크래커와 쿠키같이 입속에서 빨리 바스러지는 음식을 더 좋아할 수도 있다. 아이는 대개 입속에서 빨리 녹아 없어지지 않고 꼭꼭 씹어 삼켜야 하는 고기를 먹는 일에 고초를 겪는다. 이러한 아이는 과일이 든 요거트나 코티지치즈와 같이 여러 식감이 섞인 음식도 싫어한다. 새로운 맛에 과민하므로 편식이 심하고, 향이 약하고 자극적이지 않은 음식을 선호한다. 대개 이러한 아이는 같은 종류의 음식이라도 다른 브랜드 제품을 쓰면 귀신같이 알아내 같은 브랜드 제품을 쓰라고 고집할 것이다. 심지어 당신에게는 따뜻하게 느껴지는 음식도 아이는 아주 뜨겁게 느낄 수 있다.

맛과 식감에 둔감한 아이는 정반대의 문제를 보인다. 이러한 아이는 둔감하기 때문에 작은 다람쥐처럼 입에 음식을 계속 쑤셔 넣는다. 입속에 음식이 들어 있다는 것을 잘 느끼지 못하므로 음식을 먹을 때 입 밖으로 넘칠 만큼 가득 채운다. 강한 향을 좋아하며 새롭고 색다른 음식을 시도하는 데 더욱 열린 자세를 보인다. 둔감한 아이는 무언가를 씹고 싶어서 입안에 아무거나 넣을 것이다. 장난감과 손가락을 씹을 수도 있다. 먹을 수 없는 물체들을 핥으며 이리저리 돌아다닐지도 모른다.

몸의 균형 능력이 부족하거나 넘치는 아이

운동을 하고 몸의 균형을 잡는 데 어려움을 겪는 아이는 전정계에 감각 문제가 있을 수도 있다. 전정계에 과민증이 있는 아이는 간단한 놀이기구나 그네, 구름다리, 줄로 된 정글짐, 에스컬레이터와 엘리베이터를 타는 데도 고충을 겪는다. 잦은 멀미로 고통을 받으며, 자동차나 비행기, 기차 등 교통수단을 이용할 때 쩔쩔맨다. 몸을 위아래로 뒤집으면 구역질을 하거나 공황 상태에 빠질 수도 있다. 기구나 교통수단을 역방향으로 탈 때 메스꺼움을 느끼므로, 놀이공원에 있는 가장 기본적인 놀이기구도 타지 않으려고 할 것이다.

반대로 둔감성이 있는 아이는 움직임에 자극을 받지 않으므로 계속 그러한 자극을 찾는다. 이러한 아이는 빠른 속도로 움직이는 놀이기구를 아주 좋아하며 계속 타려고 한다. 누군가가 자신을 공중에 던져주거나 뱅글뱅글 돌려주는 것을 무척 좋아한다. 아이가 소파에서 뛰어내리거나, 넘어질 때까지 뱅글뱅글 도는 모습을 볼 수 있을 것이다. 이런 아이는 용감해 보일 수 있으며, 정글짐 꼭대기까지 올라가거나 놀이기구 꼭대기에서 균형 잡는 데도 전혀 문제가 없다.

몸놀림이 어색하고 둔한 아이

몸의 자세를 바로잡고 근육을 조절하는 데 문제가 있는 아이는 고유 수용 감각계에 문제가 있다. 고유 수용 감각계는 신체의 움직임과 자세에 관한 피드백을 제공한다. 이러한 감각계에 문제가 있는 아이는 몸놀림이 뭔가 어색하고 둔한 아이로 여겨질 수 있다. 어디에 자주 부딪히고 자세도 어설프며 근긴장도도 낮을 수 있다. 그림을 그리는 등 여러 가지 일을 하면서 얼마나 많이 힘을 주어야 하는지 몰라서 상당히 애를 먹을 수도 있다. 너무 세게 휘갈기다가 크레용을 부러뜨릴 수도 있고, 너무 약하게 그려서 무슨 그림인지 도통 알아보지 못할 수도 있다. 이러한 아이는 얼마나 많은 에너지를 써야 할지 모를 수 있으므로, 다른 아이를 너무 세게 밀치거나 의도치 않게 장난감을 부숴버릴지도 모른다. 계속 무언가를 씹으려고 하므로, 피가 날 때까지 자신의 손가락을 씹을 수도 있다. 이러한 아이는 축 처진 듯 보이므로, 근육 조절 능력이 낮은 것처럼 보일 수도 있다.

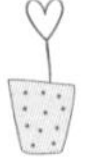

감각 처리 장애의 치료법

감각 처리 장애에 관해 읽은 독자들 중 많은 사람이 아마 아이에게 있는 증상뿐 아니라, 자기 자신에게 있는 증상도 알아차렸을 수 있다. 우리 대부분은 크게 염려할 정도는 아니지만 어느 정도 과민성이나 둔감성을 안고 살아간다. 어떤 아이는 부모가 아이의 감각 문제를 이해하고 알고 있기만 해도 된다. 가끔 부모가 감각 문제를 겪고 있는 아이에게 버릇없는 아이로 잘못된 꼬리표를 붙이기도 한다. 아이가 음식을 잘 먹지 않을 때 일부러 적극적으로 반항하거나 곤란하게 한다고 생각하기도 하며, 아이가 청바지를 입지 않겠다고 고집부릴 때 너무 제멋대로 군다고 여길 수도 있다. 일단 아이 행동이 의도적인 것이 아니라는 사실을 알았다면, 다른 방식으로 그 문제에 접근할 수 있다. 감각 문제를 훈육으로 다스리는 것은 비효과적일 뿐만 아니라, 문제를 더 악화시킬 수도 있다.

아이가 겪고 있는 감각 처리 장애가 심하지 않다면, 부가적인 개입

없이 아이가 스스로 자신의 예민한 감각을 처리할 수 있도록 도와주자. 앞에서 언급했듯이, 감각 처리 장애를 겪고 있는 아이를 육아하는 방법을 전적으로 다룬 자료와 책들이 많이 있다. 감각 문제가 아이의 사회적 · 정서적 성장을 방해하거나 일상생활의 기능에 영향을 미친다고 느낀다면, 아이를 전문 치료사에게 데리고 가서 검사를 받게 하는 것이 좋다. 감각 처리 장애 분야를 전공하고 아이의 요구를 해결할 수 있는 구체적인 치료법을 다루는 전문 치료사들이 있다. 치료사들은 아이가 환경에 적응하고 대처하는 데 도움이 되는, 집에서도 할 수 있는 운동법이나 육아법을 가르쳐줄 것이다.

CHAPTER 12

위험할 수 있는 극단적인 행동

전문가의 도움을 구할지는 개인이 결정할 몫이다. 추가적인 도움 없이 예민한 아이와 잘 헤쳐 나갈 수 있을 만큼, 자원을 활용하여 스스로 육아법을 터득하는 능력을 갖춘 부모도 많다. 하지만 어떤 부모는 아동 치료 전문가를 찾아 추가로 도움과 지도를 받는 것이 유익하다고 여길 수도 있다. 옳거나 그른 결정은 없다. 하지만 아이가 극단적인 행동을 보인다면, 이는 조기에 전문가의 도움을 받으라는 암시일 수도 있다. 아이를 돕는 문제는 부모가 나서서 상황을 주도할수록, 장기적으로 더 좋은 결과를 기대할 수 있다. 전문가의 도움을 받는 게 좋겠다고 확신을 주는 몇 가지 임상적으로 중요한 행동을 살펴보자. 정신 건강 문제에 관한 한 사태를 관망하는 태도를 보이지 않는 것이 최선이다. 빨리 도움을 받을수록, 결과는 더 좋을 수 있다.

극단적인 행동 구분하기

당신은 어떤 행동이 '극단적인 행동'에 해당하는지 잘 알지 못하며, 그러한 사실로 말미암아 불안함을 느낄 수도 있다. 다음은 정신 건강 전문가에게 전문적인 평가를 받을 필요가 있는 몇 가지 행동들이다.

- 속눈썹이나 눈썹, 머리카락을 뽑는 행동
- 머리를 단단한 표면에 계속 부딪치는 행동

- 자국이 남을 정도로 자기를 무는 행동
- 자국이 남을 정도로 자신을 할퀴는 행동
- 피가 날 때까지 손톱을 물어뜯는 행동
- 직계 가족 외에 어떤 누구와도 말하지 않으려는 행동(전혀 말하지 않음)
- 너무 불안해하면 몸에 두드러기가 심하게 생기거나 토하는 행동
- 체중 감량과 성장 장애를 유발할 정도로 음식을 먹는 데 문제를 보이는 행동
- 눈을 전혀 맞추지 않는 행동
- 물건을 회전시키거나 앞뒤로 움직이는 것을 좋아하는 행동

위에 나열된 행동들 외에 다른 것들도 있다. 만약 염려 사항이 있다면, 더 많은 도움을 받기 위해 소아과 의사나 정신 건강 전문가와 상의하는 것이 더 좋다.

초기에 나타나는 다양한 징후들

불안은 발달의 여러 단계에서 각기 다르게 나타난다. 아이가 성장함에 따라, 아이가 겪는 걱정과 불안도 달라진다. 여기서는 취학 연령에 가까운 아이들이 보이는 보편적인 걱정 몇 가지를 설명하고자 한다. 또한 불안해하는 아이가 커가면서 맞닥뜨리기 쉬운 문제와 장애도 제시하려고 한다. 각 발달 단계에서 아이가 가지는 불안이 어떠한 모습으로

나타나는지 알고 있다면 큰 도움이 될 것이다. 물론 지금 불안해한다고 해서 모든 아이가 장래에도 계속 불안해하지는 않겠지만, 무엇을 찾아야 하는지 미리 알고 있으면 초기에 나타나는 징후를 놓치지 않을 수 있다. 흔히 나타나는 불안 관련 장애 몇 가지를 짧게 소개한다.

범불안 장애

아이는 자라면서 점점 불안해하고 유아기 때 뇌리에 박힌 여러 주제들을 집요하게 반복하는 경향이 있다. 아이가 계속해서 걱정하면서 이로 인해 짜증을 내고 주의 산만하게 군다면, 범불안 장애(Generalized Axiety Disorder, GAD)가 있을 확률이 있다. 몇몇 흔한 불안은 다음과 같은 두려움으로 나타날 수 있다.

- 집에 불이 나는 것에 대한 두려움
- 집에 누가 몰래 침입하는 것에 대한 두려움
- 낯선 사람이 자신을 납치하거나 다치게 하는 것에 대한 두려움
- 유령, 좀비, 외계인이 자신을 해치는 것에 대한 두려움
- 인형, 꼭두각시, 광대가 살아 돌아다니며 자신을 해치는 것에 대한 두려움
- 폭풍우 등 날씨 현상에 대한 두려움
- 종말에 대한 두려움(태양 폭발, 지구와 소행성의 충돌)
- 사랑하는 사람에게 나쁜 일이 생기는 것에 대한 두려움
- 아프거나 병에 걸리는 것에 대한 두려움

- 실패에 대한 두려움(학업이나 운동에서 어떤 실수도 용납할 수 없음)
- 완벽하지 못함에 대한 두려움
- 실망에 대한 두려움(사람들을 더 즐겁게 해줘야 한다고 여김)
- 벌레, 벌, 새, 개 등 생물이 자신을 해치는 것에 대한 두려움

두려움과 공포심이 아이의 사회적 · 교육적 · 감정적 안녕에 영향을 미친다면, 전문가적인 도움이 필요한 때이다. 아이가 안녕하지 못하다는 의심이 들면 소아과 의사나 정신 건강 전문가에게 검사를 받도록 하자. 담임 선생님과 상담하면, 아이가 집이 아닌 다른 환경에서는 어떻게 행동하고 있는지 추가적인 정보를 얻을 수 있다. 가끔 아이의 불안 증상은 집에서만 나타나기도 하고, 유치원에서만 나타나기도 한다. 아이가 밤에 잠자기 어려워한다거나 아무 의학적 원인이 없는데도 배가 아프다고 한다면, 이는 불안감의 신호일 수 있다.

강박 장애

강박 장애(Obsessive Compulsive Disorder, OCD)는 대개 취학 연령이나 그 이상의 나이가 될 때까지 발달하지 않는다. 강박 장애는 강박 관념에 쫓겨서 하게 되는 강박 행동이 특징이다. 아이들은 종종 강박 행동을 숨기기도 하므로, 강박 장애는 오랫동안 드러나지 않을 수도 있다. 강박 장애는 대단히 복잡한 장애인데, 아이마다 증상이 상당히 다르게 나타날 수 있다. 아래에 몇 가지 전형적인 강박 증상을 써놓았지

만, 이것에만 국한되지는 않는다.

- 소변이나 대변이 묻을지도 모른다는 강박증
- 세균 감염으로 아플 수 있다는 강박증
- 가정용 세제나 매직펜 등의 물질에 중독될 수 있다는 강박증
- 자신이나 다른 사람이 다칠 수 있다는 강박증
- '나쁜 생각'을 할 수 있다는 강박증
- 의도치 않게 시험에서 부정행위를 할 수 있다는 강박증
- 다른 사람에 대해 나쁜 생각을 할 수 있다는 강박증
- 동성애적 사고나 마음을 흐트러뜨리는 부적절한 성적 사고를 할 수 있다는 강박증
- 신을 화나게 하거나, 스스로 부적절하다고 여기는 생각을 할 수도 있다는 강박증
- 세상이 불평등하거나 불공정하다고 느낄 수도 있다는 강박증
- 나쁜 일이 자신이나 사랑하는 사람에게 일어날 수도 있다는 강박증
- 무엇을 잃어버릴 수도 있다는 강박증(숙제하기, 문단속하기, 가전제품 등 전원 끄기)

아이가 이러한 강박증에 젖어 있다면, 지금 엄청난 스트레스를 받고 있을 것이다. 머리로는 자기 생각이 비이성적이라는 것을 알지만, 그런 생각들은 뇌리에 박혀 지속적으로 극심한 불안을 불러일으킨다. 강박장애가 있는 아이는 강박 행동을 함으로써 잠깐이라도 평안을 느끼려

고 할 것이다. 강박 행동은 아이마다 다르게 나타나므로 처음에는 감지하기 어려울 수 있다. 어떤 아이는 의식화된 강박 행동을 숨겨서 다른 사람이 알아차리지 못하도록 노력한다. 다음은 일반적으로 나타나는 강박 행동들이다.

- 자주 또는 오래 손을 씻는 행동
- 소변이나 대변이 묻었다는 생각 때문에 속옷이나 옷을 계속 갈아입는 행동
- 문이나 손잡이, 전등 스위치를 만지지 않으려는 행동(가끔 팔꿈치나 옷자락을 사용함)
- 어떤 일을 공평하게 해야만 하는 행동(만약 몸의 한쪽이 부딪히면, 다른 쪽도 부딪혀야 함)
- 어떤 일을 특정 횟수만큼 하는 행동(대개 자신이 가장 좋아하는 숫자나 짝수/홀수를 맞추려는 행동)
- '똑바르다'고 느낄 때까지 다시 해야 하는 행동
- '나쁜 생각'을 피하기 위한 의식성 행동(경련처럼 보이는 신체 의식)
- 계속 확인하는 행동(계속 문이 잠겼는지 확인하거나 가방 속 내용물을 확인함)
- '더럽다'고 생각되는 물건을 만지지 않는 행동(특정 공간, 물건, 의자를 피함)
- 나쁜 일이 일어날 것 같은 생각에 특정 지역을 피해 다니는 행동
- 나쁜 생각이나 말을 무효화시키기 위해 무언가를 말하는 행동
- 자신이 한 나쁜 생각을 다른 사람에게 고백하는 행동(대개 부모님에게 함)
- '똑바르다'고 생각될 때까지 특정한 순서로 물건을 진열하는 행동

분명 위에 나열된 것이 전부는 아니겠지만, 아이가 강박 장애 행동을 할 때 어떤 유형의 행동을 보이는지 알아차릴 수 있게 도와줄 것이다. 만약 아이가 이러한 행동 중 몇 가지를 하기 시작한다면, 소아과 의사나 정신 건강 전문가와 상의하자. 과하다 싶을 정도로 아이를 주의 깊게 살피면서 조금이라도 염려되는 점이 있다면 초기에 의사에게 보이는 것이 더 낫다.

분리 불안 장애

부모들은 대부분 분리 불안이 유아기 때 나타난다고 믿고 있다. 하지만 많은 사람이 깨닫지 못하는 사실은 임상학적 분리 불안이 아이가 유치원에 들어갈 무렵 발생한다는 점이다. 임상학적 분리 불안은 인생이 바뀔 만한 사건을 겪었거나 사춘기로 접어드는 무렵에도 나타날 수 있다.

임상적 분리 불안을 일으키는 계기는 없지만, 공통적으로 나타나는 첫 번째 징조는 아이가 자주 아프다고 불평하는 것이다. 아이는 주말이 끝나는 일요일 저녁이나 유치원에 가야 하는 평일에 머리나 배가 아프다고 불평할 것이다. 그리고 소아과 의사와 내과 의사에게 데려가도 아무런 의학적 원인이 발견되지 않을 것이다. 아이들은 대부분 유치원과 관련된 스트레스와 불안을 갖고 있다는 사실을 부인할 것이다. 그저 "그냥 집에 있고 싶어"라든지 "집이 더 편해"라고 말할 것이다. 부모들은 아이가 왕따를 당하거나 유치원에서 다른 스트레스를 받을 일이 있었다고 여길 것이다. 아이는 빈번하게 유치원에 가지 않겠다고 완강히 맞서며, 고집부리며 저항할 수도 있다.

임상학적 분리 불안을 경험하는 아이는 부모와 함께 있지 않으면 자신이나 부모(대개 엄마)에게 나쁜 일이 일어날 것이라는 두려움을 느낀다. 자신이 부모와 함께 있어야 부모도 자기도 안전하다는 비이성적인 믿음이 있는 것이다. 아이는 자신이 부모와 함께 있지 않으면 몸이 아프고 구토를 하게 될 것이라고 걱정하기도 한다. 복통이나 두통을 호소하여 양호실을 들락날락하다가 처음에는 정기적으로 조퇴를 허락받아 집에 일찍 오게 될 것이다. 하지만 일단 집에 돌아와서 부모와 함께 있으면, 신체적으로 아픈 증상은 사라진다.

아이가 분리 불안 장애 증상을 보인다면, 아이가 집에 머무는 것을 허락하지 않는 태도가 중요하다. 아이의 회피를 용납해준다면, 불안 증상이 더욱 빈번하게 나타날 뿐 아니라 장애 정도도 더 심해진다. 첫 단계는 몸이 아픈 아이의 증상에 어떠한 의학적 근원도 배제하는 일이다. 일단 의학적 근원을 배제했다면, 다음으로 상담 선생님이나 담임선생님과 아이 문제를 상담하는 것이 좋다. 아이의 분리 불안 장애에 어떻게 접근하여 해결할 것인가 하는 계획을 유치원 측과 함께 마련하는 것은 장기적인 성공을 위한 비결이 될 것이다. 또한 정신 건강 전문가의 지원을 받는 것도 도움이 된다.

선택적 함구증

선택적 함구증을 사람들은 단지 '수줍은 성격'으로 보아 넘기는 경우가 잦다. 아이가 유치원이나 학교에 들어간 후 선생님이 아이가 왜 말하지 않는지 우려를 표할 때까지 상태를 감지하지 못할 수 있다. 선택적 함구증이 있는 아이는 평소에는 말하는 데 아무 문제가 없다가도, 특정한 사회적 상황에서는 완전히 입을 닫아버린다. 대개 집에서는 정상적으로 말하다가도 유치원이나 학교에서는 전혀 말하지 않는다. 어떤 아이는 자신이 완전히 편안하게 생각하는 사람들과만 이야기하고 싶어 한다. 만약 아이가 어떤 사회적 상황에서 말을 전혀 하지 않거나 유치원이나 학교에 들어간 지 한 달이 지난 후에도 계속 침묵을 유지한다면, 검사를 해보는 것이 좋다. 유치원이나 학교는 아이 치료에 대한 서비스와 지원을 받을 수 있는 있다. 선택적 함구증이 있는 아이는 유치원이나 학교에서 언어 치료와 더 나은 학습 과정에 대한 혜택을 받을 수 있다.

공황 발작

공황 발작을 경험하는 아이는 수많은 다양한 신체 증상을 접한다. 심장이 요동치거나 펄떡거려 숨이 가쁘다고 느낄 수도 있다. 식은땀이 나고 어지러우며 속이 메스껍기도 하다. 어떤 아이는 자신이 죽어가고 있다고 두려워하거나 통제력을 상실하고 있다고 여긴다. 또 자기 자신을 낯설게 느끼거나 꿈속에 있는 듯 느끼는 이인 장애를 경험할 수도 있다. 대개 공황 발작은 한 시간 미만으로 지속되며, 매일 나타날 수도, 한 달에 한 번 나타날 수도 있다. 공황 발작 증세를 보이는 아이는 다음에 언제 어디서 발작을 일으킬지 몰라 걱정한다. 발작에 대한 두려움 때문에 유치원이나 학교 가기를 거부하거나, 심한 경우에 집 밖 외출을 거부할 수 있다. 어떤 아이는 엄마가 옆에 있을 때 가장 안전하며 부모가 함께 있으면 공황 발작이 일어나지 않을 것이라는 비이성적인 결론을 내리기도 한다. 공황 발작을 겪는 아이는 지속적인 치료를 통해 대응 기제와 이완 기술을 배울 수 있으므로, 정신 건강 전문의에게 반드시 검사를 받아야 한다.

발모벽과 피부 뜯기 장애

발모벽과 피부를 뜯는 장애는 부모에게 오해받기 십상이다. 어떤 부모는 끊임없이 머리카락을 뽑고 딱지를 뜯는 아이의 행동이 정신 건강상의 문제 때문에 일어난다는 사실을 알지 못한다.

발모광이라고도 불리는 발모벽은 아이가 자기 몸에 난 털을 뽑는 일에 중독되어 있는 증상을 말한다. 아이는 머리카락이나 눈썹, 속눈썹을 주로 뽑을 것이다. 이러한 행동은 털이 없어져 피부가 훤히 드러나는 부분이 생기거나 눈썹 또는 속눈썹이 거의 없어질 때까지 잘 모를 수 있다. 불안감이 있는 아이는 털을 뽑는 행동을 할 확률이 보통 아이들보다 훨씬 높다.

상처 딱지를 계속해서 뜯는 일은 의학적으로 염려되는 일일 뿐 아니라, 정신 건강상으로도 문제가 된다. 피부를 뜯으려는 충동은 매우 강할 수 있으므로, 아이가 그 충동을 자제하기란 매우 어렵다. 딱지가 떨어진 부분이 감염되거나 몸에 상처 자국이 남기 시작하면 더 큰 염려거리가 될 수도 있다.

발모벽과 피부 뜯기 장애 둘 다 치료를 받으면 치유될 수 있다. 아이가 털을 많이 뽑거나 상처 딱지를 감염될 정도로 계속해서 뜯는다면, 정신 건강 전문의에게 검사를 받아볼 때이다.

epilogue

아이의 회복력을 믿어줄 때

아이에게는 회복력과 적응력이 있다는 사실을 기억하는 것이 중요하다. 아이가 현재 불안감이 있다고 할지라도, 극복 기술과 대응 기제를 잘 가르친다면 행복하고 건강하며 생산적인 삶을 살 수 있다. 아이가 산만하고 혼란스러운 행동을 할 때, 당신은 당황스러울 수 있고 역설적이게도 숨어있던 당신의 불안감을 깨울 수도 있다.

기억해야 할 중요한 사실은 아이가 두려움에 맞서 불안을 극복하는 법을 익힐 수 있다는 것이다. 아이의 행동에 차분하게 대응하고 아이가 경험하는 혼란에 자신의 불안감을 더하지 않는 부모는 아이에게 닻이 되어줄 수 있다. 아이가 당황하고 불안해할 때, 당신의 불안 에너지를 보태지 말자. 바위처럼 든든한 부모가 되어줌으로써 아이의 불안한 감정을 단단히 붙잡아주도록 하자.

당신이 통제할 수 있는 부분이 있는가 하면, 그렇지 못하는 부분도 있다. 그 사실을 알았다면, 당신이 가장 큰 차이를 만들어낼 수 있는 부분에 주의를 집중해 보자. 아이의 불안을 당신이 모두 감당하려 해서는 안 된다. 그러면 당신도 아이도 모두 침몰할 것이다. 아이의 두려움을 당신이 없애줄 수는 없지만, 아이가 두려움에 맞서도록 힘을 북돋울 수는 있다. 아이의 걱정을 당신이 중단시킬 수는 없지만, 아이에게 다르게 생각하는 법을 가르쳐줄 수는 있다. 아이의 감각 문제를 당신이 없애줄 수는 없지만, 아이가 자신의 환경에 적응하도록 도울 수는 있다.

당신이 아이의 불안에 더 동조하고 용납할수록, 그것이 더 오래 지속된다는 사실을 기억하는 것이 중요하다. 아이의 본보기가 되자. 그리고 아이를 밀어붙일 때와 보듬어줄 때를 잘 알고, 아이를 이끌어주자. 아이가 불안감을 떨칠 수 있게 도와주는 일은 전력 질주가 필요한 단거리 경주가 아니라 마라톤이다. 지나치게 열성적인 부모는 아이의 불안감을 악화시킬 수 있다. 아이에게 알맞은 속도를 찾아 그것에 맞추도록 하자. 균형이 바로 비결이다. 기억하자. 아이가 느끼는 불안감을 떨치는 과정에서 당신은 아이를 도울 수 있는 안내자이자 조력자일 뿐이다.

다른 아이보다 민감한 우리 아이를 위한 섬세한 육아법

예민한 아이 육아법은 따로 있다

초판 1쇄 발행 2017년 1월 23일
개정판 4쇄 발행 2022년 4월 28일
지은이 나타샤 대니얼스
옮긴이 양원정

펴낸이 민혜영 | **펴낸곳** (주)카시오페아 출판사
주소 서울시 마포구 월드컵로 14길 56, 2층
전화 02-303-5580 | **팩스** 02-2179-8768
홈페이지 www.cassiopeiabook.com | **전자우편** editor@cassiopeiabook.com
출판등록 2012년 12월 27일 제2014-000277호
편집 최유진, 이수민, 진다영, 공하연 | **디자인** 이성희, 최예슬
마케팅 허경아, 홍수연, 이서우, 변승주

ISBN 979-11-88674-53-4 03590

이 도서의 국립중앙도서관 출판시도서목록 CIP은 서지정보유통지원시스템 홈페이지(http://seoji.nl.go.kr와 국가자료공동목록시스템 http://www.nl.go.kr/kolisnet에서 이용하실 수 있습니다.
CIP제어번호: CIP2019002342

• 잘못된 책은 구입한 곳에서 바꾸어 드립니다.
• 책값은 뒤표지에 있습니다.